板带钢质量缺陷特征与控制

宋进英　刘倩　田亚强　陈连生　著

北京
冶金工业出版社
2017

内 容 提 要

本书针对板带钢生产过程中质量缺陷特征与控制进行了详细介绍。主要包括检测手段的简介，对板带钢生产中遇到的典型缺陷进行详细论述，分别就板带材边裂、起皮、结疤、氧化铁皮压入、孔洞、线状缺陷、分层、开裂等缺陷进行了原因分析及工艺改进措施研究，同时分析了镀锌板、40Mn、610L 钢以及冶金锯片 65Mn 用钢等典型实例的质量缺陷，并提出有效整改措施。

本书可供冶金、材料、机械、交通、能源等领域从事生产和研究的技术人员和科研人员阅读，也可供大专院校相关专业师生参考。

图书在版编目(CIP)数据

板带钢质量缺陷特征与控制/宋进英等著．—北京：冶金工业出版社，2017.6

ISBN 978-7-5024-7034-0

Ⅰ．①板…　Ⅱ．①宋…　Ⅲ．①板材轧制—质量检查—缺陷—防治　②带材轧制—质量检查—缺陷—防治　Ⅳ．①TG335.5

中国版本图书馆 CIP 数据核字(2017)第 124659 号

出 版 人　谭学余
地　　址　北京市东城区嵩祝院北巷 39 号　邮编　100009　电话　(010)64027926
网　　址　www.cnmip.com.cn　电子信箱　yjcbs@cnmip.com.cn
责任编辑　卢　敏　美术编辑　彭子赫　版式设计　孙跃红
责任校对　郑　娟　责任印制　牛晓波
ISBN 978-7-5024-7034-0
冶金工业出版社出版发行；各地新华书店经销；三河市双峰印刷装订有限公司印刷
2017 年 6 月第 1 版，2017 年 6 月第 1 次印刷
169mm×239mm；14 印张；272 千字；209 页
59.00 元

冶金工业出版社　投稿电话　(010)64027932　投稿信箱　tougao@cnmip.com.cn
冶金工业出版社营销中心　电话　(010)64044283　传真　(010)64027893
冶金书店　地址　北京市东四西大街 46 号(100010)　电话　(010)65289081(兼传真)
冶金工业出版社天猫旗舰店　yjgycbs.tmall.com

(本书如有印装质量问题，本社营销中心负责退换)

前　言

国内外对板带钢缺陷的研究经历了相当曲折的道路，这是因为板带钢质量缺陷形态各异、形成原因复杂，会受到炼铁、炼钢、连铸、轧制、镀锌等诸多方面因素的影响。当原材料、加工工艺、加工设备等生产过程涉及的任何一个环节出现问题，都有可能导致产品缺陷，并且有些缺陷外貌特征不易区分。因此，缺陷的检测技术与质量控制对板带钢的生产显得尤为迫切与重要。

鉴于板带钢实际生产中存在众多质量缺陷及其检测手段不足这些问题，本书针对板带钢生产过程中质量缺陷特征与控制进行了详细研究。整个内容首先从板带钢质量缺陷检测手段入手，对板带钢质量缺陷检测过程中所使用的检测仪器的构成、原理及操作进行简要介绍，然后根据板带钢实际生产中不同质量缺陷特征实例，结合相关研究内容以及国内外大量文献，对具体缺陷进行判定并加以分析研究，采用图文并茂的方式将板带钢实际生产中所涉及的炼铁、炼钢、连铸、热轧、冷轧及镀锌等实际工艺与理论分析充分相结合，针对钢厂出现质量异议的钢板样品进行质量检测和分析，在分析传统依靠经验和工艺手册进行工艺设计的不足的基础上，提供一种更完善、更合理的工艺设计方法和生产过程控制措施，最终提升板带钢产品质量。

本书主要由目录、前言、检测手段及分析原理、板带钢典型缺陷检测实例介绍与控制以及参考文献等五部分组成。除去目录及参考文献部分，本书一共由16章组成，分为4部分内容，就钢厂实际生产中所遇到的板带钢缺陷进行了原因分析，并采取了相应的控制措施，取得了良好的效果：

（1）第1部分，主要对板带钢质量缺陷与控制的研究背景、内容及意义等作简要介绍。

（2）第2部分，主要对板带钢质量缺陷检测过程中所涉及的检测手段进行简要介绍及原理分析，主要包括超声波清洗器、光学显微镜、扫描电子显微镜以及X射线能谱分析仪等常用仪器，所述内容涉及仪器的构成、试样的制备，使用方法、实验参数的设定及使用过程应该注意的具体事项等一系列问题。

（3）第3部分，主要对板带钢易于出现的各种缺陷进行了归纳总结，分别就板带材边裂、起皮、结疤、氧化铁皮压入、孔洞、线状、分层、开裂等缺陷的形成机理及措施进行了较为深入的探究，缺陷形成原因中会涉及夹杂物、气泡、脱碳、氧化通道、保护渣、轧制工艺以及连铸工艺异常等一系列因素。

（4）第4部分，主要针对镀锌板、40Mn、610L钢以及冶金锯片用钢65Mn等典型实例，就同一种板材出现的不同质量缺陷进行了具体原因及措施探究。针对板带钢不同质量缺陷，提出了相应的整改措施，最终实现了对板带钢质量的有效控制。

本书汇集了作者八年来的研究成果，在700多份质量异议报告的基础上，并尽可能地搜集国内外的有关科研成果。在编写过程中，得到了唐山国丰钢铁有限公司技术处何立新、陈业雄、董双鹏、焦景民、刘志兴的大力支持，并提供了宝贵的资料，同时得到了在读研究生张明山、胡宝佳的大力支持。本书出版得到了为华北理工大学冶金与能源学院现代冶金技术重点实验室的技术支持。在此一并表示感谢。

书中若有不足之处，诚恳希望读者予以指正。

作 者

2016年12月

目　录

1 绪　论

近年来，钢铁技术的发展、机械电气工业的进步与计算机控制技术的广泛应用使得板带钢生产技术进入了一个崭新的时代。然而，板带钢质量缺陷却一直是国内外钢厂感到棘手的问题，被认为是常见而又难以消除的顽症。板带钢生产易于出现诸如边裂线状或条带状缺陷、孔洞、疤坑、夹杂、氧化铁皮压入等问题，不仅严重影响板材外观质量，而且往往会恶化其使用性能，成为破裂与诱蚀的策源地，是应力集中的薄弱环节，易导致板带钢抗腐蚀性、抗层状撕裂能力、冲击等物理化学性能下降，同时也会给厂家及下游用户带来不必要的经济损失，增加企业生产成本。

国内外对板带钢缺陷的研究经历了相当曲折的道路，这是因为板带钢质量缺陷形态各异、形成原因复杂，会受到炼铁、炼钢、连铸、轧制、镀锌等诸多方面因素的影响。当原材料、加工工艺、加工设备等生产过程涉及的任何一个环节出现问题，都有可能导致产品缺陷，并且有些缺陷外貌特征极为相似，不易区分。当受到捕捉缺陷源的困扰，以及现场工艺记录与实验室分析结果相矛盾时，要想重复原工艺再现缺陷又极其困难。尽管许多钢铁企业都配备有先进的图像在线检测手段，但在转化为生产力的过程中未能更多地结合实际生产的需要做出改进，没有克服生产环境的变化给这些技术实现带来的障碍，仍然不能完全避免最终产品中表面缺陷的形成。因此，缺陷的检测技术与质量控制对板带钢的生产显得尤为迫切与重要。

为了进一步提高检测的科学性，为工业的标准化生产提供准确的数据信息，同时也为了保持带钢表面缺陷分类的一致性，保护设备不受缺陷影响，并降低返工成本，十分有必要对板带钢的主要缺陷进行统一的评判，找出导致缺陷发生的根源所在，并有针对性地寻求最优解决措施，从而提升产品质量。这将有助于减少贸易纠纷，维护企业形象与信誉，保持企业核心竞争力。本书出于上述目的及原因，结合板带钢实际生产过程中所遇到的各种质量缺陷，利用先进的检测手段对其进行检测，并对板带钢质量与措施进行有效控制，这对于提升企业工艺设计水平与产品质量，降低成本，具有极其重要的指导意义和实用价值。同时，本书也可作为工程技术及高校、研究院所人员的一种生产实践及科研教学参考。

鉴于板带钢实际生产中存在众多质量缺陷及其检测手段不足这些问题，本书针对板带钢生产过程中质量缺陷特征与控制进行了详细研究。整个内容首先从板带钢质量缺陷检测手段入手，对板带钢质量缺陷检测过程中所使用的检测仪器的构成、原理及操作进行简要介绍，然后根据板带钢实际生产中不同质量缺陷特征实例，结合相关研究内容以及国内外大量文献，对具体缺陷进行判定并加以分析研究，采用图文并茂的方式将板带钢实际生产中所涉及的炼铁、炼钢、连铸、热轧、冷轧及镀锌等实际工艺与理论分析充分结合，针对钢厂出现质量异议的钢板样品进行质量检测和分析，在分析传统依靠经验和工艺手册进行工艺设计的不足的基础上，提供一种更完善、更合理的工艺设计方法和生产过程控制措施，最终提升板带钢产品质量。

2　检测手段及分析原理

2.1　超声波清洗器

超声波清洗源于20世纪60年代。自超声波技术问世以来，科学家们发现：一定频率范围内的超声波，作用于液体介质里，可以达到清洗的作用。经过一段时间的研究和试验，不仅得到了满意的效果，而且发现其清洗效率极高，由此超声波清洗器被逐渐运用于各行各业中。在应用初期，由于电子工业的限制，超声波清洗设备电源的体积比较庞大，稳定性及使用寿命不太理想，价格昂贵，一般的工矿企业难以承受，但因其出色的清洗效率及效果，仍然受到部分实力雄厚的国有企业追捧。随着电子工业的飞速发展，新一代的电子元器件层出不穷，应用新的电子线路和电子元器件，超声波电源的稳定性及使用寿命进一步提高，体积减小，价格逐渐降低。

人们能听到的声音是频率20~20000Hz的声波信号，高于20000Hz的声波称之为超声波，声波的传递依照正弦曲线纵向传播，即一层强一层弱，依次传递，当弱的声波信号作用于液体中时，会对液体产生一定的负压，使液体内形成许许多多微小的气泡，而当强的声波信号作用于液体时，则会对液体产生一定的正压，液体中形成的微小气泡被压碎。经研究证明：超声波作用于液体中时，液体中每个气泡的破裂会产生能量极大的冲击波，相当于瞬间产生几百度的高温和高达上千个大气压，这种现象被称之为“空化效应”，超声波清洗正是利用液体中气泡破裂所产生的冲击波来清洗和冲刷工件内外表面。

当超声波电源将日常供电频率改变后，通过输出电缆线将其输送到黏结在盛放清洗溶液的清洗槽底部的超声波发生器（换能器），由换能器将高频的电能转换成机械振动并发射至清洗液中。当高频的机械振动传播到液体里后，清洗液内即产生空化现象，达到清洗的目的。由于超声波的频率很高，在液体中由于空化现象所产生的气泡数量众多且无所不在，因此对于工件的清洗可以非常彻底，即使是形状复杂的工件内部，只要能够接触到溶液，就可以得到彻底的清洗。又因为每个气泡的体积非常微小，因此虽然它们的破裂能量很高，但对于工件和液体来说，不会产生机械破坏和明显的温升。

2.1.1　超声波设备概述

超声波清洗器如图2-1所示，其采用超声波清洗的原理，可以达到物件全面洁净的清洗效果，特别对深孔、盲孔、凹凸槽清洗是最理想的设备，不影响任何物件的材质及精度。这一清洗技术自问世以来，受到了各行各业的普遍关注。超声波清洗机的运用极大地提高了工作效率和清洗精度，以往清洗死角、盲孔和难以触及的藏污纳垢之处一直使人们倍感头痛，新技术的开发和运用使这一问题得以解决。近年来，随着电子技术的日新月异，经过了几代的演变，技术更加先进，效果更加显著，在各行各业中逐渐被广泛运用。

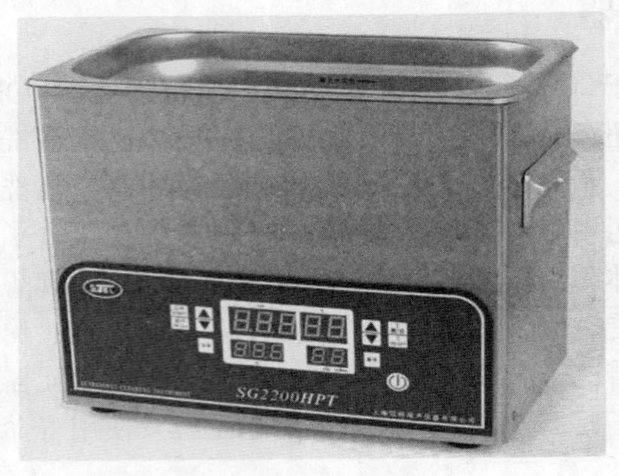

图 2-1　超声波清洗器

2.1.2　超声波清洗设备构成

超声波清洗设备主要由以下组件构成：

（1）清洗槽：盛放待洗工件。

（2）换能器（超声波发生器）：将电能转换成机械能。

（3）电源：为换能器提供所需电能。

换能器将高频电能转换成机械能之后，会产生振幅极小的高频震动并传播到清洗槽内的溶液中，在换能器的作用下，清洗液的内部将不断地产生大量微小的气泡并瞬间破裂，每个气泡的破裂都会产生数百度的高温和近千个大气压的冲击波，从而将工件冲刷干净。

2.1.3　超声波清洗器的主要参数

（1）频率：≥20kHz，可以分为低频、中频、高频 3 段。

（2）清洗介质：采用超声波清洗。一般有两类清洗剂：化学溶剂、水基清洗剂。清洗介质的化学作用，可以加速超声波清洗效果，超声波清洗是物理作用，两种作用相结合，以对物件进行充分、彻底的清洗。

（3）功率密度：功率密度＝发射功率/发射面积通常，功率密度大于等于 $0.3W/cm^2$。超声波的功率密度越高，空化效果越强，速度越快，清洗效果越好。

但对于精密的、表面光洁度甚高的物件，采用长时间的高功率密度清洗会对物件表面产生“空化”腐蚀。

（4）超声波频率：超声波频率越低，在液体中产生的空化越容易，产生的力度大，作用也越强，适用于工件（粗、脏）初洗。频率高则超声波方向性强，适用于精细的物件清洗。

（5）清洗温度：一般来说，超声波在30~40℃时的空化效果最好。但由于温度越高，清洗剂的作用越显著。通常实际应用超声波时，采用50℃~70℃的工作温度。

1）不论工件形状多么复杂，将其放入清洗液内，只要是能接触到液体的地方，超声波的清洗作用都能达到。

2）清洗时液体内产生的气泡非常均匀，工件的清洗效果也将非常均匀一致。

3）配合清洗剂的使用，加速污染物的分离和溶解，可有效防止清洗液对工件的腐蚀。

4）无需手工清理，杜绝了手工清洗对工件产生的伤害，避免繁重肮脏的体力劳动。

在我们所了解到的各行各业中，几乎每一个行业都有应用到超声波清洗器的地方，例如：机械行业；表面处理行业；医疗行业；仪器仪表行业；机电电子行业；光学行业；半导体行业；科教文化；钟表首饰；石油化工行业；纺织印染行业；其他。

2.1.4 超声波清洗特点

（1）清洗特点：

1）超声波清洗对于手工及其他清洗方式不能完全有效地进行清洗的工件，具有显著的清洗效果，可彻底地达到清洗要求。

2）超声波清洗对形状和结构复杂的工件尤为适用。

3）超声波清洗可有效地降低污染，减少有毒溶剂对人类的损害。

4）超声波清洗可根据不同的溶剂达到不同的效果，如除油、除锈或磷化。

5）超声波清洗是目前清洗效率最高的清洗方式，也是清洗效果最好的清洗方式。

6）超声波清洗可大幅度降低劳动强度，杜绝劳动隐患。

（2）清洗效率：自超声波清洗技术问世以来，其出众的清洗效能深得广大行业用户的青睐，其中尤以其显著地提高了清洗效率及清洗效果而让人一见倾心。以往在肮脏的环境中通过繁重的体力劳动，需要长时间地进行手工清洗的复杂机械零件，应用了超声波清洗机以后，不仅改善了劳动环境，减轻了劳动强度，而且在大幅提高清洗精度的基础上，清洗时间缩短为原来的四分之一。较之现在所有清洗方法，超声波清洗的效率是最高的。

（3）清洗效果：就清洗方式而言，运用于工业清洗的清洗方式一般为手工清洗、有机溶剂清洗、蒸汽气相清洗、高压水射流清洗和超声波清洗。超声波清洗被国际公认为当前效率最高，效果最好的清洗方式，其清洗效率达到了98%以上，清洗洁净度也达到了最高级别，而传统的手工清洗和有机溶剂清洗的清洗效率仅为60%~70%，即使是气象清洗和高压水射流清洗的清洗效率也低于90%。因此，在工业清洗中，超声波清洗机以其效率高，效果好，适用于大工作量清洗的特性无疑是清洗的最佳选择，这也是为什么凡是对洁净度要求高的行业，如航空仪表、真空镀膜、光学器材、医疗器械等行业都选择超声波清洗的原因。

（4）应用范围：

1）机械行业：防锈油脂的去除，量具的清洗，机械零部件的除油除锈，发动机、化油器及汽车零件的清洗，过滤器、滤网的疏通清洗等；

2）表面处理行业：电镀前的除油除锈，离子镀前清洗，磷化处理，清除积炭，清除氧化皮，清除抛光膏，金属工件表面活化处理等；

3）仪器仪表行业：精密零件的高清洁度装配前的清洗等；

4）电子行业：印刷线路板除松香、焊斑，高压触点等机械电子零件的清洗等；

5）医疗行业：医疗器械的清洗、消毒、杀菌、实验器皿的清洗等；

6）半导体行业：半导体晶片的高清洁度清洗；

7）钟表、首饰行业：清除油泥、灰尘、氧化层、抛光膏等；

8）化学、生物行业：实验器皿的清洗、除垢；

9）光学行业：光学器件的除油、除汗、清灰等；

10）纺织印染行业：清洗纺织锭子、喷丝板等；

11）石油化工行业：金属滤网的清洗疏通、化工容器、交换器的清洗等。

超声波清洗被日益广泛应用于各行各业。

2.1.5 超声波清洗中应注意的几个问题

（1）功率的选择：超声清洗效果不一定与（功率×清洗时间）成正比，有时用小功率，花费很长时间也没有清除污垢。而如果功率达到一定数值，有时很快便将污垢去除。若选择功率太大，空化强度将大大增加，清洗效果是提高了，但这时使较精密的零件也产生蚀点，得不偿失，而且清洗缸底部振动板处空化严重，水点腐蚀也增大，在采用三氯乙烯等有机溶剂时，基本上没有问题，但采用水或水溶性清洗液时，易于受到水点腐蚀，如果振动板表面已受到伤痕，强功率下水底产生空化腐蚀更严重，因此要按实际使用情况选择超声功率。

（2）频率的选择：超声清洗频率从十几 kHz 到 100kHz 之间，在使用水或水清洗剂时由空穴作用引起的物理清洗力显然对低频有利，一般使用 15～30kHz。对小间隙、狭缝、深孔的零件清洗，用高频（一般 40kHz 以上）较好，甚至几百 kHz。对钟表零件清洗时，用 400kHz。若用宽带调频清洗，效果更良好。

（3）清洗笼的使用：在清洗小零件物品时，常使用网笼，由于网眼会引起超声衰减，要特别引起注意。当频率为 28kHz 时使用 10mm 以上的网眼为好。

（4）清洗液温度的选择：水清洗液最适宜的清洗温度为 40～60℃，尤其在天冷时若清洗液温度低空化效应差，清洗效果也差。因此有部分清洗机在清洗缸外边绕上加热电热丝进行温度控制，当温度升高后空化易发生，所以清洗效果较好。当温度继续升高以后，空泡内气体压力增加，引起冲击声压下降，反映出这两因素的相乘作用。

（5）清洗液量和清洗零件位置的确定：一般清洗液液面高于振动子表面 100mm 以上为佳。例 300W、24kHz 液面约高 120mm；600W、24kHz 液面约高 150mm。由于单频清洗机受驻波场的影响，波节处振幅很小，波幅处振幅大造成清洗不均匀。因此最佳选择清洗物品位置应放在波幅处。

（6）其它：清洗大量污垢的零件一般要采用浸、喷射等方法进行预清洗。在清除了大部分污垢之后，再用超声清洗余下的污垢，则效果好。如果清洗小物品及形状复杂的物品（零件）时，如果采用清洗网或者使清洗物旋转，边振动边用超声辐射，能得到均匀清洗。

2.2 光学显微镜

显微镜是用来观察、记录和研究经过制片技术处理后被检物体细微结构的最主要的光学精密仪器，广泛地应用于各学科的领域中，对微观世界的探索及理论的研究起着极其重要的作用。

显微镜的种类繁多，不仅因制造年代和不同国家的产品有不同类型，而且在结构造型及功能等方面亦各异。一般的，根据照明光源的性质来分可分为“光学显微镜”和“非光学显微镜”。光学显微镜简称显微镜或光镜，是利用人眼可见的可见光或紫外线作为光源的，它分为单式显微镜和复式显微镜。其中单式显微镜制造简单，放大率及性能均不高，它是由一块或几块透镜组成，如：放大镜、平台解剖镜；而复式显微镜则是由多组透镜组合而成，并可根据结构、原理和应用范围的不同分多种类型，如：常规普通复式显微镜、专用或多用特种显微镜（荧光和倒置显微镜）及大型多用途的万能显微镜。目前使用最广泛的是普通光学显微镜，此外还有相差显微镜、暗视野显微镜、荧光显微镜和倒置显微镜等。非光学显微镜是利用电子束作为光源并且是以“电磁透镜”作透镜的，因而也称电子显微镜。

2.2.1　普通光学显微镜

2.2.1.1　原理

普通光学显微镜的基本工作原理是利用物镜和目镜的多组凸透镜将物像逐级放大并反射到视网膜上的过程，如图 2-2 所示。而显微镜性能和质量的高低可通过分辨率、数值孔径、放大率及焦点深度、视场直径等指标来反映。

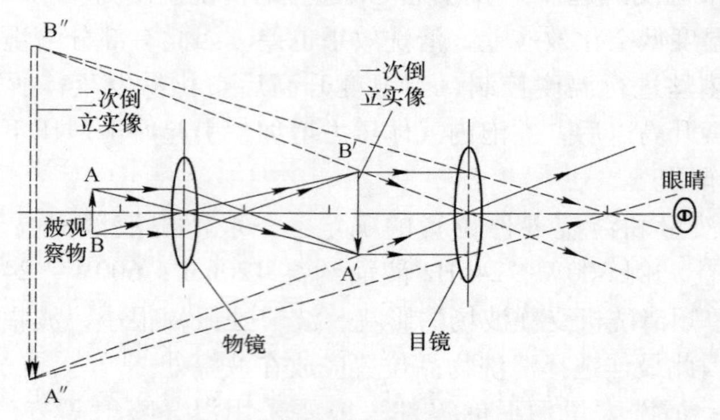

图 2-2　光学显微镜的基本工作原理

分辨率（Resolving Power）是指显微镜或人眼在 25cm 和明视距离（能看清物像的最佳标准距离）处所能清楚分辨被检物体最小间隔的能力。它主要由物镜的分辨率所决定而与目镜无关。具体公式如下：

$$R = \frac{0.61\lambda}{N \cdot A} = \frac{0.61\lambda}{n \cdot \sin\alpha/2}$$

式中，λ 为照明光源的波长，如白光 $\lambda \approx 0.5\mu m$；n 为介质的折射率，如空气为 1，玻璃为 1.52，香柏油为 1.51，石蜡油为 1.46；α 为镜口角，它是指在工作距离处位于物镜光轴上标本中的一个点所发出的光线到物镜的前透镜有效直径两端所形成的夹角（见图 2-3）。通过降低波长、增大介质折射率和加大孔径角及增加明暗反差是提高分辨率的有效手段。

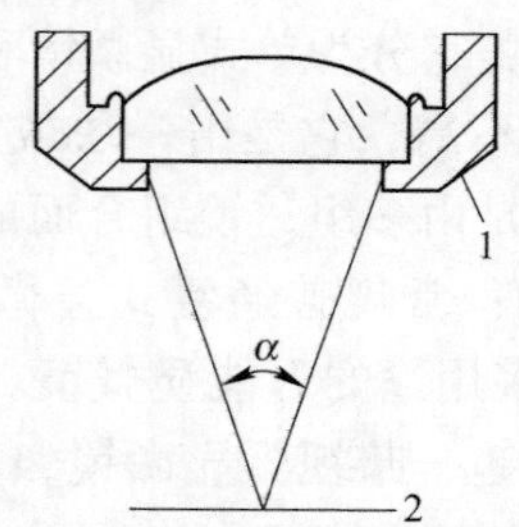

图 2-3　显微镜的镜口角

1—物镜；2—标本；α—镜口角

数值孔径（Numerical Aperture，NA.）也称镜口率，是直接决定显微镜分辨率的一个重要参数，其公式为：$N \cdot A = n \cdot \sin\alpha/2$，其中镜口率数字越大，表示分辨力越高。

放大率（minifying power）即放大倍数，是光镜性能的另一重要参数。它主要有4×、10×、40×和100×四种，其中4×和10×为低倍镜，40×为高倍镜，100×为油镜。另外，镜头长度随倍数的增加依次增长，而在不同放大倍数的物镜筒上还标有不同颜色的环，以用于区别。

低倍镜、高倍镜以空气为介质，而油镜需以香柏油或石蜡油为介质。这样就避免了由于油镜镜孔小，而使进入物镜的光线产生折射，从而导致视野暗淡，物像不清现象的发生。一台显微镜的总放大倍数等于目镜放大倍数与物镜放大倍数的乘积，如目镜10×，物镜为40×，其放大倍数为10×40=400倍。常用显微镜的最大放大倍数为1600×。物镜和目镜的放大倍数可用下列公式计算：

$$\text{物镜放大倍数} = \frac{\text{镜筒长度(110mm)}}{\text{物镜焦距}}$$

$$\text{目镜放大倍数} = \frac{\text{明视距离(250mm)}}{\text{目镜焦距}}$$

焦点深度（focal depth）即当显微镜对标本的某一点或平面准焦时，焦点平面上下影像清晰的距离或范围。一般的焦点深度越大可看到被检物体的全层；反之，则只能看到被检物体的一薄层。公式为：

$$D = \frac{k \cdot n}{M \cdot NA}$$

式中，$k = 240\mu m$；n为介质折射率；M为总放大率；NA为数值孔径。

视场直径（viewing field）也称视场宽度或视场范围，是指在显微镜下看到的圆形视场内所能容纳被检物体的实际范围，其中视场直径愈大，愈便于观察。

2.2.1.2 显微镜的结构

显微镜（microscope）的主要结构是由三部分组成，即：机械部分、照明部分和光学部分（见图2-4）。

（1）机械部分：是显微镜的支架结构，主要包括镜座、镜柱、镜臂、镜筒、物镜转换器、载物台和调节器。

1）镜座（bose）：是显微镜的基座，用以支持整个镜体的平稳，常呈马蹄铁形、圆形或方形，有的显微镜在镜座内装有照明光源。

2）镜柱（post）：是镜座向上直立的短柱，常与镜座和镜臂相连，也具有支持作用。

3）镜臂（arm）：是与镜柱相连的结构，适于手握。有的显微镜（如：L1100型）的镜柱和镜臂合起来统称为主体。

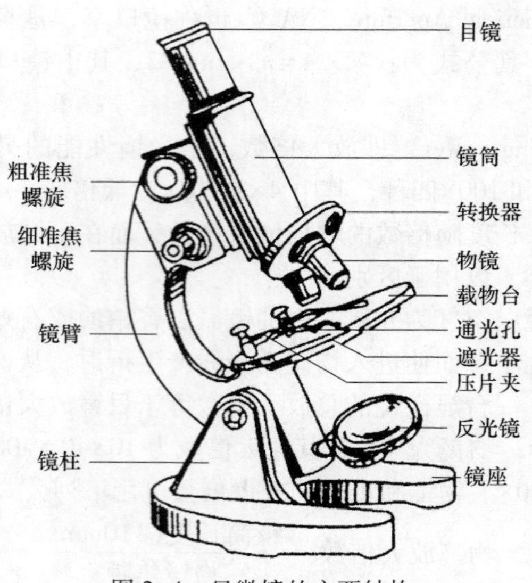

图 2-4　显微镜的主要结构

4）镜筒（tube）：是附在镜臂前方的筒状结构，由金属制成，其上端装有目镜，下端装有物镜转换器。目前可根据镜筒数目，将光镜分为单筒式和双筒式两种。

5）物镜转换器（revolving nose-piece）：常装在镜筒的下端，呈圆盘状，分上下两片。上片固定在镜筒下端，其正后方有一固定卡；下片可自由转动，有3~4个螺旋孔用以安装不同倍数的物镜。螺旋孔外缘处各有一个缺刻，当转换物镜时，下片的缺刻与上片的固定卡相扣合，此时物镜和镜筒同轴，便于观察。

6）载物台（stage）：是位于物镜转换器下方一个方形平台，用于放置玻片标本。台面水平并与显微镜的光轴垂直，在台面的中央有一圆孔称通光孔，是用来通透光线的。载物台上装有推进器，其左侧附有镰刀形的弹簧卡，用来夹持玻片标本；右侧有两个螺旋，扭动螺旋可使标本前后左右移动，利于观察标本。此外推进器上还有标尺，可用来确定标本在视野的位置。

7）调节器（focusing adjustment）：是装在主体上的螺旋状结构，分大小两个螺旋，呈套叠状。转动大螺旋（粗调节器）可使载物台快速和大幅度升降，从而将物像迅速收入视野，通常在低倍镜下寻找物像时使用；转动小螺旋（细调节器），可使载物台缓慢地升降，不易觉察，多在高倍镜或油镜下调焦时使用，以获得清晰图像。

（2）照明部分：在载物台的下方装有一套照明装置，由集光器、滤光器和反光镜或电光源组成。

1）集光器（condenser）：也称聚光器，位于载物台的下方，由聚光镜和光圈组成，其作用是把光线集中到所要观察的标本上。在其左侧有一调节螺旋，可使集光器上升或下降，上升时可使视野亮度增强，下降时可使视野亮度减弱。聚光镜是由一片或数片透镜组成，其作用相当于一凸透镜，可把光线进一步集中在标本上，以增加标本的亮度。光圈又称可变光阑或孔径光阑，位于聚光镜的下端由十几张金属薄片围成，中间有圆孔，光圈的外侧有一小柄，推动小柄可调节光圈孔径的大小，以改变视野的亮度。

2）滤光器（filter）：常安装在光圈下方，由滤光片和滤光架构成，其作用是在观察标本和显微摄影时，选择某一波段的光线，而排除不需要的光线。

3）反光镜（eflection mirror）：位于集光器下方，常与镜柱相连，可随意转动，其作用是改变光线的方向和调整光线的强弱。反光镜由两面构成：一面平展，一面凹陷。当光强时，用平面镜；而当光弱时，则用凹面镜。在电光源显微镜中，光线可通过镜座中装有的反射镜或反射棱镜反射到集光器中。

4）光源（light）：显微镜的光源有自然光源和电光源两种。自然光源是由太阳折射所发出的光；而电光源则是由日光灯或白炽灯等所发出的光，其作用是为显微镜提供光线。

（3）光学部分：是显微镜的最重要部分，主要由目镜和物镜构成。

1）目镜（ocular）：也称接目镜，位于镜筒的最上端，其上标有放大倍数。一般说来，每台显微镜都配有 2~3 个目镜，用于观察不同放大倍数的需要。在目镜内常装有一指针，用以标示标本的位置，另外在目镜筒下方还有一挡片是用于安装目镜测微尺的。

2）物镜（objective）：又称接物镜，常装在镜筒下端与物镜转换器的螺旋孔相连，一般有 3~4 个。在镜筒侧面常标有主要性能指标，如放大倍数、镜口率、镜筒长度和所需要盖片厚度。常用显微镜物镜的表示方法如图 2-5 所示。其中 10、40、100 表示放大倍数，0.25、0.65、1.25 表示镜口率，160 表示镜筒长度，0.17 表示盖片厚度，单位为 mm。镜筒长度是指从目镜筒上缘到物镜转换器螺旋口下端的距离。另外，工作距离是指在观察标本，并把物像调到最清晰的程度时，物镜下表面与盖片之间的距离。物镜的放大倍数越大，其工作距离越小。

图 2-5 常用显微镜物镜的表示方法

2.2.2　显微镜的使用方法

2.2.2.1　低倍镜的使用方法

（1）准备：

1）右手握镜臂，左手托镜座，将显微镜从镜箱中取出，镜筒朝前放在自己座位前方偏左的实验台上，使镜座后缘距台边 6~7cm；

2）适当调整座位的高度，使操作者能舒适坐着进行操作；

3）检查显微镜的各个部件是否完整和正常；

4）向内转动粗调节器，使载物台略为上升，再转动转换器，让转换器边缘的缺刻与固定卡相扣合，以使低倍镜的光轴对准镜筒中心和通光孔；

5）打开光圈，上升集光器。

（2）对光：从目镜观察，同时两手转动反光镜，使镜面正对光源，直到镜内出现均匀且亮度适中的圆形亮光，这个发亮的范围称为视野。

（3）放置标本：左手取所观察的玻片标本，将有盖玻片的一面朝上，从显微镜左侧放到载物台上；右手用弹簧卡卡住载玻片，然后转动推进器螺旋将所要观察的标本调至通光孔的中央。

（4）调节焦距：调焦是初学者较难掌握的一步，必须反复练习，才能熟练掌握。为了能得到清晰的物像，必须调节物镜与标本之间的距离，使它与物镜的工作距离相符合，这种操作叫调焦。首先，眼睛从侧面注视低倍镜，双手内旋粗调节器，使载物台缓慢上升直到物镜的工作距离为 3mm。然后，一边从目镜观察，一边用手外旋粗调节器，使载物台缓慢下降或物镜头上升，直到视野内出现清晰的物像为止。

（5）注意：这一操作过程有四种可能视野内不见物像：

1）要观察的标本不在视野内，这需要调整玻片位置；

2）焦距没有调好，物镜头与玻片标本间的距离大于或小于低（高）倍镜的工作距离，这需要重新调节焦距；

3）标本太小，需用推进器反复找或更换标本；

4）标本的颜色浅或透明，这应调节聚光镜或光圈，使视野变暗。

2.2.2.2　高倍镜的使用方法

在使用高倍镜之前，必须在低倍镜下找到清晰的物像，并把欲放大的部位移到视野的正中央。然后从侧面注视，右手转动转换器，换上高倍镜，再用眼观察，此时大都能见到一个不太清晰的物像。接着再用细调节器调节焦距，直至见到清晰的物像。注意，如果不出现物像或物像模糊，可查看切片是否放反了或切片过厚以及物镜是否松动或被污染等情况后重新操作。

2.2.2.3 油镜的使用方法

（1）在使用油镜时，必须先经低、高倍镜观察找到合适部位和清晰的物像，并将要进一步放大仔细观察的部位移到视野中央。然后从侧面注视，转动转换器，使物镜头离开通光孔，并在需要观察部位的盖片上加一滴香柏油，换上油镜头，使其浸在油滴中再用眼观察，同时转动细调节器并开大光圈，直到出现清晰的物像。

（2）使用注意：在转动转换器时，一定要认清油镜以免污染其他镜头。另外油镜使用完毕后，载物台下降，把油镜头转离光轴，用蘸有二甲苯的擦镜纸将镜头上和带有盖片的切片上的香柏油擦去。无盖片的切片，在其上滴一滴二甲苯后，用清水冲洗。

2.2.3 使用显微镜应注意的事项

（1）搬动显微镜时，应轻拿轻放且必须一手握镜臂，一手托镜座，紧贴胸前，以防目镜、反光镜等零件脱落或与其他物体相撞。

（2）显微镜上的各部件不准随便拆卸或串换，以免丢失或损坏。每次使用前后都要仔细检查，发现问题及时向老师汇报。

（3）在转换物镜时，一定要旋转转换器，不可用手直接扳转物镜，以防造成目镜与物镜的光轴不合，影响观察。

（4）要保持显微镜的清洁，不用时应放入镜箱或用绸布遮盖。如在使用过程中有污染，须及时清除：机械部分要用绸布擦拭，而光学及照明部分则用擦镜纸擦拭。

（5）在观察标本时，必须养成双眼观察和双手并用的习惯，同时注意玻片标本移动方向与视野内物像移动方向是相反的。

（6）显微镜用完后，应将标本取下，并将聚光器下降约1cm，同时把物镜转离通光孔，再送回镜箱。

（7）在任何时候，特别是在使用高倍镜或油镜时，都不能一边在目镜中观察，一边用粗调节器上调载物台，以免镜头与切片相撞，损坏物镜头及切片。

2.2.4 显微镜的保养与维护

（1）显微镜应放置于阴凉、干燥、无灰尘和无酸碱蒸气的地方。为防止灰尘浸入，不用时可用塑料套把仪器全部罩住。

（2）所有镜头均经过校正，不得自行拆开。如有灰尘沾在镜头上可先用吹风球（洗耳球）将灰尘吹去，再用毛笔拂除，油污可用清洁的软细布蘸二甲苯将镜头玻璃轻轻擦净。

（3）显微镜各机械部分上如粘附灰尘，也应先将灰尘排除，然后用清洁的细软布擦干净。如果是无漆的滑动部分，应随即涂上薄薄一层无腐蚀性的润滑剂。在清洁显微镜时要特别注意不要碰到光学零件，尤其是物镜。

（4）粗动调焦机构如发现太紧或太松时，可用一手握紧一只粗调焦手轮，一手旋转另一支手轮，太紧时将手轮旋松，太松时将手轮旋紧。这时适当地调节，可使调焦机构松紧适宜。物镜用后必须装入物镜盒中，以防碰损和沾污。为防止灰尘落入镜筒中，用完后将目镜罩装入。

2.3　扫描电子显微镜

扫描电子显微镜（Scanning Electronic Microscopy，简称 SEM）是介于透射电镜和光学显微镜之间的一种微观形貌观察手段，可直接利用样品表面材料的物质性能进行微观成像。

与其他类型显微镜相比，扫描电子显微镜有其独到的优势：

（1）分辨率高，放大倍数大，20～20 万倍之间连续可调。钨灯丝电子枪电镜的分辨率可达 3～5nm，场发射电子枪电镜的分辨率可达 1nm。

（2）景深大。一般情况下，SEM 景深比 TEM 大 10 倍，比光学显微镜（OM）大 100 倍。

（3）保真度好。试样通常不需要作任何处理即可以直接进行形貌观察，所以不会因为制样原因而产生假像。

（4）试样制备简单。试样可以是自然面、断口、块状、粉体、反光及透光光片，对不导电的试样只需蒸镀一层 10nm 左右的导电膜。

扫描电镜已广泛应用于材料科学、冶金、地质勘探、机械制造、生产工艺控制、产品质量控制、灾害分析鉴定、宝石鉴定、医学、生物学等科研和工程领域。具体情况如下：

（1）金属、非金属及复合材料、生物样品表面形貌、组织结构的观察分析及照相；

（2）纳米粉及纳米粉体的形貌观察和粒度测量统计；

（3）微区成分的定性、定量计算，并对重点区域做元素分布图；

（4）颗粒样品粒径、面积、周长、圆度的测量，提供粒度分布图，并可对孔径样品做孔径分布直方图；

（5）可对固体材料的表面涂层、镀层进行结合情况观察和厚度测量；

（6）机械设备、压力容器、管道及汽车零件的失效分析；

（7）金属、非金属、复合材料、生物样品等固体材料的显微分析。

2.3.1　扫描电镜的基本结构和原理

当具有一定能量的电子束轰击样品表面时，高能电子与元素的原子核及外层电子发生单次或多次弹性与非弹性碰撞，在此过程中有99%以上入射电子能量转变成样品热能，另有约1%的入射电子能量从样品中激发出各种信号，如图2-6所示。这些信号主要包括二次电子、背散射电子、吸收电子、透射电子、俄歇电子、电子电动势、阴极发光、特征X射线等，不同的信号可反映样品不同的信息，扫描电子显微镜即是利用其中的二次电子和背散射电子信号显示出样品的表面形貌、原子序数序衬度等信息。

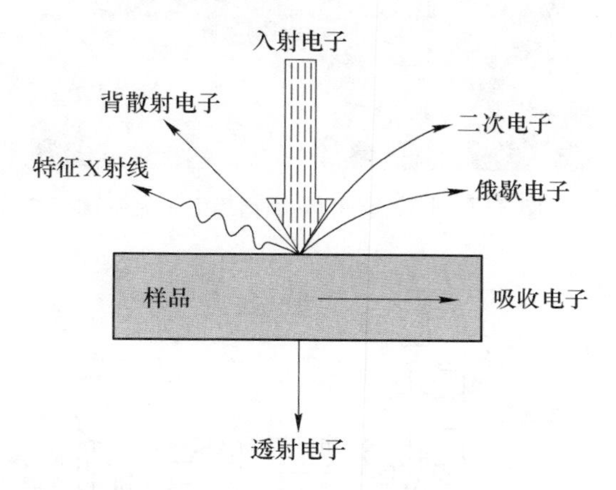

图2-6 入射电子束轰击样品产生的信息示意图

扫描电镜（SEM）的基本工作原理为：由电子枪发射出的电子束经过聚光镜系统和末级透镜的会聚作用形成一个直径很小的电子探针束投射到试样表面上，同时，镜筒内的偏转线圈使这个电子束在试样表面作光栅式扫描。在扫描过程中，入射电子束依次在试样的每个作用点激发出各种信息，例如二次电子、背散射电子等。安装在试样附近的各类探测器分别把检测到的有关讯号经过放大处理后输送到监视器调制其亮度，从而在与入射电子束作同步扫描的监视器上显示出试样表面的图像。根据成像讯号不同，可以在SEM的监视上分别得到试样表面的二次电子像、背散射电子像等。

各种扫描电子显微镜结构不尽相同，但总体来说都由电子光学系统、偏转系统、信号检测放大系统、图像显示和记录系统、电源系统和真空系统等部分组成，图2-7和图2-8分别为日本日立S-4800场扫描电子显微镜及结构示意图。

电子光学系统包括电子枪、聚光器、物镜、消像散器和样品室等部件，其作用就是将来自电子枪的电子束聚焦成亮度高直径细的入射束照射样品，产生各种物理信号。电子枪用来产生一束能量分布极窄的、电子能量确定的电子束。扫描电镜像的分辨率主要取决于入射电子束的直径与束流、成像讯号的信噪比、入射电子束在试样中的扩散体积和被检测讯号在试样中的逸出距离。这些因素都和扫描电镜的电子枪类型及加速电压有关。钨灯丝扫描电镜的分辨率为4~5nm，而

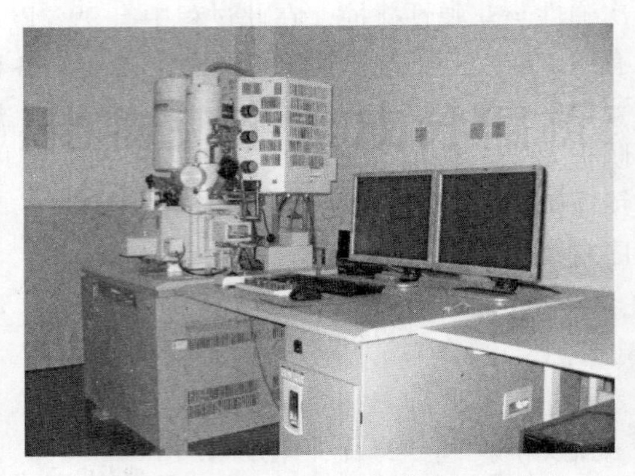

图 2-7　日立 S-4800 场扫描电子显微镜

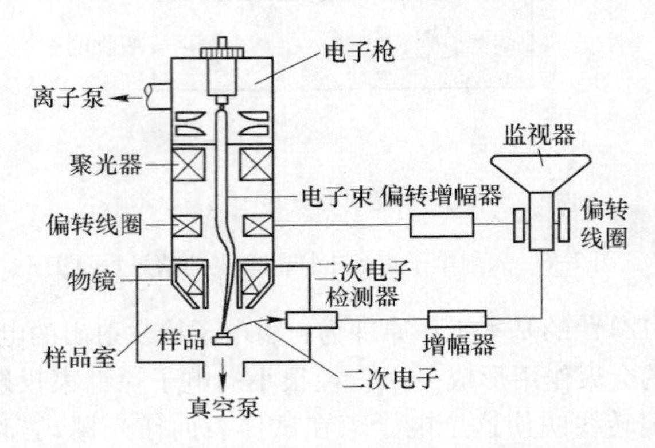

图 2-8　场发射扫描电子显微镜结构示意图

场发射枪的扫描电镜可优于 3nm。聚光器和物镜可使电子枪发出的电束聚焦成亮度高直径细的入射束照射样品。消像散可消除由于磁线圈加工误差、镜筒污染等因素造成的磁场畸变。样品室可以放置不同用途的样品台，如拉伸台、加热台和冷却台等。样品台可通过样品移动机构可以使试样沿 x、y、z 轴三个方向位移，同时还可以使试样绕轴倾斜及旋转。

偏转系统包括扫描发生器、偏转线圈和偏转增幅器等部件，其作用是将开关电路对积分电容反复充电放电产生的锯齿波同步地送入镜筒中的偏转线圈和监视器的偏转线圈，使两者的电子束作同步扫描，通过改变电子束偏转角度来调节放大倍率。扫描电镜的放大倍率等于显示屏的宽度与电子束在试样上扫描的宽度之比。入射电子束束斑直径是扫描电镜分辨本领的极限。

图像显示和记录系统包括二次电子检测器、增幅器、监视器等部件，其作用是检测试样在入射电子束作用下产生的二次电子信号，调制监视器亮度，显示出反映试样表面特征的电子图像。

2.3.2 扫描电镜样品要求与制备

2.3.2.1 扫描电镜样品要求

常规扫描电子显微镜对样品有较高的要求，除了尺寸大小外，还要求样品能在真空中保持稳定、不含水或挥发性物质且导电导热性能良好。对于低真空扫描电子显微镜和环境扫描电子显微镜，样品要求相对较低，一般只需考虑样品尺寸即可。下面以日本日立S-4800场发射扫描电子显微镜为例，详述样品的基本要求如下：

（1）样品直径不超过20mm，高度为10~12mm，侧面与底面垂直或呈锐角；块状不导电样品的尺寸，在满足观察要求的前提下，原则上是尺寸越小越好；粉末样品尺寸不作要求。

（2）本电镜样品室须保持高真空，要求样品必须是块状或粉末，在真空中能保持稳定，不含水分或挥发性物质。

（3）样品不可带有磁性，以免观察时电子束受到磁场的影响。

（4）表面即所观察面不可受到污染，否则不易观察样品表面真实形貌。

（5）样品必须有良好的导电性，以避免电荷积累，影响图像质量，并可防止试样的热损伤。

2.3.2.2 扫描电镜样品制备

扫描电镜样品的前处理方法：

（1）样品尺寸加工：用切割工具或偏口钳等工具将其加工成合适尺寸。

（2）含水或挥发物样品可采用烘干机烘干，或采用易挥发的有机溶剂清洗试样，将水分和挥发物脱除，并将样品烘干。

（3）对于磁性样品须经去磁处理。

（4）表面污染的样品要采取捞取去除污物，清洗方法视具体情况而定。常用的方法有超声波震荡、离子束清洗等。

（5）对不导电样品，可采用离子溅射仪或真空镀膜仪对样品表面进行导电处理。

几种典型样品的制备方法和操作步骤如下：

（1）粉末样品的制备。粉末样品的制备包括样品收集、固定和定位等环节。其中粉末的固定是关键，通常用表面吸附法、火棉胶法、银浆法、胶纸（带）法和过滤法。最常用的是胶纸法，把导电胶粘牢在样品台上，将少量粉末均匀地撒在导电胶上，用洗耳球或高压气吹去表面未粘牢的粉末，如果样品不导电，经过导电处理后，即可上电镜观察。

S-4800型扫描电子显微镜极靴是外露在样品室的，极易受到粉末样品污染，因此，粉末样品制备要注意以下几点：1）磁性（包括易磁化）粉末不可观察，防止样品被吸到极靴上；2）气体吹扫的目的是为了吹去与导电胶黏结不牢的样品，可防止粉末间气体在负压下急剧的爆炸膨胀，有效避免产生的粉尘污染极靴；另外，气体吹扫使试样厚度减薄，剩下的样品与导电胶黏结牢，蒸镀的导电膜层更有效地将样品表面之间和导电层连接起来，避免样品观察时产生放电和图像漂移现象。

（2）非金属块状样品。将导电胶粘牢在样品台上，再把块状样品粘牢在导电胶上，再镀上一层导电膜，即可上电镜观察。

蒸镀导电膜的目的是通过在样品表面形成导电连续的导电膜并与导电胶连接，即有效地实现导电导热的目的。蒸镀的导电颗粒到达样品的上表面比到达侧面要容易，如果样品过高，侧面的导电膜会不连续；另外，如果试样表面向下的部分更难接收到导电颗粒，不可能形成导电膜（球体试样），但如果样品很低，这部分不能形成导电膜的部分可镶嵌到导电胶里；因此，样品过高使样品表面导电性变差，在观察过程中产生放电和图像漂移的现象。综上所述，块状样品（尤其是气孔较多的样品和底面过小的样品）尺寸对样品导电处理影响巨大，在满足观察的情况下，样品尽量小而薄。样品的黏结面尽量平整，有利于样品黏结牢固。

（3）导电块状样品。用线切割机或其他工具将样品加工成所需尺寸，清洗，烘干即可。由于导电样品不需要进行导电处理，所以对样品的形状无太多要求，只需制成合适大小，并将黏结面抛光即可。如需特殊样品台，样品的尺寸和形状有更具体的要求。

（4）截面样品。将样品加工成合适的大小和形状，用镶嵌机将样品镶嵌，抛光即可。对不导电样品仍需进行导电处理。对导电样品可用导电胶将样品一角与试样品连接或进行导电处理，用导电胶连接样品和试样台的方法简单、快速、成本低，但若需观察样品边缘，镶嵌料对图像质量会有较大影响；导电处理法复杂、速度慢、成本高，但观察样品边缘成像质量好。

（5）生物样品。生物样品制备方法主要有化学方法和冷冻方法。化学方法制备样品通常分为四步：清洗、化学固定、干燥、导电处理。冷冻方法制备样品通常分为四步：冷冻固定、冷冻干燥、冷冻割断、导电处理。

生物样品含水量大，其制样最大的困难是在脱水后还能保持样品原有的形貌。因此生物品制样比较复杂，且成本高。环境扫描电子显微镜可在低真空下成像，可直接观察含水样品和不导电样品，还可实现样品的动态观察，分辨率可达3.5nm，是生物样品观察的另一个重要途径。

以上介绍仅仅是为满足扫描电镜观察的需要进行制样的基本方法，样品观察目的不同，还需要进一步处理。例如，有些试样的表面、断口需要进行适当的腐蚀，才能暴露某些结构细节，则在腐蚀后应将表面或断口清洗干净，然后烘干；有些样品要观察背散电子像，则必须要经过抛光、清洗、烘干；有些不导电样品仅仅要进行成分分析，则不进行导电处理亦可。总之，扫描电镜的制样方法多种多样，具体的制样方法要看样品的类型和观察的目的。

2.3.3 扫描电子显微镜的操作

2.3.3.1 实验仪器

以 S-4800 场发射扫描电子显微镜为例：

A 二次电子像的观察和分析

1）加速电压 HV 选择。S-4800 可选加速电压范围为 100V~30kV，加速电压越低越能反映样品表面形貌，分辨率越低，二次电子强度越低，荷电越低，样品表面污染物影响越强，对样品损伤越小。对于不同的试样状态和不同的观察目的选择不同的高压值，如对原子序数小的试样应选择较小的高压值，以防止电子束对试样穿透过深和荷电效应。2）引出电流 I_{ext} 选择。引出电流越小，入射到样品的信号越弱，二次电子信号量越少，杂散信号越少，信噪比越高。3）探针电流 I_P 降低探针电流可减少入射到样品的电子数量，减轻荷电现象。4）物镜光阑的选择光阑孔径与景深、分辨率及试样照射电流有关。光阑孔径大，景深小，分辨率低，试样照射电流大，反之亦然。在观察二次电子像时通常选用 300μm 和 200μm 光阑孔。5）工作距离和试样倾斜角的选择。工作距离是指物镜下极靴端面到试样表面的距离，通过试样微动装置的 z 轴进行调节。工作距离小，分辨率高，图像景深小；反之亦然。要求高的分辨率时可减小工作距离，为了加大景深可用增大工作距离。二次电子像的衬度与电子束的入射角有关。入射角越大，二次电子产生越多，像的衬度越好。较平坦的试样应加大试样倾斜角度，以提高图像衬度。6）聚焦和像散校正。在观察图像时，只有准确聚焦才能获得清晰的图像，通过调节聚集钮而实现。一般在慢速扫描时进行聚焦，也可在选区扫描时进行，还可在线扫描方式下调焦，使视频信号的波峰处于最尖锐状态。由于扫描电镜景深较大，通常在高倍下聚焦，低倍下观察。当电子通道环境受污染时将产生严重像散，在过焦和欠焦时图像细节在互为 90°的方向上拉长，必须用消像散器进行像散校正。消像散的方法：先调聚集钮，使图像不变形，然后分别调整消像散钮的 X 轴和 Y 轴，使图像清晰，反复此过程，直到图像最清晰。在改变电镜参数时应重新聚焦和消像散。7）放大倍数选择。放大倍数的选择按实际观察所要求的分辨细节而定。S-4800 型扫描电镜放大模式有两种：低倍模式和高倍模式。低倍模式适合给样品定位，观察样品大概形貌；高倍模式适合高倍放大，观察样品的显微形貌。8）亮度与对比度的选择。一幅清晰的图像必须有适中的亮度和对比度。在扫描电镜中，调节亮度实际上是调节前置放大器输入信号的电平来改变显示屏的亮度，衬度调节是调节光电倍增管的高压来改变输出信号的强弱。当试样表面明显凸凹不平时对比度应选择小一些，以达到明暗对比清楚，使暗区的细节也能观察清楚为宜。对于平坦试样应加大对比度。如果图像明暗对比十分严重，则应加大灰度，使明暗对比适中。

9）二次电子像的分析。二次电子像的产生深度和体积都很小，对试样的表面特征反应最灵敏，分辨率高，是扫描电镜中最常用的物理信息。试样的棱边，尖峰处产生的二次电子较多，则二次电子像相应处较亮，而平台、凹坑处射出的二次电子较少，则二次电子像的相应处较暗。根据二次电子像，对于陶瓷材料，可以观察晶粒形状和大小，断口的形貌，晶粒间的结合关系，夹杂物和气孔的分布特点，对于水泥和混凝土材料，可以观察水泥熟料，水泥浆体和混凝土中各晶体或凝胶体的空间位置，相互关系及结构特点；对于玻璃材料，可以观察玻璃的分相特点；对于复合材料常用深腐蚀法把基体相溶到一定的深度，使待观察相暴露于基体之上，利用二次电子像可以观察到组成相的三维立体形态；对于金属材料，可以观察断口的形貌特点，揭示断裂机理和产生裂纹的原因。

B 背散射电子像的观察

背散射电子要用背散射电子探测器接收，主要有 3 种：1）通常和二次电子共用一个探测器，只是在收集极上加 20~30V 的负电压，以排斥二次电子，不让其进入探测器参与成像；2）单独的背散射电子接受附件，操作时将背散射电子探测器插入镜筒并接通相应的前置放大器；3）两个单独的背散射电子探测器对称地装在试样的上方。

背散射电子的产额与试样的表面形貌有关，但由于背散射电子能量大，离开试样表面后沿直线运动，出射方向基本不受弱电场影响，因而只有面向探测器的背散射电子才能被检测，背向探测器者不能进入探测器。这样检测到的背散射电子强度比二次电子弱得多。又由于产生背散射电子的样品深度范围大，因此，背散射电子像的反差比二次电子像大，且有阴影效应，分辨率也较低。背散射电子的产额还与试样成分有关，试样物质的原子序数越大，背散射电子数量越多。所以背散射电子像的衬度也反映了试样表面微区平均原子序数的差异，平均原子序数高的微区在图像上较亮，平均原子序数小的微区相应地较暗。由于所检测到的背散射电子信号较弱，所以在观察时要加大束流，并用慢速扫描。另外，对于粗糙表面，原子序数衬度往往被形貌衬度所掩盖，因此，用来显示原子序数衬度的样品，一般只需抛光而不必进行腐蚀。

S-4800 场发射扫描电子显微镜 Super EXB 各种模式的信号接收量，见图 2-9 所示。

图 2-10 为不同 Super EXB 模式下样品同一区域图像差异。

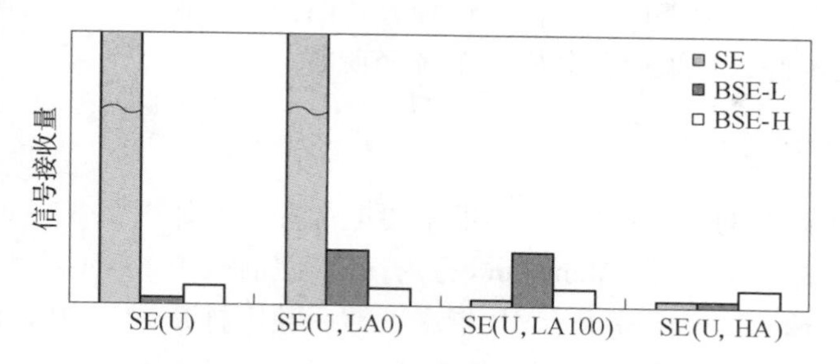

图 2-9 Super EXB 各种模式的信号接收量

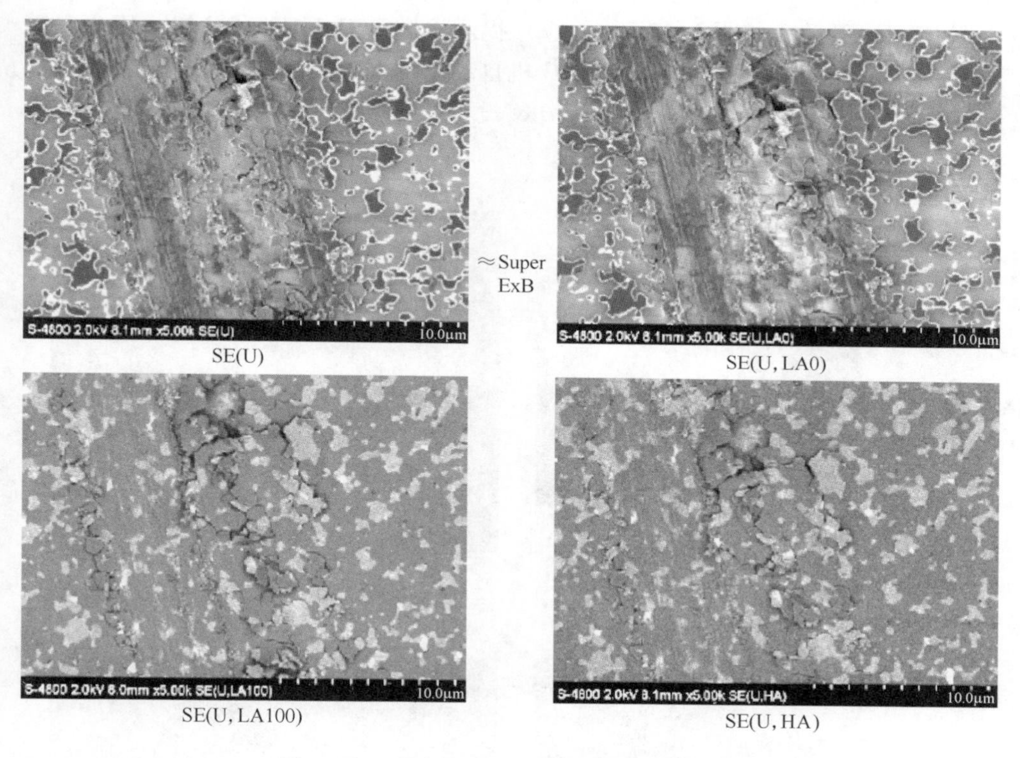

图 2-10 不同 Super EXB 模式下图像的差异

C 图像记录

经反复调节，获得满意的图像后就可以进行照相记录。在照相时，要适当降低增益并将图像的亮度和对比度调到合适的范围内，以获得背景适中、层次丰富、立体感强且柔和的照片。图像记录模式分扫描模式和积分模式。扫描模式是通过逐行扫描的方式来记录图像，这种方式图像采集速度慢，图像清晰，如果样品导电性不好，会造成放电现象，适合高倍且导电性好的样品；扫描模式是通过几十帧图像的灰度叠加来记录图像，这种方式图像采集速度快，图像较清晰，如果样品导电性不好，可采用积分模式来减轻荷电。

2.3.3.2　实验步骤

（1）SEM 设备的启动：1）开墙上主要电源开关，如图 2-11 所示。2）将仪器后面板处的主电源开关（Main Power）打开，之后按下 Reset 键，如图 2-12 所示。3）启动 Evac Power，等待 TMP 指示正常后顺序打开 IP1、IP2 和 IP3 的电源开关，真空启动程序开机结束，如图 2-13 和图 2-14 所示。4）开启左侧面板 Stage Power，如图 2-15 所示。5）启动循环水机电源，如图 2-16 所示。6）启动右侧 Display 开关，如图 2-17 所示。7）提示按键盘 Ctrl+Alt+Del 键，用户名默认 S-4800，点击 OK（没有密码）；PC 机自动启动进入 Windows 操作系统，并自动运行 S-4800 操作程序，此时点击 OK（没有密码）后自动进入 S-4800 操作软件，如图 2-18 所示。

图 2-11　主机电源

图 2-12　Reset 键

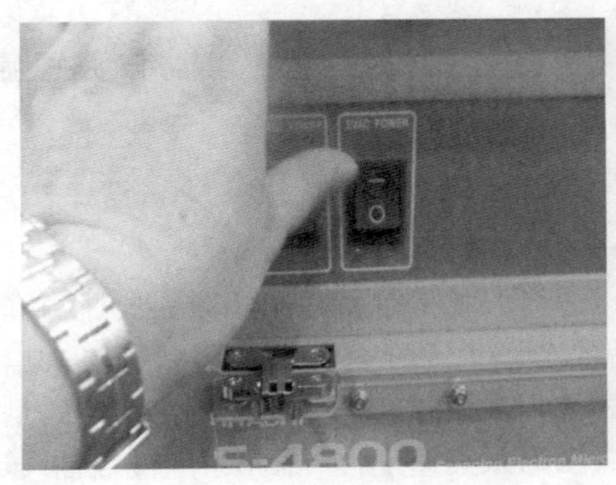

图 2-13　Evac Power

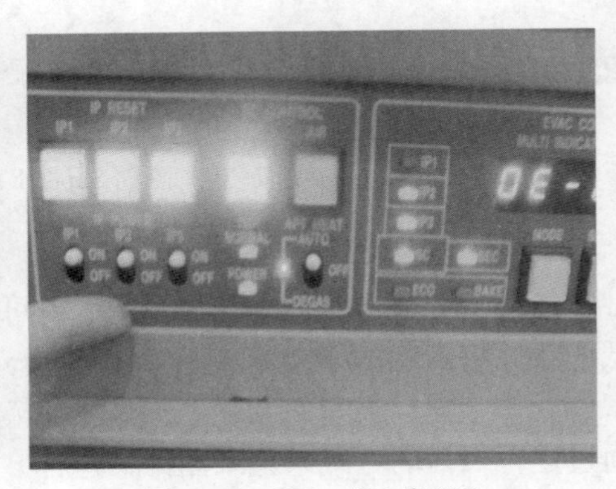

图 2-14　IP1、IP2 和 IP3

图 2-15 Stage Power

图 2-16 循环水机电源

图 2-17 Display 开关

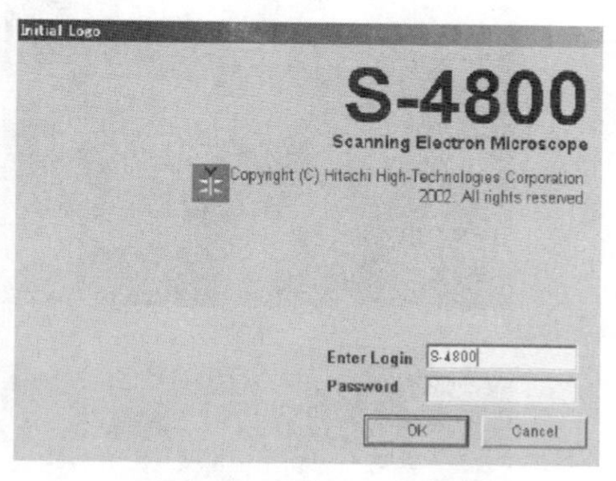

图 2-18 软件登录界面

（2）安装样品步骤：在实验台上事先粘好样品，并用高度规检测其高度，样品+样品台+锁紧螺栓总高度不得超过高度规定，如图 2-19 所示。点击 Air 按键（如图 2-20(a)）→听到提示音→打开交换区（如图 2-20(b)）→将样品台放到样品杆（如图 2-20(c)），并 Lock（如图 2-20(d)）→关闭交换区→按 EVAC 对交换区抽真空→听到提示音→按 OPEN 键（如图 2-20(e)）→听到提示音→将样品杆推入样品室（如图 2-20(f)）→Unlock→抽出（如图 2-20(g)）→按 CLOSE 键（如图 2-20(h)）→打开高压，进行形貌观察。

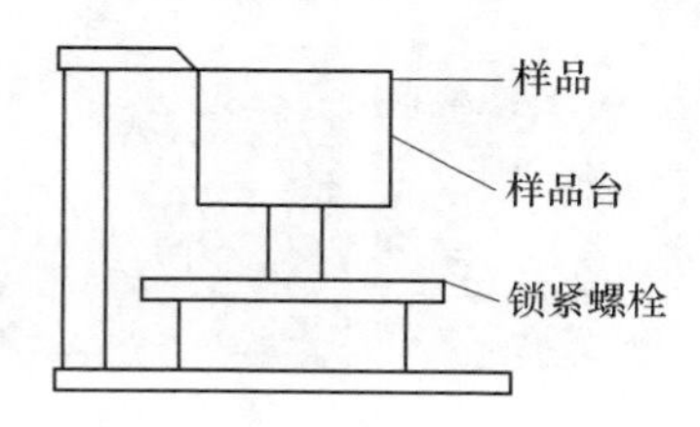

图 2-19 实验台安装图

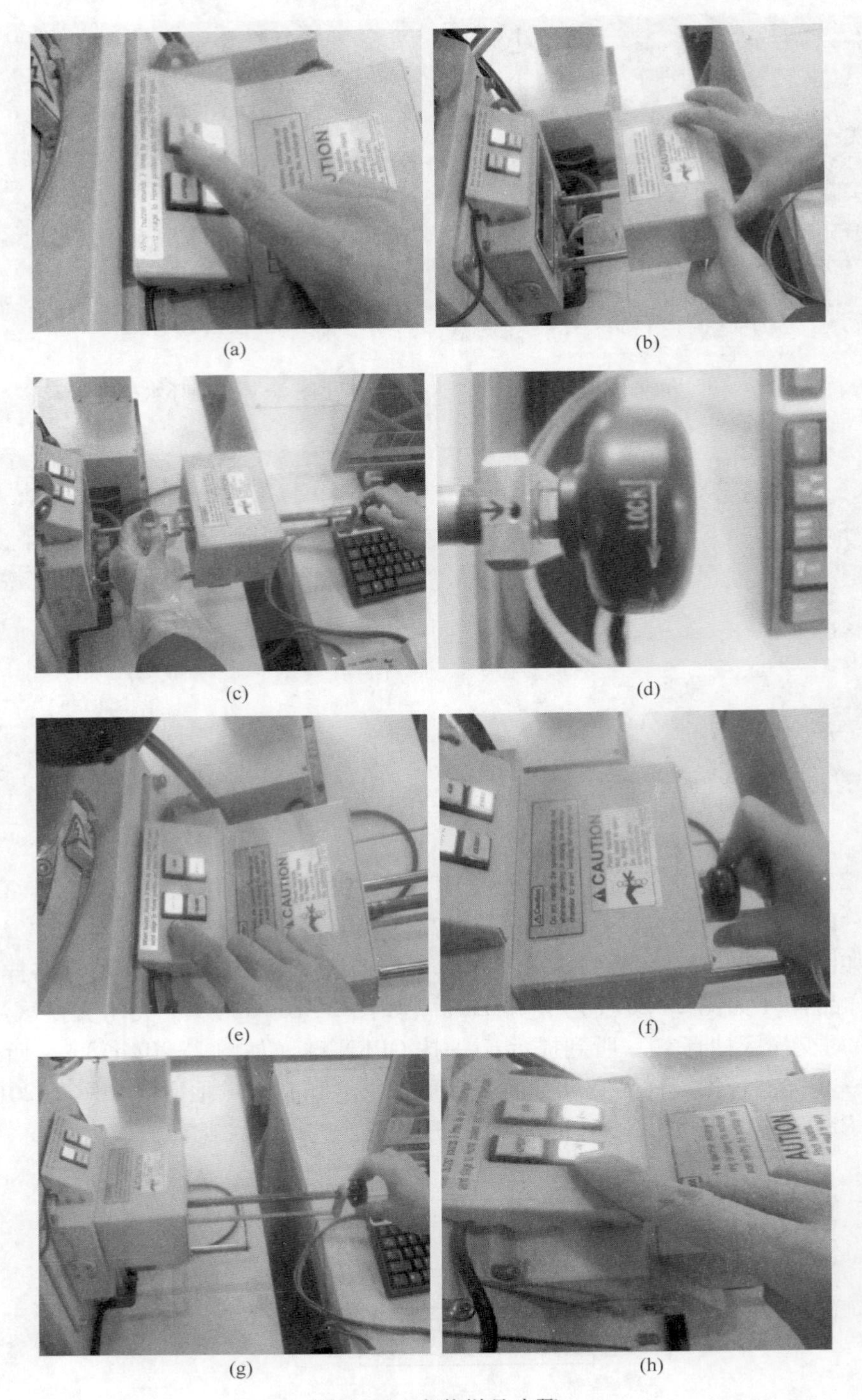

(a)　(b)　(c)　(d)　(e)　(f)　(g)　(h)

图 2-20　安装样品步骤

（3）电子光学系统的和轴操作：打开 Flashing 菜单并执行强度 2，直到 I_e = 20～30μA，如图 2-21 和图 2-22 所示：

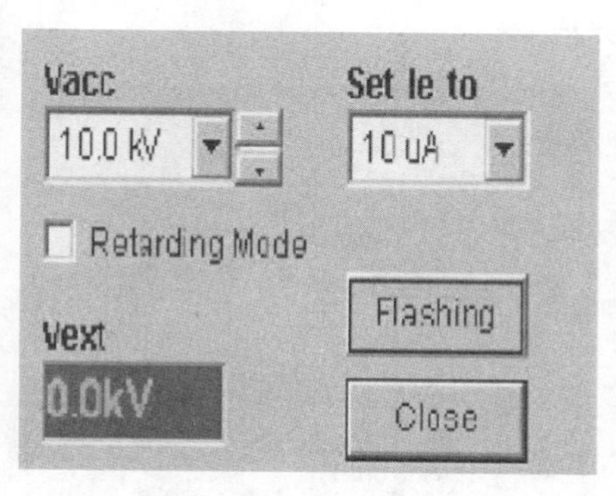

图 2-21　点击 Flashing

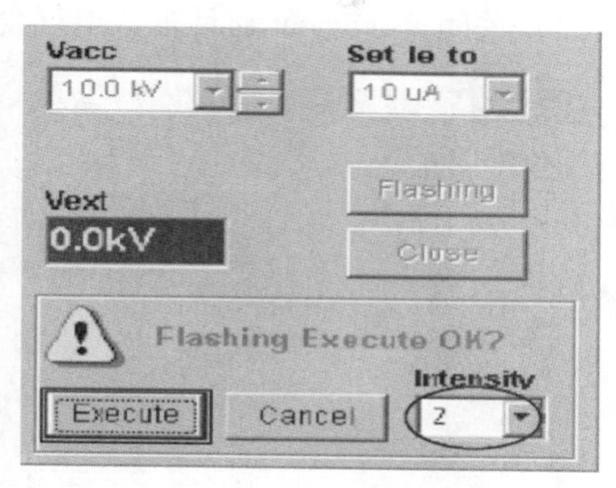

图 2-22　执行 Flashing

选择合适的加速电压和引出电流，并点击 HV ON，当操作过程中 I_e≤60%设定值时，点击 Set 使其恢复至设定值，见图 2-23～图 2-25。

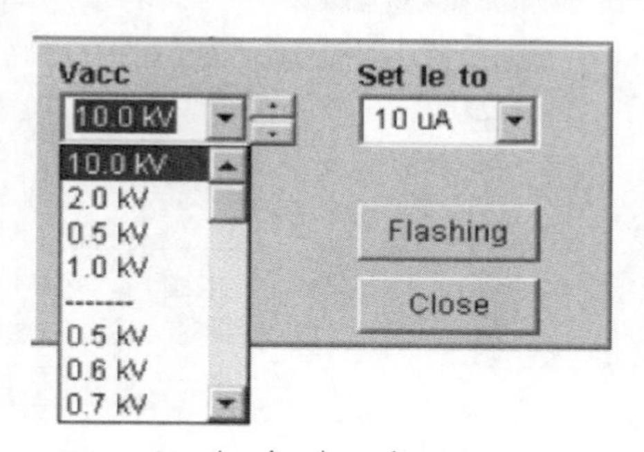

图 2-23　设置引出电压

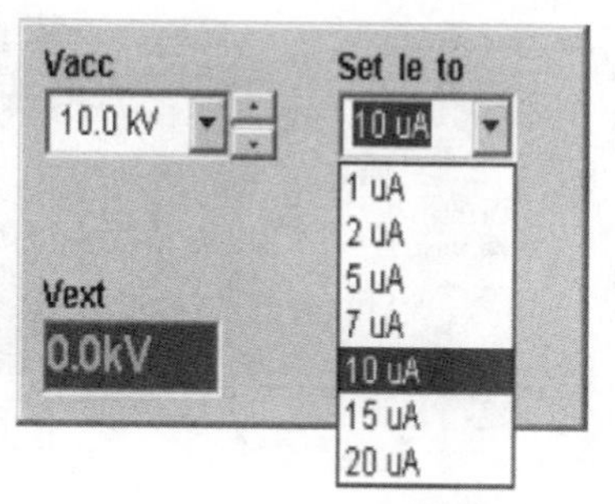

图 2-24　设置引出电流

图 2-25　增加引出电压和引出电流

选择合适参数，点击窗口右上角加速电压开关 ON，进行电气合轴调整。

1）打开 Alignment 对话框，点击 Beam Align 通过操作面板上的 X、Y 旋钮调整光斑到中心，见图 2-26 和图 2-27。

2）暂时选 Off 关闭 Beam Align 对话框，调节图像亮度和对比度，通过 Focus 大致调整图像，再选择 Aperture Align 通过操作面板上的 X、Y 旋钮调整图像至心脏式跳动而不是摇摆晃动，如图 2-28 所示。

3）再选择 Stigma Align X 通过操作面板上的 X、Y 旋钮调整图像至心脏式跳动而不是摇摆晃动，同样方法调整 Stigma Align Y，如图 2-29 所示。

4）关闭 Alignment 对话框，电气合轴完成。

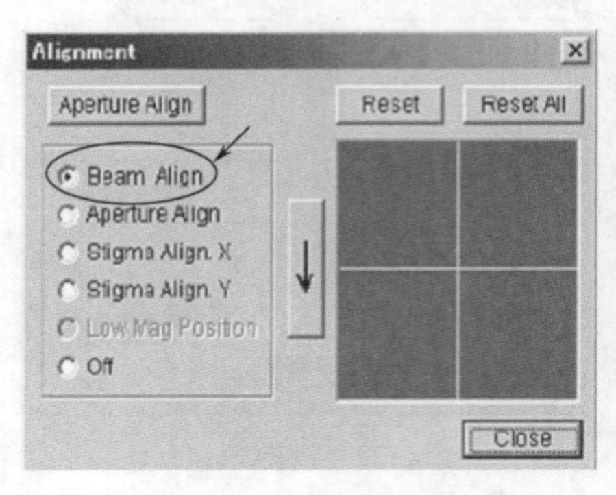

图 2-26　选择 Bean Align

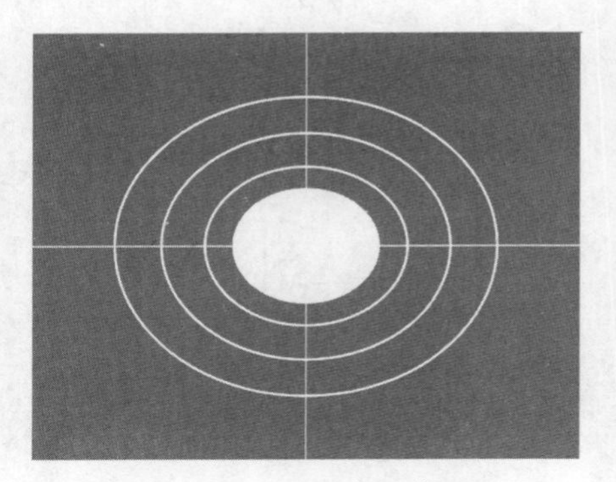

图 2-27　调整光斑位置

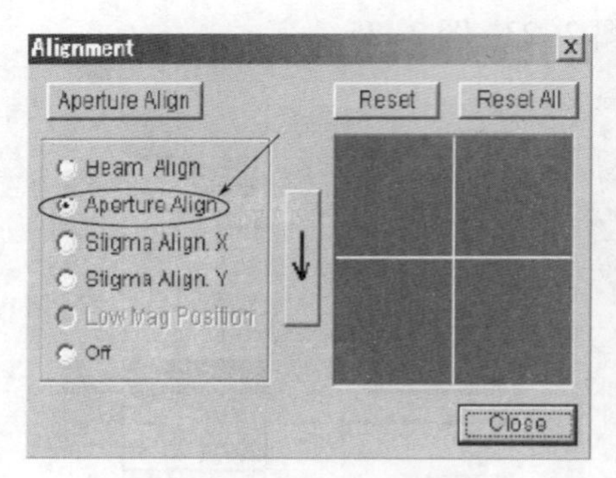

图 2-28　Aperture Align 调整

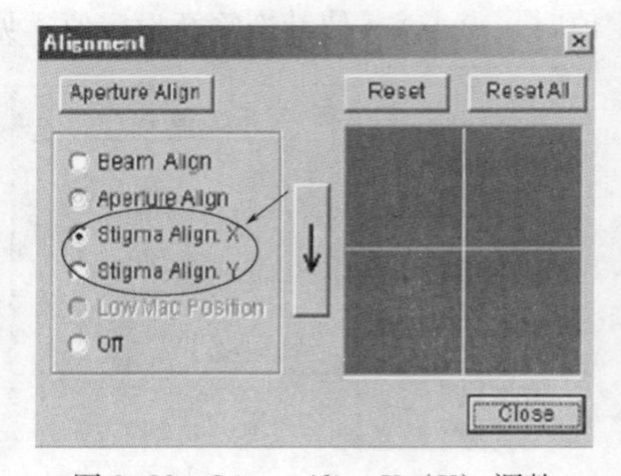

图 2-29　Stigma Align X（Y）调整

（4）高倍模式与低倍模式：在低倍模式下，通过轨迹球找到相应样品；转换到高倍模式，调整位置和放大倍数，找到需要采集图像的位置。高低倍模式转换如图 2-30 和图 2-31 所示。

图 2-30　低倍模式

图 2-31　高倍模式

（5）清晰度调节：反复调整聚焦钮和消像散旋钮，直到图像最清晰；进一步增大 Mag 至超过自己想要的放大倍数，细聚焦调整并通过 Stiga 消除像散，使图像达至最清晰；聚焦和消像散旋钮位置如图 2-32 和图 2-33 所示，消像散前和消像散后对比如图 2-34 所示。

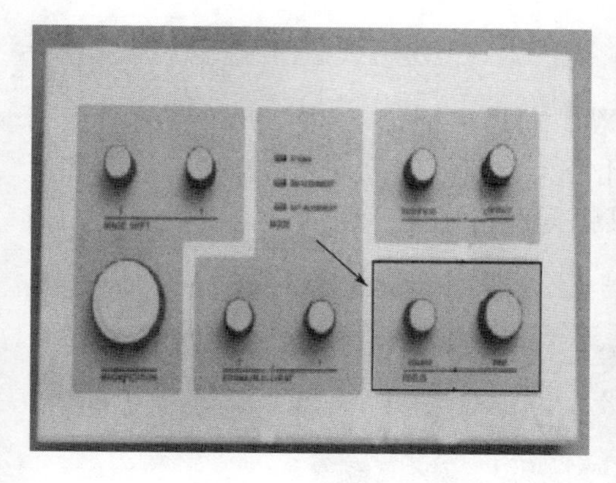

图 2-32 焦距调节

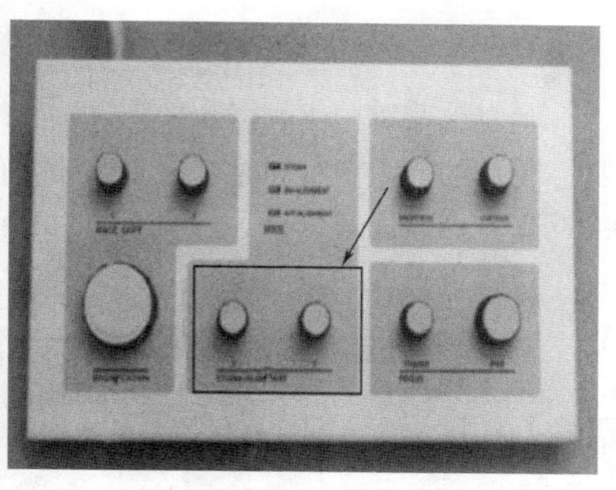

图 2-33 消像散调节

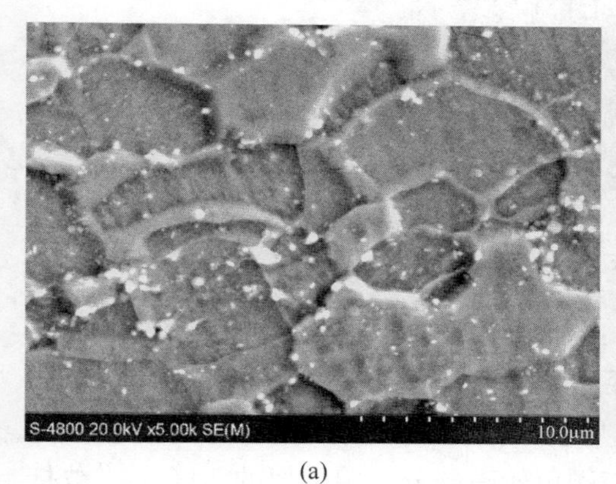

(a)

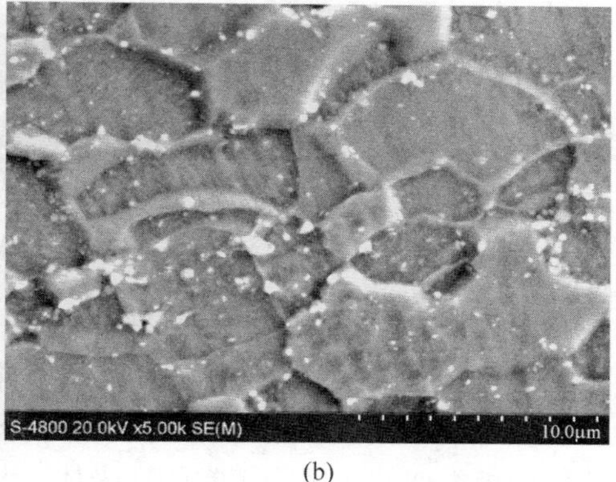

(b)

图 2-34 消像散前后图像对比

(a) 消像散前；(b) 消像散后

（6）图像采集：调整亮度/对比度，用扫描模式或积分模式采集图像。

（7）保存图片：系统可缓存 16 张图片，一般照完一个样品保存一次。将所要保存的图片全部选上，点击 Save，在弹出的对话框中选择保存的位置、图片格式、保存方式（Off、All Save、Quick Save 或 Date No. Save），输入图片名称，点击 OK。

（8）取出样品：取出样品步骤：关闭高压→按 Home，当 Home 变灰时→将 Z 轴拧到 8.0mm→按 OPEN 键→听到提示音→将样品杆推入样品室→Lock→抽出→按 CLOSE 键→提示音后按 AIR 键→打开交换区，Unlock，取下样品架→手压交换区，使其贴紧电镜，按 EAVC 抽真空。

（9）关机：测试完毕，取出样品，关闭软件，关闭 Windows，关 Display，关循环水机。

2.3.3.3　结果分析

扫描电镜可用来观察样品的表面形貌，通过表面形貌可分析样品的组织结构、粉体的形貌观察和粒度测量统计、孔径大小及分布、镀层结合情况观察和厚度测量、器件失效分析等。图 2-35 为某钢样经过抛光、腐蚀、清洗后，用扫描电子显微镜拍摄的显微照片。

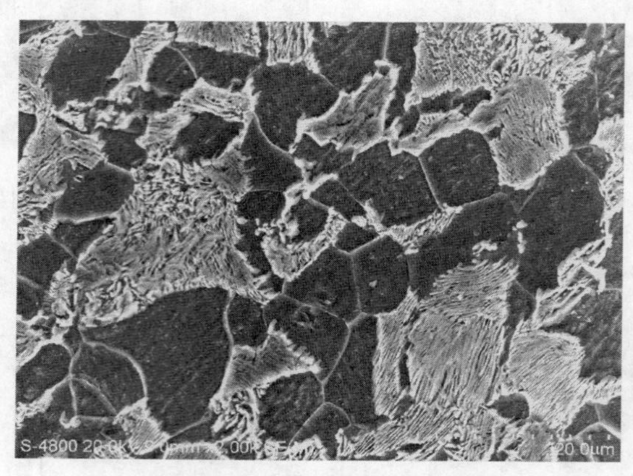

图 2-35　珠光体形貌图

图片下方文显示了图片的拍摄条件：加速电压 20.0kV，工作距离 9.0mm，放大倍数 2000 倍，信号为二次电子，探测器为上下混合模式，标尺为 20.0μm（10 格）。从图中可观察到，与较暗部分形貌类似的 1 区为铁素体，与颜色较亮部分形貌类似的 2 区为正常的珠光体，与颜色较亮部分形貌类似的 3 区为“被打散”的珠光体；还可以通过标尺判断晶粒大小及粒度分布、测量珠光体片层的数量和间距等。

2.4　X 射线能谱分析

2.4.1　实验原理

2.4.1.1　定性原理

X 射线能谱仪不可单独使用，必须与电镜联用。电镜电子枪发射出的高能电子射入试样时，若其动能高于试样原子某内壳层电子的临界电离能 E_c，该内壳层的电子就有可能被电离，被电离原子处于激发态，必须由外层电子跃迁到这个内壳层的电子空位，以降低原子的能量，由电子跃迁产生的多余的能量以 X 射线量子或俄歇电子形式发射出来。这些 X 射线的能量等于原子始态和终态的位能差。这种 X 射线具有元素固有的能量，称为特征 X 射线。例如原子的 L_{III} 层电子跃入 K 层所发射的 $K_{\alpha1}$ X 射线，其能量 $E_{K\alpha1}$ 等于该元素原子 K 层与 L_{m} 层临界电离能之差。它是元素的特征，几乎和元素的物理化学状态无关。

X 射线能谱分析方法的基本原理是利用高能电子束轰击样品表面，应用一个掺杂有微量锂的高纯单晶硅半导体固体探测器接收由试样发射的 X 射线，通过分析系统测定相关特征 X 射线的能量和强度，实现对试样局部微小区域的化学成分分析与标定。

特征 X 射线的能量 E（或波长 λ）与原子序数 Z 的关系可用莫斯莱定律描述：

$$E = a(Z - b)^2 \text{ 或 } \lambda = \frac{B}{(Z - C)^2}$$

式中，a、b、B 和 C 均为常数。

2.4.1.2 定量原理

为了分析被测试样中各组成元素的百分含量，必须在 X 射线能谱定性分析的基础上进行定量分析。由于入射电子在固态试样中不仅激发特征 X 射线，还因受到原子电场的减速作用而发射连续谱 X 射线，这些连续谱 X 射线构成 X 射线能谱的背景。定量分析时应妥善扣除由连续谱构成的背景，应用适当的标准样品，通过基质校正把试样与标样中被分析元素的特征 X 射线强度比变换成元素的浓度比。

根据有关理论计算，入射电子在块状试样中激发某元素 i 的 K 系（或 L 系、M 系）特征 X 射线强度 I_i 为：

$$I_i = \frac{\text{常数}}{A_i} c_i R_i \omega_i \alpha_i \int_{E_c}^{E_0} \frac{Q_i}{S} \mathrm{d}E$$

式中，A_i 为元素 i 的原子量；c_i 为元素 i 在试样中的质量百分浓度；R_i 为元素 i 对入射电子的背散射因子；ω_i 为元素 i 的 K（或 L、M 层）系 X 射线荧光产额；Q_i 为元素 i 的 K 层（或 L、M 层）电离截面；S 为 $\frac{dE}{E}(\rho x)$ 是试样的阻挡本领；x 为电子在试样中的运动距离；ρ 为试样的密度；α_i 为 K_a(或 L_a) X 射线在 K 系（或 L 系）总强度中所占的比例。

假设元素 i 在待分析试样和标样中的重量百分浓度分别为 c_i 和 c_i^s 、在相同实验条件下用 X 射线能谱仪分别测得试样和标样中元素 i 的特征 X 射线强度（在扣除背景后的元素 i 某特征峰计数）分别为 I_i 和 I_i^s ，则试样中元素 i 的质量百分浓度 c_i 可表示为：

$$c_i = \frac{c_i^s I_i}{\frac{I_i F}{F^s}}$$

这里 F 和 F^s 分别是试样和标样的基质校正因子，它计入了以下几个物理过程对试样产生的 i 元素特征 X 射线强度的影响：

（1）特征 X 射线射出试样表面之前在试样中的吸收效应——吸收校正 F_a。

（2）试样内其他元素的 X 射线和连续谱 X 射线激发被分析元素 i 的荧光辐射而引起其特征 X 射线强度的增强——荧光校正 F_f。

（3）由于入射电子在试样上背散射，使产生的 X 射线强度减弱了——背散射校正 F_b。

（4）由于入射电子在试样中传播时的能量衰减而造成 X 射线产生效率的变化——阻挡本领校正 F_s。

因此，试样总的基质校正因子 $F = F_a F_f F_b F_s$；同理，标样的总校正因子 $F^s = F_a^s F_f^s F_b^s F_s^s$。

除此之外，由于试样化学成分、表面形貌、X 吸收、原子扩散和偏析、X 射线二次激发、荷电效应等诸多因素的影响，也会对分析结果产生巨大影响。因此 X 射线能谱定量分析可采用相对比较的分析方法，引入标准样品，以保证分析结果的准确性与可靠性。选择标样的一般原则是：

（1）标样应和待测试样的物理化学状态接近，例如分析金属与合金时优先选用合金标样，分析矿物时则选用矿物标样，其次可选用纯元素标样。

（2）标样的成分要均匀且和待测试样的化学成分接近。注意尽量避免出现其他次要元素的干扰谱线。

（3）在电子束辐照下化学成分稳定，优先选用导电、导热性较好的标样。

（4）标样表面应光洁平滑、划痕少、无污染物、无氧化层，特别注意避免电解抛光残留产物。标样使用前需用光学显微镜对其表面状态进行检查，采集能谱时应注意避开如晶界、小粒子及其他缺陷位置。

（5）对于导电性不良的标样，必须在其表面喷镀导电层，例如碳层。在喷镀时应将标样和待测试样同时进行喷镀，并使二者对蒸发源的距离和角度相等，以保证二者表面镀层的厚度一致，减少由于 X 射线被镀层吸收引入的分析误差。表面导电层和试样座之间应有良好的导电通路。可以用导电胶在试样表面层和试样座之间连一通路。

2.4.2 试样的制备

X 射线能谱仪须和电镜联合，满足所有电镜观察需要的样品也适合能谱进行元素定性分析。若需做定量分析、元素面分布、元素线分布等，则需满足以下条件：

（1）尺寸太小的试样或微小颗粒试样要进行镶嵌，然后进行研磨与抛光。

（2）块状样品要先进行镶嵌，再进行研磨、抛光，也可不镶嵌，直接进行研磨和抛光处理。

（3）样品若需腐蚀，必须要选择轻度腐蚀，深度腐蚀产生的表面凹凸会影响定量分析结果。

（4）导电性不良的试样要在其表面喷镀导电层。通常将试样已抛光面朝上安放在喷镀仪内，喷镀薄薄的一层碳，其厚度一般在 20~50nm 范围。试样表面导电层和样品座之间应有良好的导电通路，较高的试样可用导电胶在样品表面和底座之间粘贴一条通路。

下面以日本日立 S-4800 场发射扫描电子显微镜和美国赛默飞世尔 Noran7X 射线能谱仪为例，详述实验参数的选择和实验过程。赛默飞世尔 Noran7X 射线能谱仪如图 2-36 所示。

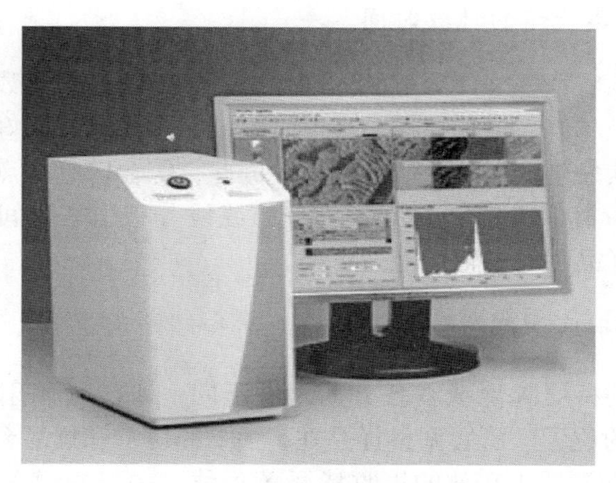

图 2-36 Noran7X 射线能谱仪

2.4.3 实验参数的选择

2.4.3.1 加速电压

加速电压 V 或入射电子束能量 E_0 的选择主要考虑待测试样特征 X 射线的激发效率和入射电子在试样中的穿透深度两个因素。高能入射电子激发的特征 X 射线强度与$\left(\frac{E_0}{E_c-1}\right)^{1.67}$成比例关系（其中 E_c 是被测元素有关电子壳层的临界激发能），提高 E_0，即提高加速电压 V 可以得到较高的 X 射线产出率，使探测器接收的计数率增大，而且峰背比随 U 增高而增加。

但另一方面，随着 E_0 增高，电子在试样中行程增加，使分析的空间分辨率变坏，需要的吸收校正增加。因此，样品定量分析时不宜选用过高的加速电压，一般取 E_0 为主要被分析元素谱线临界激发能 E_c 的 2~3 倍，最常用的加速电压值范围为 10~25keV。分析微量元素时，为了得到较高峰背比，可适当提高加速电压。

2.4.3.2　入射电子束束流

被分析试样发射的 X 射线强度直接取决于入射电子束束流 IP，而

$$I_P \approx kC_s^{-\frac{2}{3}}\beta d_P^{\frac{8}{3}}$$

式中，k 为常数；C_s 是末级透镜球差系数；β 为电子枪亮度；d_P 为入射电子束直径。显然电子枪亮度明显影响入射束束流从而影响 X 射线的计数率。可设置引出电流值 I_{ext} 为最大值 20μA，入射电子束束流 I_P 选 High。

2.4.3.3　采集能谱的计数时间

为了减小元系特征峰强度测量的标准偏差，该特征峰总计数 N 越大越好，即能谱采集时间越长越好。但如果样品在电子束辐照下稳定性不好，时间过长就会造成样品表面元素发生严重的扩散或偏析。因此，综合以上两点，做元素定量能谱时采集时间设为 100s 为宜；做元素面分布或线分布采集时间则需要相当长的时间，这也需要样品耐电子辐照能力更强。

2.4.3.4　X 射线探测器位置、工作距离和倾转角度

样品中射出的特征 X 射线在各方面密度不同，通过对 X 射线探测器的位置在电镜样品室中的位置、需要调整样品在 z 轴上的位置和样品台的倾转角度的调整，可使 X 射线探测器更有效的接收特征 X 射线。一般来说 X 射线探测器位置选定后，不再做调整，工作距离和倾转角度可根据不同的电镜厂商和电镜型号咨询电镜工程师。S-4800 型场发射扫描电子显微镜的样品台不需要调，只需将工作距离设置在 15mm 即可。

2.4.4　实验步骤

元素定性分析是 X 射线能谱仪最基本的功能，也是定量分析的前提。元素定性分析的任务就是根据能谱上各特征峰的能量值确定试样的化学元素组成，下面以日本日立 S-4800 场发射扫描电子显微镜和美国赛默飞世尔 Noran7X 射线能谱仪为例，介绍元素定性方法。

（1）设置电镜参数。加速电压：10~25kV，视情况而定；引出电流：20μA；入射电子束：High；观察试样的二次电子扫描像，选择试样的待分析区。

（2）调节 Z 轴、聚焦旋钮、消像散旋钮，保证图像调节清晰时仪器的工作距离约为 15mm。

（3）在能谱软件上选择 Spectrum（电镜图像区域元素分析）、Point&Shoot

（电镜图像区域中选某点或某区域进行元素分析）、Spectral Imaging（电镜图像区域元素面分布）或 X-ray Linescans（电镜图像区域元素在某条直线变化）功能采集能谱，采谱时间依所选功能而定。

（4）对照元素的特征 X 射线能量值表，或利用分析系统提供的元素特征谱线标尺，鉴别谱上较强的特征峰。鉴别时应按能量由高到低的顺序逐个鉴定较强峰的元素及谱线名称并及时做出标记，这是由于在高能一侧同一元素不同谱峰间的能量间隔较大，易于区分。当鉴别一种元素时，应找出该元素在所采集谱能量范围内存在的所有谱线。

（5）在对所有较强峰一一鉴别后，应仔细辨认可能存在的弱小峰。由含量很低的元素形成的弱小峰有时和连续谱背景的统计起伏相似、难以分辨，可适当延长采谱时间。如果鉴别微量元素对分析很重要，往往要用波谱法作定性分析，以便更可靠地确定这些元素。

（6）剔除硅逃逸峰及和峰。产生硅逃逸峰的原因是由于被测 X 线激发出探测器硅晶体的特征 X 射线，其中一部分特征 X 射线穿透探测器“逃逸”而未被检测到，因而记录到的脉冲讯号相当于是由能量为（$E - E_{Si}$）的光子所产生的。硅的 K_α 谱线能量为 1.74keV，因此在能量比元素主峰能量 E 小 1.74keV（$=E_{Si}$）的位置出现硅逃逸峰。其强度为相应元素主峰的 1%（P 的 K_α）到 0.01%（Zn 的 K_α）之间。只有能量高于硅的 K_α 系临界激发能时，被测 X 射线才能产生硅逃逸峰。进行分析时应将逃逸峰剔除并将其计数加在相应主峰的计数内。

（7）如果在对试样采谱时计数率很高，这时可能会有两个 X 线光子同时进入探测器晶体，它们产生的电子-空穴对数目相当于具有能量为该两个 X 线光子能量之和的一个光子所产生的电子-空穴对数目。因而在能谱上能量为该两个光子能量之和的位置呈现出一个谱峰即和峰。定性分析时，当鉴别出主要元素后，应确定和标记出这些元素主峰的和峰位置。在这些位置上出现的谱峰如果与各元素特征峰能量值不符，就应考虑和峰存在。出现和峰时，应降低计数效率重新采谱。

（8）定性分析时，重叠峰的判定也很重要。许多材料往往含多种元素，产生重叠峰干扰的情况时有发生。当两个重叠谱峰的能量差小于 50eV 时，这两个峰几乎不能分开，即使用谱峰剥离方法也难以进行准确的分析。例如 S 的 K_α 和 Mo 的 L 线及 Pb 的 M 线相互重叠干扰就属于这种情况。分析时如果认为有谱峰被干扰掩盖，应该再用波谱仪重新定性分析。

（9）定性工作结束后，点击 Export to Word 按钮，保存定性测试结果即可。

（10）定量分析。X 射线能谱有关谱线强度的测定是定量分析的关键步骤之一。假定已经按前面所述的实验条件从被分析试样上采集了一个适当的 X 射线能谱，通过定性分析，正确鉴别了该能谱上各谱峰的元素及谱线名称。定量分析时，先对每个元素选择一个待测定的谱线，谱线的选择原则上优先选用被分析元素的主要发射线系。如果样品中含有的其他元素对主要特征X射线谱线造成干扰，可按以下顺序选用其他谱线：K_α、L_α、M_α、K_β、L_β、M_β。

为了测定元素选定谱峰的强度，首先必须扣除由试样连续谱X射线形成的背景，再对感兴趣的谱峰进行积分，在发生重叠峰的情况下还需要对重叠峰进行剥离，有时还须计入硅逃逸峰的影响。正确扣除能谱的背景是定量分析的重要环节。目前在能谱分析中应用的背景扣除方法主要有手工法、数学模型法和数字滤波法几种，这些方法可以通过应用计算机程序实现。

在X射线能谱上遇到特征峰重叠的情况时，必须设法将重叠的谱峰剥离开，推导出感兴趣特征峰的真正强度。现行应用的重叠峰剥离方法有几种，常用的有重叠系数法、参考峰解卷积法、最小二乘拟合法等。

采集的谱图经背景扣除、重叠峰剥离，求得特征峰的积分强度后，还必须进行仪器校正和基质校正才能得到试样的化学成分。基质校正方法有ZAF修正法、B-A修正法、XPP修正法等。

以上参数和计算方法，软件都可以直接实现。

如果结果要求不高，可采用无标样定量方法：定性分析结束后，点击选择Analysis Set-up/Quant Fit Method选择Without Standards；Analysis Setup/Correction Method，选择合适的校正方法；勾选Use Matrix Correction；点击Quantify Spectrum和Export to Word可得到无标定量结果，此结果已经能够满足大部分测试要求。

对要求精确定元素成分的样品，可采用标准样品定量法测定。首先利用一个已知成分的标样，在相同实验条件下测定试样和标样中同一元素i的X射线强度比

$$\frac{I_i}{I_i^s} = K_i$$

则元素i在试样中的质量百分比浓度c_i为

$$c_i = Z_i A_i F_i K_i c_i^s$$

由于修正因子$Z_i A_i F_i$的计算与待定的试样成分c_i有关，通常采取迭代法来计算。

2.4.5 应用实例

如图2-37所示，图标代表了X射线能谱仪的三个重要功能。

（1）测量扫描电子显微镜显示区域的平均成分，操作按钮如图2-38所示。点击图中方框1所标按钮进行信号采集，系统将自动对谱图定性，点击图中方框

2 所标按钮进行定量分析，点击图中方框 3 所标按钮生成测试报告。某样品测试结果如图 2-39 所示。

图 2-37　三个重要功能

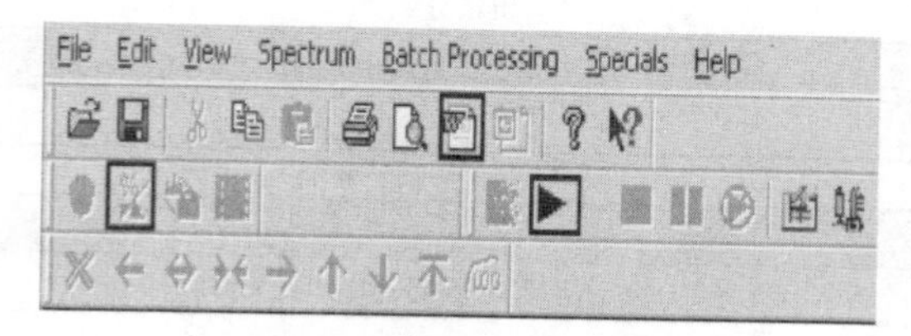

图 2-38　平均成分测试

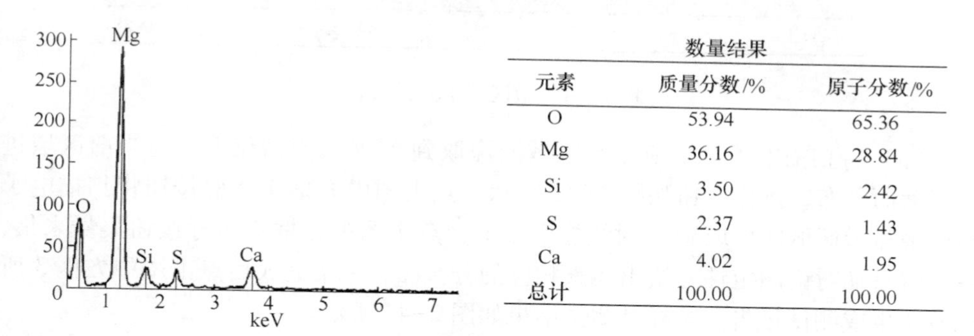

数量结果

元素	质量分数/%	原子分数/%
O	53.94	65.36
Mg	36.16	28.84
Si	3.50	2.42
S	2.37	1.43
Ca	4.02	1.95
总计	100.00	100.00

图 2-39　平均成分测试报告

（2）将扫描电子显微镜显示区域图像取到 X 射线能谱仪上，对其中的某个区域或某点进行成分分析，操作按钮如图 2-40 所示。点击图中方框 1 所标按钮将扫描电子显微镜显示区域图像取到 X 射线能谱仪上，选择图中某区域或某点，点击图中方框 2 所标按钮集号采集，系统将自动对谱图定性，点击图中方框 3 所标按钮进行定量分析，点击图中方框 4 所标按钮生成测试报告。某样品测试结果如图 2-41 所示。

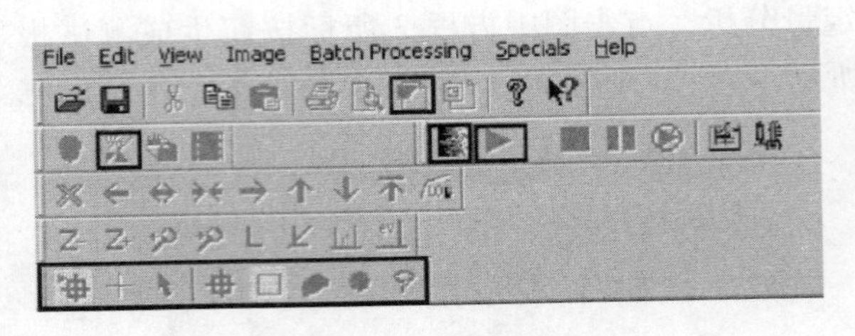

图 2-40　微区成分测试

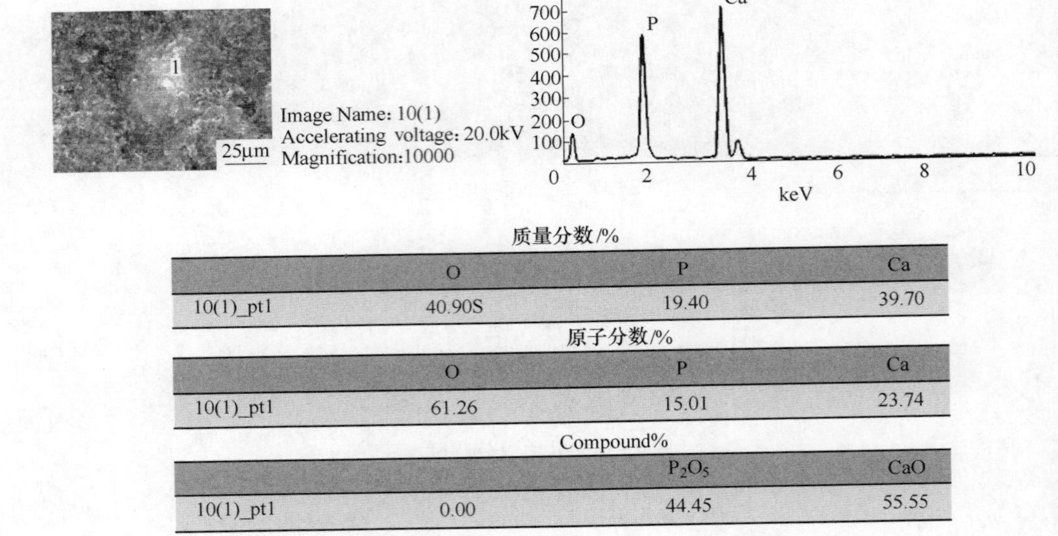

质量分数/%

	O	P	Ca
10(1)_pt1	40.90S	19.40	39.70

原子分数/%

	O	P	Ca
10(1)_pt1	61.26	15.01	23.74

Compound%

		P_2O_5	CaO
10(1)_pt1	0.00	44.45	55.55

图 2-41　微区分析测试报告

（3）将扫描电子显微镜显示区域图像取到 X 射线能谱仪上，对当前区域进行元素面分布，操作按钮如图 2-42 所示。点击图中方框 1 所标按钮将扫描电子显微镜显示区域图像取到 X 射线能谱仪上，点击图中方框 2 所标按钮集号采集，系统将自动对谱图定性并给出元素相应的分布图，采集完成后点击图中方框 3 所标按钮生成测试报告。某样品测试结果如图 2-43 所示。

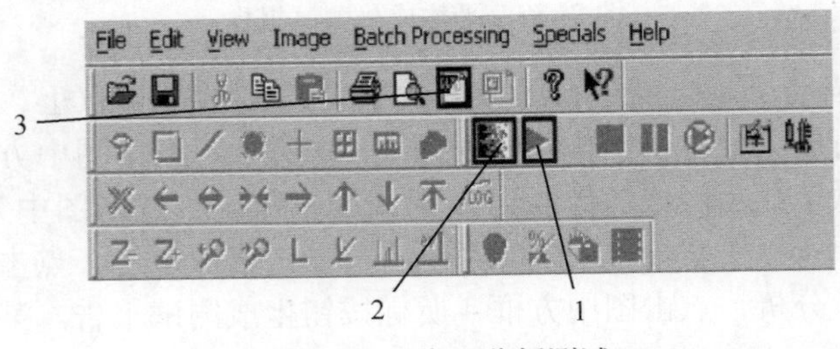

图 2-42　元素面分析测试

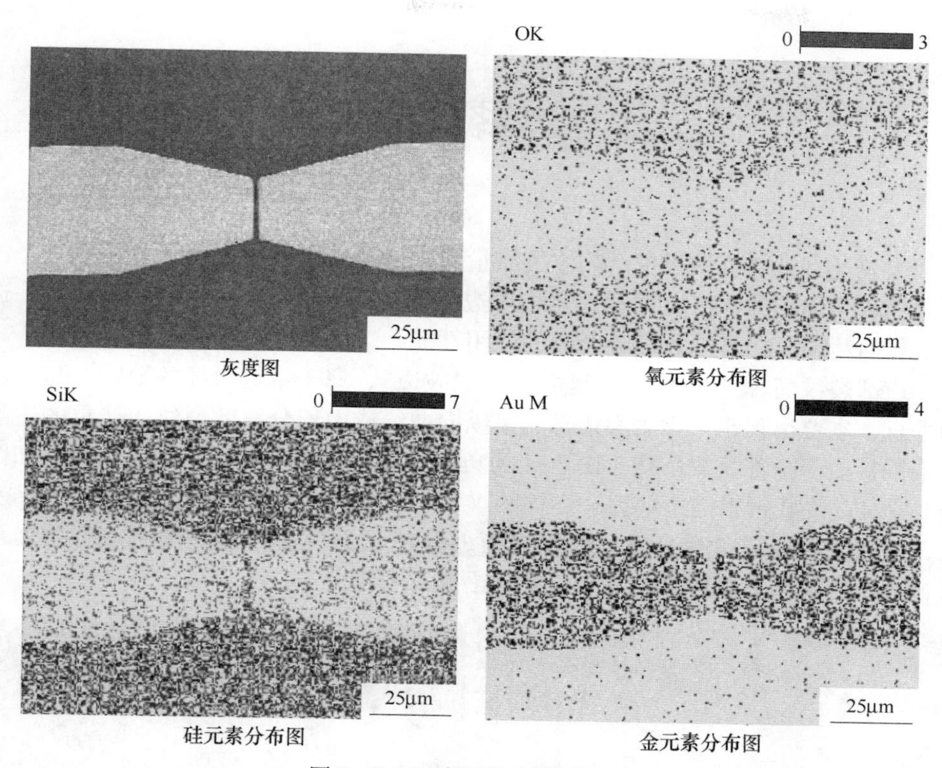

图 2-43 元素面分布测试报告

3 边裂缺陷

边裂一直是困扰钢板生产的主要质量问题，某厂边裂缺陷的出现机率曾经占到钢板缺陷比例的30%。钢板一旦出现边裂缺陷，不仅增大了钢板的切边量，造成金属的耗损，而且严重影响产品的使用性能。

边部裂纹简称“边裂”、“裂边”或“破边”，属于带钢边部的缺陷，与板面相垂直，主要出现于带钢表面边部、呈纵向曲线或山形分布的裂纹，严重的边裂缺陷钢带边部全部呈锯齿状。图3-1为典型边裂缺陷锯齿状的宏观形貌图。如图3-1所示，冷轧钢板的边部存在连续的V状、Y状边裂缺陷，较大裂纹在3cm左右，且边裂存在缺口，金属缺口不等距地分布在钢带的一侧或两侧，有掉肉现象，较小的裂纹呈月牙形，垂直于轧向沿边部成串分布。

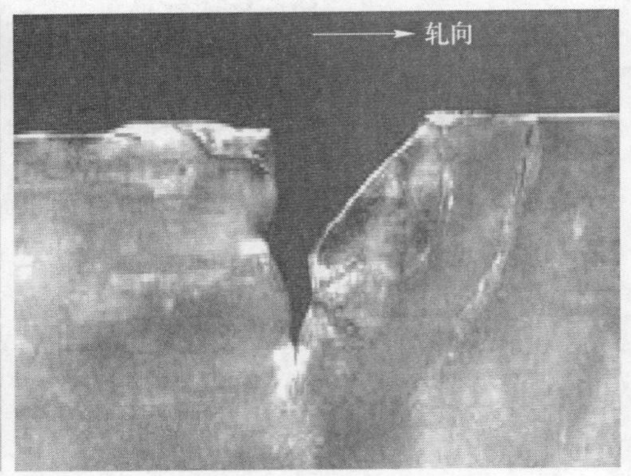

图3-1　冷轧薄板边裂缺陷试样宏观图

烂边是钢板边裂缺陷的另外一种形貌，把边部金属有缺损、有突起、有卷边、有裂纹、有折叠等不规整形貌的均归为这一类，这是生产中最为多见的边部缺陷。这种缺陷在边部的分布不规律，有时主要集中在热轧钢带的操作侧，有时在操作的另侧也有少量存在；在轧制长度方向的分布极不规律，有的集中在钢带中间部，有的集中在钢带尾部，有的集中在钢带头部，典型形貌如图3-2所示。

飞翅形边部缺陷是钢板边裂缺陷中出现几率较少的缺陷，其特征形貌表现为较薄的金属粘附在钢带的一侧或两侧的边部，但在钢带的边部没有明显的裂纹、裂口等缺陷。这些薄片金属像鸟状翅膀，中心或一偏一侧金属粘结在钢带边部，

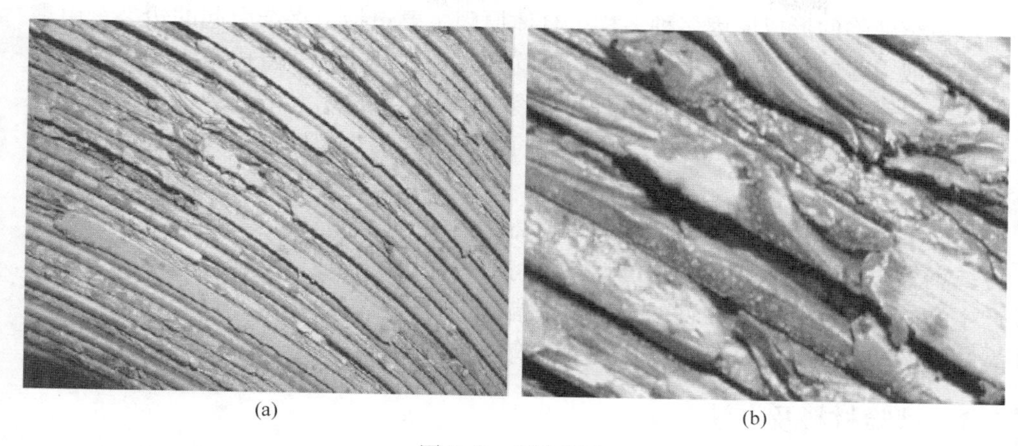

(a) (b)

图 3-2 烂边缺陷
（图（b）为图（a）的局部放大）

两侧则呈飞翔状，故将其称为飞翅。飞翅形边部缺陷的典型宏观形貌如图 3-3 所示。

(a) (b)

图 3-3 飞翅状缺陷
（图（b）为图（a）的局部放大）

产生边裂的根本原因是轧制时轧坯难以达到均匀变形。能够影响轧坯不均匀变形的因素均会不同程度地影响到边裂的形成，越易造成不均匀变形的因素就越易引起边裂的产生。如钢坯中的内外缺陷、成分偏析、夹杂及加热不当、轧制设备调整不当等。钢坯质量是冶炼、连铸工序质量好坏的实物体现，它是热轧钢带边部质量好坏的基础，是形成边部缺陷的内因。宽展量越大，钢坯横断面窄边的弧线处受到的拉应力就越大，越易于引起缺陷处开裂，进一步说明轧制规格这种外部因素。

边裂缺陷的形成原因多种多样，具体原因主要包括由夹杂引起的边裂、由聚集的气泡引起的边裂、由横向冷却的不均匀性，边部急冷，造成组织不均引起的边裂、由钢板边部脱碳严重则引起的边裂、由冷轧工序引起的边裂、由铸坯本身存在较多的角横裂引起的边裂、由裁边机老化引起的边裂以及由连铸坯深振痕引起的边裂等。

综上所述，边裂缺陷的产生炼钢连铸是内因，轧制是外因。面对钢厂板带生产线钢板边裂出现较频繁的情况，本章将对边裂缺陷形成原因以及对不同原因下产生的边裂缺陷制定针对性的工艺整改措施进行探究，希望对钢厂实际生产中边裂缺陷的减少以及创造良好的经济效益有一定的促进作用。

3.1　试验材料及方法

通过现场取样，采用金相显微镜、扫描电镜和能谱仪等相关实验手段对钢板边裂产生的原因进行了研究分析，并结合实际生产，对不同原因下的边裂缺陷采取了针对性的工艺整改措施。

（1）实验板材均为某厂提供的冷轧板试样：通过对来样的观察，通过对缺陷典型宏观形貌观察，根据不同宏观缺陷特点可以对缺陷类型进行初步判定。

（2）取样：依据实验所需不同检测手段以及按照实验所需检测手段的要求、分别在实验板材缺陷处取一定数量的不同尺寸试样，并对其进行标号。

（3）超声波清洗：将制作好的试样用酒精擦拭干净，并用超声波进行震荡清洗，带有油污试样要经过丙酮浸泡处理，以处理掉试样表面油污。

（4）电镜扫描：对清洗干净试件表面缺陷位置使用 S-4800 型场发射扫描电子显微镜，在放大倍数为 20~80 万倍，分辨率为 50μA 的条件下，观察其微观形貌，用能谱仪进行成分分析。

3.2　由夹杂引起的边裂

夹杂物的存在对金属的伸长率和断面收缩率等塑形指标影响很大，另一方面它也是裂纹生成的发源地，并会在轧制过程中相互合并扩展，连接成裂缝，直至边部开裂。由夹杂引起的边裂，其特点是冷轧钢板的边部存在连续的锯齿状边裂缺陷，较小的裂纹呈月牙形，较大的边裂存在缺口。

3.2.1　夹杂物的类型

钢中夹杂物种类多种多样，针对种类繁多的夹杂物有不同的分类标准，同一种标准下也有不同种类的夹杂物：按钢中的夹杂物来源可分为外来夹杂物和内生夹杂物；按夹杂物的化学成分传统可分为五类：A 类是氮化物，B 类是硅酸盐类，C 类是钙的铝酸盐和尖晶石型复合氧化物夹杂，D 类为简单氧化物，E 类是硫化物。根据我国国标和 ASTM 分为四类：A 类硫化物，B 类氧化铝类夹杂，C 类硅酸盐和 D 类球状（或点状）氧化物。非金属夹杂物的在热加工时按变形形态不同还可分为三类：（1）塑性夹杂物：在钢板加工变形中，这类夹杂物随着钢板塑性的延伸而伸长成为长条状，具有很好的塑性。这类夹杂物主要为硫化物和含 SiO_2 较低的铁锰硅酸盐。（2）脆硬夹杂物：指变形能力较差的夹杂物，主要为铝的氧化物，氮化物、双氧化物（例如 $CaO \cdot 6Al_2O_3$、$MgO \cdot Al_2O_3$、$FeO \cdot Al_2O_3$ 等）、简单氧化物（ZrO_2、Cr_2O_3）等。（3）半塑性夹杂物：这类夹杂物一般为复合夹杂，一部分夹杂物发生塑性变形，一部分不变形。

3.2.2 钢中夹杂物的来源及成因

内生夹杂物是指溶解在钢水中的氮、硫、氧等合金化元素或脱氧过程中反应生成的夹杂物。根据使用脱氧剂的不同，在钢中生成的夹杂物不同，相同的脱氧剂由于其钢液中含量的不同，产生的夹杂物也不同。研究表明，用锰脱氧时当钢液中的锰含量大于 0.7%，MnO/FeO 的值在生成的夹杂物中急剧增加，与纯 MnO 很接近，呈方锰矿结构。当钢水中锰含量小于 0.13%时，MnO 在生成的夹杂物中所占比例小于 30%。当用铝脱氧时，若铝在钢液中的浓度小于 10×10^{-6}，生成的脱氧产物是铁尖晶石化学组成为（$FeO \cdot Al_2O_3$），或者是 FeO 含量比较高的 Al_2O_3 复合夹杂，而不是纯 Al_2O_3。当用硅脱氧在 1600℃时，若钢液中含氧量比较高而硅含量又比较低时，脱氧产物是铁硅酸盐。随着钢液中的硅含量增加，脱氧产物也随着发生变化，逐渐由铁硅酸盐向 SiO_2 转变。生产细晶的碳钢时，若高碳钢钢水中［Al］的溶解量大于 0.01%或生产低碳钢时钢水中［Al］的溶解量大于 0.02%时，这时脱氧产物会生成比较纯的 Al_2O_3。在铝镇静钢实际生产中，由于钢液会被空气中的氧氧化，或者脱氧剂在钢水中的分布不均匀，虽然加入的铝比较多，也会使得有的部位 $[\%Al]/[\%O] \leqslant 25$，所以就会有铁尖晶石出现。在对钢液进行脱氧时，常常使用两种或两种以上的脱氧剂。在用 Si-Mn 脱氧时，钢液中存在着一系列的化学反应，当反应达到平衡时，钢液中的 $[\%Si]/[\%Mn]^2$ 达到一个临界比值。钢液中的脱氧产物会因钢水中 $[\%Si]/[\%Mn]^2$ 比值的不同而不同，当钢水中这个比值低于临界比值时就会生成液态锰硅酸盐，当高于这个临界比值时就会生成固体 SiO_2，其反应产物如图 3-4 所示。用铝终脱氧时，在钢水中会形成 Al_2O_3，这种夹杂物呈簇状，熔点高（2050℃）。它的危害还在于易于使中间包水口发生堵塞。

钢水中的外来夹杂物主要有以下几方面来源：（1）二次氧化产物。指在浇铸过程中钢水和外界的空气或耐火材料发生氧化反应生成的夹杂产物。（2）卷渣。主要是指在浇铸过程中，由于结晶器中的液面受到中包钢液的冲击会发生钢

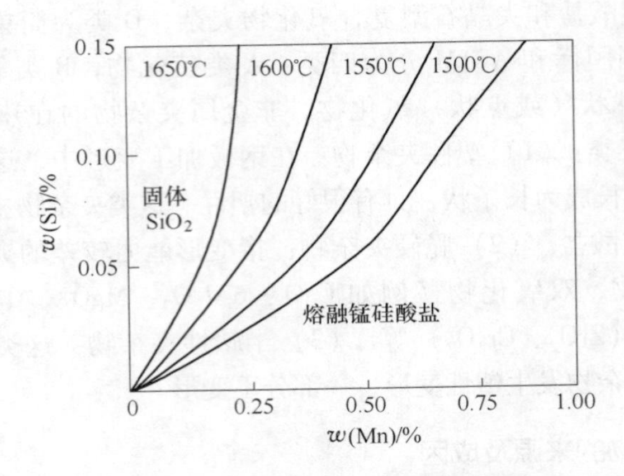

图 3-4　不同温度下硅与锰的脱氧平衡关系

流冲击卷渣；当结晶器或中间包内液面较低时或在浇铸的后期，结晶器或中间包内的液面会产生漩涡造成漩涡卷渣。（3）耐火材料的冲蚀。研究表明，耐火材料冲蚀占外来大型夹杂很大一部分比例，为70%~75%。其产生的方式主要为两类，一类是中间包或钢包的内表面的耐火材料被钢水冲蚀，使得内衬被剥落进入钢水中，一般会形成较大的夹杂物。还有一类是中间包的硅质内衬中 SiO_2 和钢液中的铝发生反应，生成 Al_2O_3 夹杂和［Si］，使得内衬被钢水侵蚀。而使用镁质绝热板，会使钢水中增氢，有气泡生成。（4）钙对钢中夹杂物的变性处理。对钢水进行钙化处理，是为了生成 $3CaO \cdot Al_2O_3$ 和 $12CaO \cdot 7Al_2O_3$。这种物质熔点低，在钢水中易于上浮去除。但是当加入过多的钙，在钢液中会生成一些熔点较高的夹杂物 CaS 和 $2CaO \cdot SiO_2$。这类夹杂物在钢水中呈固态，容易使水口结瘤。研究表明，经钙处理后的样品中，会生成一层 CaS 包裹在圆球形的铝酸钙夹杂物表面。

3.2.3　典型实例检测及原因分析

图 3-5 为试样边裂缺陷处的夹杂物形貌。由图 3-5(a) 可以看出，在边裂缺陷处存在大型凹凸的悬浮夹杂物，微裂纹处大量与基体明显不同的夹杂物尺寸较大，大部分分布在 100~200μm 之间。图 3-5(b) 是断口形貌。从图 3-5(b) 不难看出，断口呈现明显的韧窝状，韧窝形状不同，韧窝深度较深，据此形貌可判定为夹杂物引起的韧性断裂。

仅仅依据夹杂物的形貌不能准确判断夹杂物种类，为进一步探究其夹杂物成分及来源，对试样进行了能谱检测，图 3-6 为试样缺陷部位的电镜照片以及与之对应的能谱分析。由图 3-6 的成分分析可知边裂部位夹杂物主要成分为 K、Na、Ca、S、Si，含有此类元素的夹杂物大多是由 IF 炉钙处理后的产物与保护渣结合引起的结果，具体为硅酸钙与 CaS 复合夹杂与保护渣结合的产物。一般 IF 炉钙处理后夹杂物尺寸较小，粒径大都分布在 5μm 以下，而在此试样边裂缺陷部位发现的夹杂物，大多是较大型夹杂物，尺寸集中分布在 100～200μm 之间，另外，Na、K 作为保护渣的特征元素，故认定此类边裂缺陷产生的根源是由于结晶器保护渣卷入引起的。

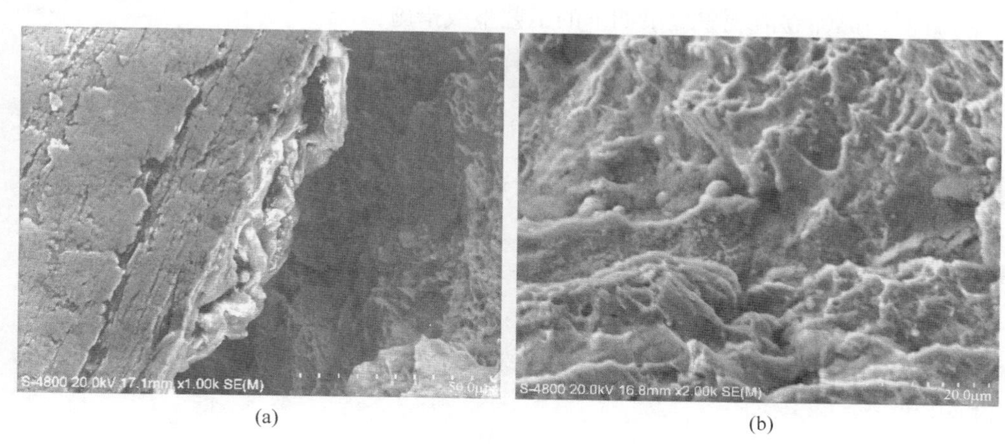

图 3-5 边裂缺陷试样处的夹杂物形貌

（a）夹杂物 2 形貌 1000×；（b）断口处微观照片 2000×

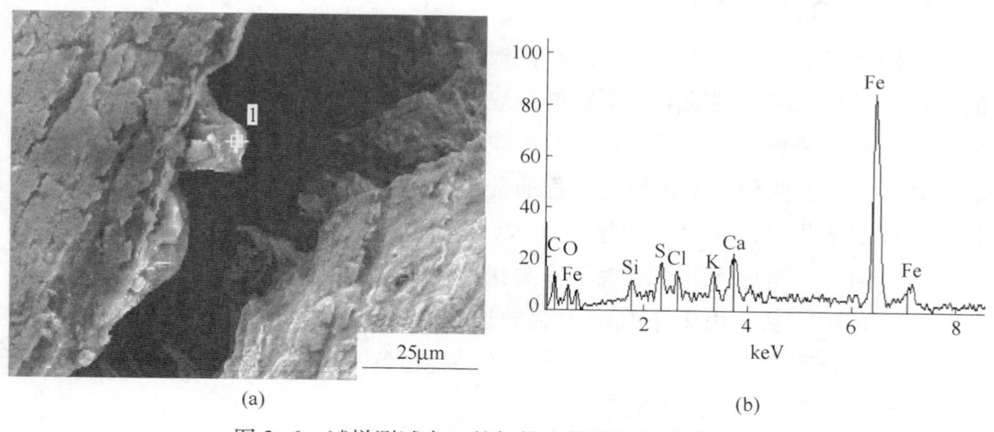

图 3-6 试样测试点 1 的扫描电镜照片及能谱分析

断裂可以分为脆性断裂以及韧性断裂，此断裂形貌中由于有韧窝形貌的存在，可判定为韧性断裂，韧窝形状通常与应力状态有关，另外韧窝的尺寸及深度与材料的延性有关，当钢材的边部聚集着大量的脆性夹杂物与塑性夹杂物时，钢板夹杂物处的延性显著降低，最终导致断口形貌处韧窝深度不同。这些夹杂物的存在严重破坏了钢基体的连续性，降低了钢的晶粒之间的结合力及热塑性，增加了钢的热冷脆性，成为裂纹生成的发源地，在之后的轧制过程中裂纹源逐渐沿晶界及界面处的夹杂物相互合并及扩展，并逐渐与周围的裂纹连接成裂缝，多条铸坯原始裂纹在轧制过程中的扩展连接导致边部发生开裂现象。

3.2.4 整改措施

针对结晶器卷渣现象提出如下的工艺整改措施：

(1) 严格保证浇铸制度，尽量避免敞浇，确保浇铸过程温度和拉速的稳定；

(2) 严格控制中间罐内钢水过热度，避免中包温度过高或过低，保证中间罐内钢水流动性良好，夹杂物上浮；

(3) 强化对所使用的各种辅料的管理，特别是对耐火材料和保护渣的质量监管，减少因辅料对质量造成的影响；

(4) 浇铸过程严格按照操作规程进行，避免捅水口、冲棒、换渣等异常操作行为；

(5) 加强设备检查维护，浇铸间隙注意结晶器检查和辊子润滑及喷嘴的检查。

3.3 由聚集气泡引起的边裂

3.3.1 典型实例检测及原因分析

钢聚集气泡引起的边裂，多伴有钢板表面起皮特征，在钢板边部缺陷较严重的部位呈犬齿状的边裂缺陷，个别边裂缺陷处有肉眼可见的孔洞，另外，由气泡聚集引起的边裂缺陷经过后期轧制后，缺陷逐渐发展成为“雨点”状和“鱼鳞”状边裂形貌。这两种典型形貌的行程通常与板材厚度与皮下气泡形貌有关。当板材厚度逐渐变薄时，此时变形逐渐变大，其“雨点”状边裂缺陷形貌形状会越来越大。同时，当皮下气泡形貌呈蜂窝状的圆形形貌时，经轧制后，边裂缺陷形貌呈现“鱼鳞”状。由聚集气泡引起的边裂缺陷通过扫描电镜检测发现，通常在钢板边部会密集大量的气泡，经能谱检测发现，钢中除氧化铁夹杂外，氧化锰、硅酸盐类等炼钢带来的夹杂较少。

图 3-7 是聚集的气泡引起的边裂缺陷的 SEM 图像，通过电镜图像可以明显发现，在钢板表面存在典型的由气泡聚集引起的边裂缺陷的特征形貌，如图 3-7 (a) 所示，试样表面存在长条状边裂形貌，并在表面伴随有起皮现象。图 3-7 (b) 为钢板边裂缺陷部位的局部放大图像，如图 3-7 (b) 所示，在试样表面明显会发现凸起泡状缺陷，其缺陷呈“雨点”状和“鱼鳞”状。

钢板由于气泡聚集引起的边裂缺陷，主要是由钢板皮下存在的呈蜂窝状圆形

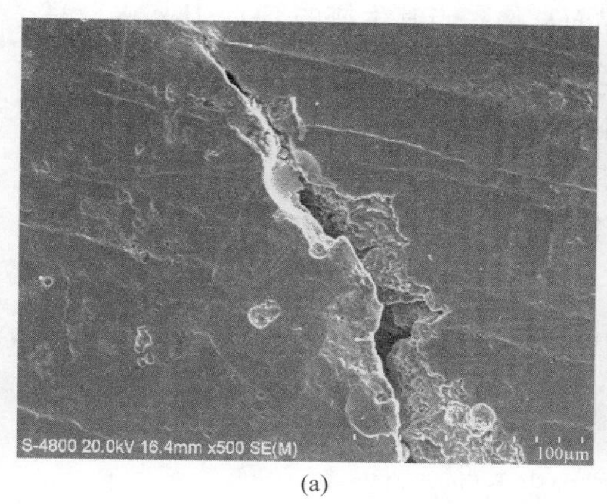

(a)

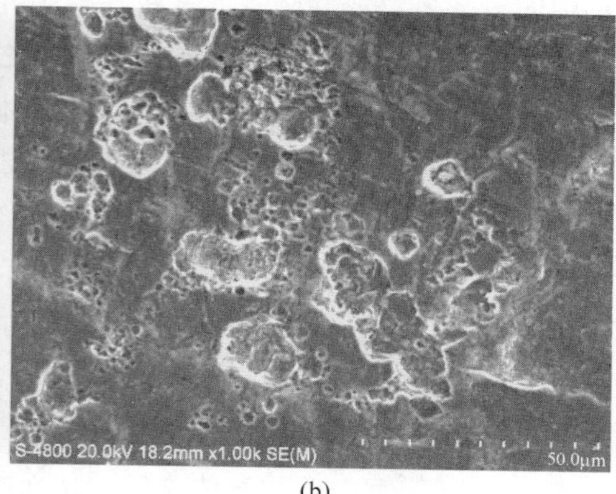

(b)

图 3-7　试样缺陷表面处的针状气孔缺陷

（a）边裂缺陷部位 500×；（b）边裂缺陷部位 1000×

气泡所致，当钢板边部气泡密集时，部分气泡会露出铸坯表面。此类气泡在进行轧制加热前可以通过适当的表面处理手段对其进行消除。还有一部分气泡位于钢板皮下部位。此种气泡由于存在位置深度不同的原因，很难用上述方法消除。因此，存在皮下气泡的板材在加热时由于表面氧化，后续经过高压水除鳞后，侧边气体就会从皮下迸出并暴露在板材表面。在轧制过程中，由于气泡不能焊合而形成裂纹，这些裂纹与外界连通后，钢的基体会遭受进一步的氧化，所以裂纹中就形成了以氧化铁为主的夹杂，使裂纹不断扩大，成为边裂的萌生根源，经过轧机多道次的反复轧制，最终形成边裂缺陷。

3.3.2　气泡来源及形成机理

钢中气泡是造成此类边裂缺陷的原因，弄清钢中气泡来源及形成机理，对于消除此类边裂缺陷将会有很大帮助。钢中气体含量高，与浇铸系统干燥不充分、保护渣水分含量较高及水口吹氩量过大等因素有关，钢中气泡主要由铸坯过程中水蒸气（源自潮湿耐火材料和添加料）、外来气体（保护性气体、空气）以及脱氧不良所造成的。通过对工艺排查可知，脱氧不足是气泡形成的主要原因之一，钢中的碳、硅含量会影响气泡生成，硅含量降低或碳含量增高，气泡都有增加的倾向。此外操作因素对气泡缺陷也有一定影响，如在冶炼末期终点控制不当、钢水过氧化、或者出钢时间长、浇注温度高以及钢包和耐火材料烘烤不良等，都会使钢中溶解的气体增加，并导致形成铸坯气泡的危险。

皮下气泡是形成此类边裂缺陷的罪魁祸首，连铸坯的气泡缺陷发生在近表面处就称为皮下气泡。关于铸坯皮下气泡形成的原因，一般认为是在凝固过程中，钢中的氧、氢、氮和碳等元素将在凝固界面富集，当其生成的 CO、H_2、N_2 等气体的总压力大于钢水静压力和大气压力之和时，由于钢水中气体含量较高，因此在结晶器急速凝固过程中，钢水中的气体来不及逸出，就会有气泡形成。如果这些气泡不能及时从钢中逸出，就会在铸坯表面或皮下成为气泡缺陷。浅层的皮下气泡在轧制过程中破裂就会形成起皮缺陷，经过反复轧制后，边部逐渐出现边裂缺陷。

3.3.3　整改措施

针对上述情况所采取如下攻关措施：

（1）降低钢中总的气体含量，从而减少皮下气泡的生成。

为了防止铸坯表面气泡孔的生成，首要条件是控制钢中总的气体含量。为避免发生表面和皮下气泡，钢中氧的活度应小于某一极限值。当钢中含碳量一定时，此极限值和钢中［H］含量与［N］含量有关。随着钢中［H］和［N］的含量增加，此极限值降低。皮下气泡形成极限与气体含量之间的关系见图 3-8。因此加强限制和控制钢中［H］和［N］的含量，对生产无气泡缺陷的铸坯是必要的。

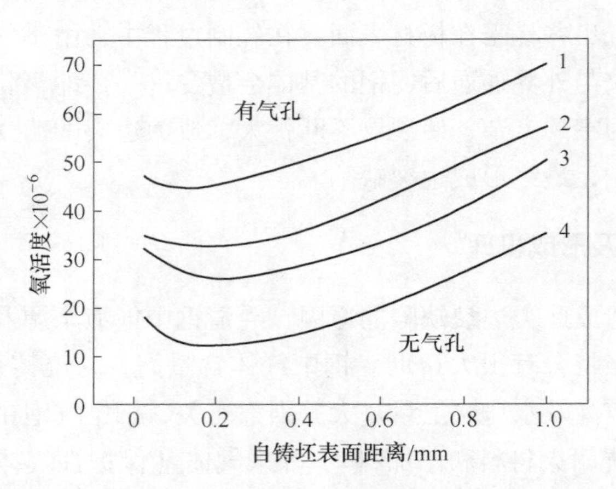

图 3-8　皮下气泡形成极限与气体含量之间的关系

（2）减少因工艺因素而导致的皮下气泡。钢水脱氧、精炼吹氩、保护浇注、中间包结构优化、结晶器电磁搅拌等减少钢中气体含量的控制工艺都会对皮下气泡产生影响。故采取了以下工艺整改措施：1）制定合理烘烤制度，关键是合理的钢包和中间包烘烤时间、烘烤温度；2）做好新炉配碳工作，增加新炉生铁用量，确保熔清碳含量，增大脱碳量，以减少钢液中气体含量；3）对于倒包钢，加大喂丝量，确保钢液脱氧良好，减少氧含量；4）制定合适的吹氩制度，减少钢液与空气接触吸气；5）结晶器冷却水开通后，检查结晶器装置是否有渗水现象等因素。

3.4　因横向冷却的不均而引起的边裂

3.4.1　典型实例检测

图3-9所示为冷轧碳钢薄板边裂缺陷的金相检测照片，其中图3-9(a）是边裂缺陷部位显微金相图像，图3-9(b）是基体无缺陷部位的显微金相图像。对比发现，边裂缺陷部位晶粒较小，在边裂缺陷部位出现明显细小晶粒带，且在细小晶粒带处，晶粒无明显随轧向变形趋势，不具有明显的流线特征，故可判定，该区域组织的塑性与韧性明显小于无缺陷部位，也因此造成边部拉裂状态。综上对该种边裂缺陷形貌特征叙述，可判定该种边裂缺陷是由横向冷却不均匀，边部急冷，造成的组织不均匀性引起的。

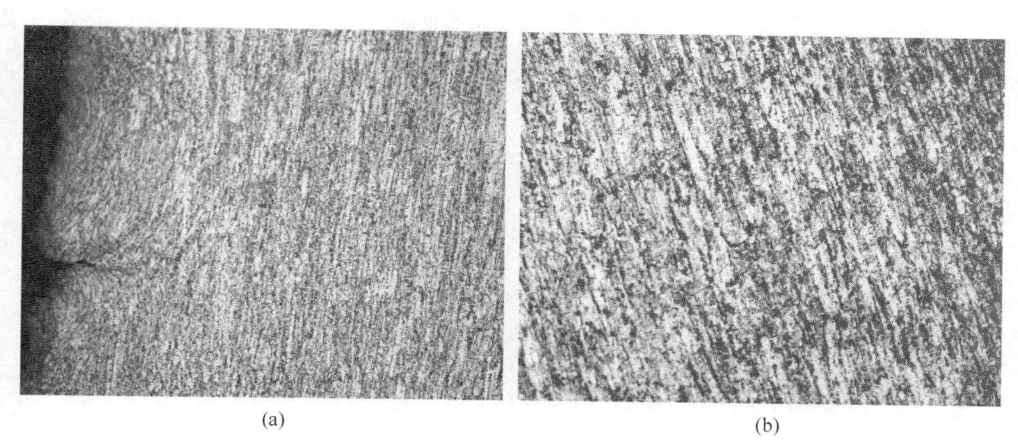

(a)　(b)

图3-9　碳钢薄板边裂缺陷试样金相照片

（a）边裂缺陷部位200×；（b）基体无缺陷部位200×

3.4.2　原因分析

边部与中心部位最大的区别在于热轧后冷却时，边部比中部冷却速度快，边部出现“过冷”现象，边部晶粒比中部晶粒细小，较粗大的晶粒屈服强度低首先屈服，而细小的晶粒屈服强度高后屈服，使得中部与边部抵抗变形能力不同，整体屈服后二者的变形量也不相同，如图3-10所示。因此，冷轧时在边部和中心部位出现了变形不均匀现象，屈服强度高的板材边部变形量小，屈服强度低的板材中部变形量大，当对板材进行矫直时，板材中部受到压应力，板材边部受到拉应力，此时容易引发裂纹源的产生。变形的不均匀程度会随着轧制道次的增加而累积，随着冷轧总压下率的增加而增加，当冷轧总压下率大到一定程度时，变形不均匀会导致明显的拉内应力，对钢的塑性构成破坏，脆性区域增大，造成板材边部产生边裂缺陷。

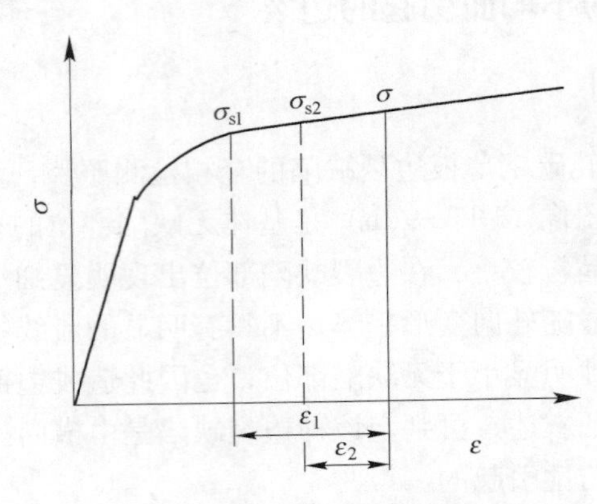

图 3-10　应力应变曲线

3.4.3　整改措施

针对组织不均引起的边裂，热轧原料板生产厂家应采取如下攻关措施：(1) 认真排查热轧线侧喷水嘴的角度和工作状态，避免带钢边部急冷；(2) 检查层流冷却装置横向冷却的均匀性，避免边部急冷，造成组织不均；(3) 合理分配冷轧压下率，有效减少和预防边部锯齿边缺陷的产生；(4) 检查冷轧线张力是否过大，适当降低机架间张力，有效减少边部锯齿边缺陷。

3.5　由钢板边部脱碳严重而引起的边裂

3.5.1　典型实例检测

存在边裂缺陷 50Mn 钢板具体的边部典型宏观形貌如图 3-11 所示。通过观察图 3-11(a) 边裂钢板宏观形貌可以发现，钢板单侧边部或双侧边部存在严重边裂缺陷，缺陷贯穿整个试样，带钢上下表面缺陷表现形式基本相同。图 3-11(b) 是边裂钢板局部缺陷宏观形貌，由图可知，钢板边部参差不齐，边部开裂缺陷使钢板边缘呈刃型，开裂处裂纹向板材内部延伸，裂纹开口约为 50mm，深度约为 30mm。

对边裂缺陷试样进行扫描电镜检测，图 3-12 为试样缺陷部位扫描电镜照片及能谱分析，通过对试样缺陷部位进行微观分析，未发现明显的氧化铁及颗粒状夹杂物形貌，通过能谱可知，发现缺陷部位主要元素为 Fe，边裂缺陷部位未发

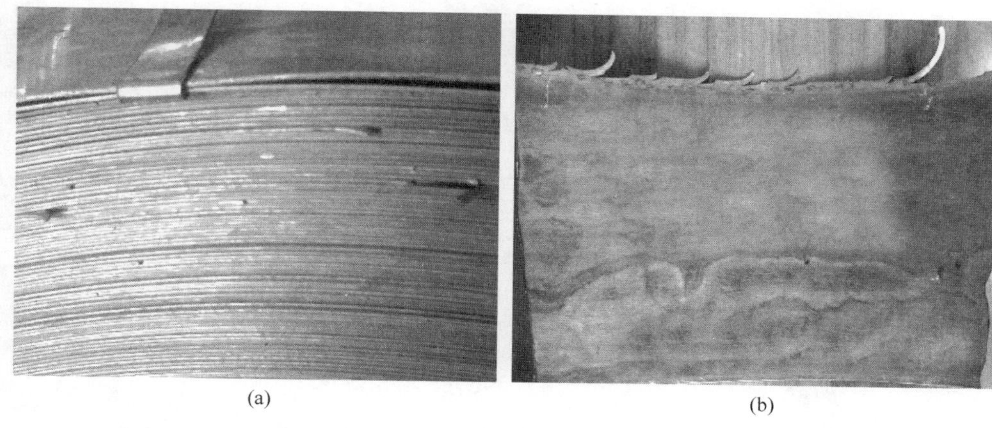

(a) (b)

图 3-11 边裂缺陷试样宏观图

(a) 宏观缺陷；(b) 局部缺陷

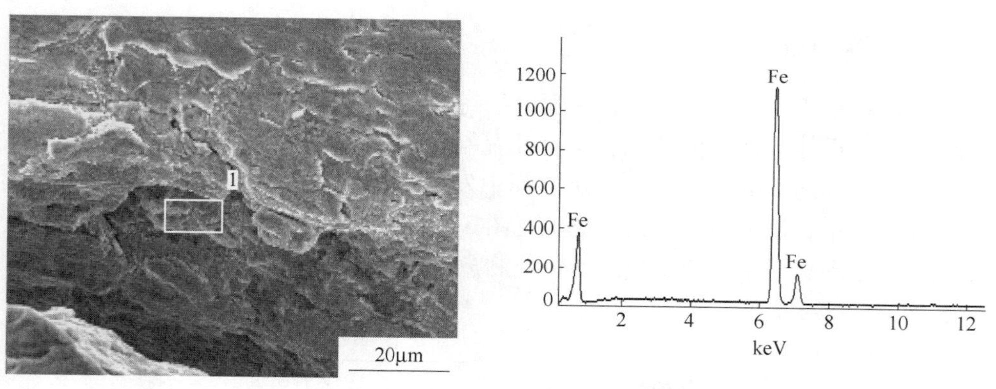

图 3-12 试样缺陷部位扫描电镜照片及能谱分析

现明显夹杂元素或氧化物元素，由此可判定夹杂物或高温氧化物不是引起该种边裂缺陷的根源。

图 3-13 为 50Mn 钢板边裂试样显微组织图像，图 3-13(a) 为钢板边部无缺陷位置的金相组织图像，从金相组织上可以看出，显微组织由铁素体及珠光体组成，晶粒尺寸均匀，无脱碳现象。图 3-13(b) 为钢板边部缺陷位置的金相组织图像，从金相组织上可以看出，显微组织同样由铁素体及珠光体组成，钢板边裂缺陷周围晶粒明显不均匀，铁素体含量较无缺陷边偏多，且断口处存在不完整晶粒。观察图 3-13(b) 金相显微组织发现，缺陷钢板边裂部位有严重脱碳现象，综上表明，该边裂缺陷是热轧组织不均与脱碳现象遗传给冷轧板的结果，虽然该边裂缺陷的产生是在冷轧之后，但是该边裂缺陷产生的根本原因来源于热轧板的缺陷。

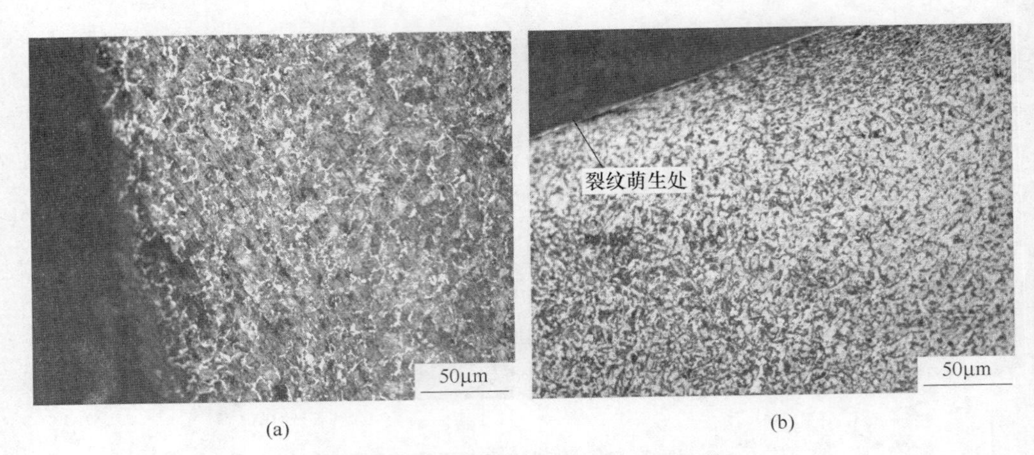

图 3-13　50Mn 钢板边裂试样金相图像
（a）试样无边裂缺陷边部金相图像；（b）试样缺陷边裂金相图像

3. 5. 2　原因分析

一般由钢板脱碳引起的边裂易发生在高碳高锰钢种，在连铸后的冷却过程中无法通过奥氏体—铁素体的相变来细化晶粒，因此，晶粒粗大，见图 3-14(a)。粗大的晶粒在随后的加热炉再加热过程中发生晶界氧化和脱碳，导致晶界脆化，在粗轧过程中，发生晶界处的开裂，见图 3-14(b)。这些微裂纹在精轧过程中由于无法发生动态再结晶使得裂纹通过轧制愈合而演变成边裂缺陷，如图 3-14(c) 所示。

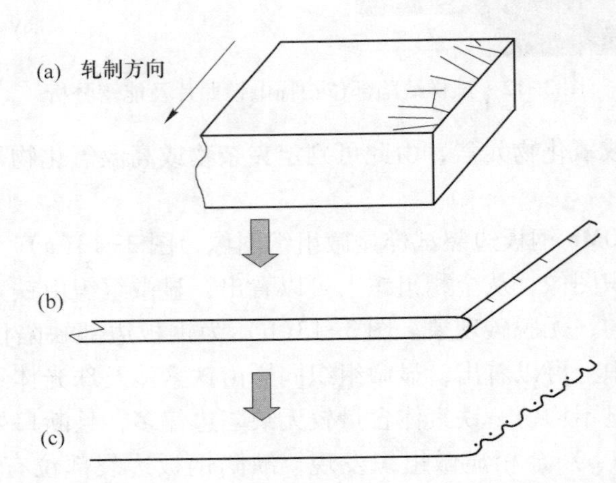

图 3-14　边裂形成过程示意图
（a）加热过程中晶粒粗大、晶界发生氧化和脱碳；（b）轧制过程中形成微裂纹；
（c）终轧过程中边裂形成

另外，铸坯在加热炉中，由于加热炉的结构，炉内气氛对流的特定加热方式，导致铸坯在加热过程中出现上下表面温度差，当铸坯上下表面温度不同时，温度较高的上表面晶界氧化、脱碳严重，奥氏体锰钢脱碳后，表层得不到均匀的奥氏体组织，这不仅使冷变形时的强化达不到要求，而且影响耐磨性，晶界较脆，在轧制过程中加上变形不均匀易出现微裂纹，并在轧制拉长过程中扩展，导致边裂。

热轧过程中，边裂是热轧板卷生产中较易出现的缺陷，因为轧件边部在展宽时受附加的拉应力，而中间部分是受附加的压应力，金属展宽越大，这种应力也越大。如果金属质量很好，加热、轧制条件正常，则这些应力的存在不影响轧件边缘的完整性，否则，轧件边部受的应力会超过金属的强度，引起破裂。热轧过程中不单单脱碳这一因素会引起板材边部开裂缺陷，热轧过程中会涉及很多因素，如在炉时间或加热温度高，使板坯边部过热、过烧，轧件边部温度过低或张力设定过大，轧辊调整不好或辊型与板型配合不好使钢带边部延伸平均，立辊侧压量太小或精轧、卷取的侧导板开口小，冷却水或除鳞水使用不当等都会引起板材边部开裂。

3.5.3　整改措施

针对脱碳引起的边裂采取如下攻关措施，取得良好效果：

（1）工件加热时，尽可能地降低加热温度及在高温下的停留时间；合理地选择加热速度，避免加热炉追急火；

（2）热轧加工过程中，如果因为某些偶然因素使生产中断，应降低炉温以待生产恢复，如停顿时间很长，则应将坯料从炉内取出或随炉降温。

3.6　由轧制工序引起的边裂

3.6.1　冷轧板带生产概述

冷轧板带不仅表面质量和尺寸精度高，而且可以获得良好的组织性能，通过冷轧变形和热处理的恰当配合，不仅可以比较容易的满足用户对各种产品的规格和综合性能的要求，还有利于生产某些需要特殊结晶织构和性能的重要产品，如硅钢和深冲板等。

我国冷轧始于1960年，进入21世纪后，冷轧带钢的产量和技术水平都有了跳跃式的提高，其迅速发展的原因是由于钢材在热轧过程中的温降和温度分布不均给生产带来了很大困难，特别是在轧制厚度小而长度大的薄板带产品时，冷却上的差异引起的轧件头尾温差往往使产品尺寸超出公差范围，性能出现显著差异，当厚度小于一定限度时，轧件在轧制过程中温降剧烈，以致根本不能在轧制周期内保持热轧所需的温度。因此，从规格方面考虑，存在一个热轧下限，一般小于 1mm 的热轧板都不能生产。

目前，热轧工艺水平尚不能使钢板在热轧过程中不被氧化，也不能完全避免由氧化铁皮造成的表面质量不良，因此，热轧也不能生产对表面光洁度要求较高的产品。

另外，热轧板带生产厚度精度约为±50μm，而现代冷轧的厚度精度高达±5μm，整整调高了 10 倍。从板型的控制上看，热轧板带平直度为 50I，而冷轧板特别是现代化的宽带冷轧带钢机轧制的带钢，其平直度能控制在 5~20I 以内。

冷轧板带的产品品种很多，生产工艺流程各有特点，具有代表性的冷轧板带钢产品是金属镀层薄板（包括镀锡板，镀锌板等）、深冲板、电工硅钢板，不锈钢板和涂层钢板。

生产工艺随着技术的进步在不断发展，现代冷轧生产工艺的发展方式主要有两种：单机架可逆冷轧生产工艺以及连续式冷轧生产工艺。

单机架生产工艺的生产特点是适合小批量、变规格的生产，产品的生产灵活多变，可以根据轧制钢材的性质、规格和生产工艺条件选用不同的轧制道次，每个道次的工艺参数（压下量、张力、速度等）也可在一定的范围内灵活的进行调整，操作简单，投资小，但由于其轧制速度较低，产量低，适合小规模生产，一般小型厂采用此种生产工艺。其生产工艺流程为：酸洗→轧制→退火→平整→入库。

连续式冷轧生产工艺作为现代冷轧带钢生产的主流生产工艺，被大型的冷轧厂广泛的采用。连轧生产又有常规单卷轧制和全连续轧制（及无头轧制）两种方式，全连续轧制是当代冷轧板带带钢生产的最高技术形式，而又以后者在实际生产中居多。

全连续冷轧是带钢连续不停地在串列式轧机上进行轧制。经酸洗的热轧带钢在轧制前进行头尾焊接，通过活套调节不断地送入轧机进行连续轧制，最后经飞剪分切卷取成冷轧带卷。因此，轧机除了过焊缝时要减速外（必要时可以分卷和规格变换），可以稳速地轧制各种材质和规格的带钢。它不像常规单卷轧制那样每一卷都有穿带、升速轧制、减速甩尾和停车卸卷等重复操作，由此决定了全连续冷轧具有高产、优质、高效率和低消耗等一系列优点。

全连续轧制只能在计算机的控制下才能运行，且一旦出现故障就必须全线停车，对操作水平及故障处理的水平要求极高，而且需要更多的检测、控制设备和更多的出口、入口设备，增加了投资，同时使控制系统更加的复杂，但产量和质量的提高使得产品的成本降低，其工艺上的优越性是显而易见的。

其生产工艺流程为：开卷→焊接→酸洗→轧制→退火→平整→分卷→入库。

因为冷轧板是以热轧板带为原料进行生产的，所以热轧板带质量的好坏直接影响冷轧板的质量。为保证冷轧产品的表面质量，首先应严格控制热轧板坯的表面质量，其次优化冷轧生产工艺流程，从而达到将冷轧板表面缺陷控制并消除的目的。

3.6.2 冷轧工序引起边裂缺陷的典型实例检测及分析

图 3-15 是带有边裂缺陷的 SPHC 冷轧钢板的宏观形貌图像，通过对其观察分析可以看到，如图 3-15 所示，在冷轧板边部有细小裂纹，裂纹长度为 1~2mm，通过缺陷宏观形貌不能准确辨别出边裂缺陷产生原因，需要对板材进行进一步的观察检测。

图 3-15 冷轧板试样的宏观形貌及取样位置

为准确弄清此钢板边裂缺陷产生的原因，对板材缺陷及正常部位的显微组织形貌进行观察，通过显微镜对其进行显微组织形貌观察。图 3-16(a) 为试样缺陷处金相显微组织形貌。图 3-16(b) 为试样正常基体处金相显微组织形貌。通过试样缺陷处与正常基体处金相显微组织形貌对比发现：显微图像上可以明显观测到边裂形貌，试样边裂缺陷部位的晶粒度相比正常基体的晶粒度大小差异不大，不存在组织不均现象。试样边裂起源部位无高温氧化物，说明该边裂缺陷不是在高温状态下形成的，而是在低温状态下形成的。综上，可以排除由于冷却不均匀及过热、过烧而导致边部脱碳引起的边裂等原因。观察冷轧板缺陷试样的显微组织形貌，其边裂缺陷周围未发现明显氧化膜特征，且缺陷两边位置金相组织明显随基体变形，断口处纤维组织呈拉断状态，表明该边裂缺陷应在冷轧工序中产生。

为进一步弄清此钢板边裂缺陷产生的主要原因，对钢板缺陷试样进行了电镜检测，对其进行电镜观察及能谱分析。图 3-17 为试样缺陷处电镜图像，从图像上可以明显观察到边裂缺陷形貌，由钢板边部逐渐向钢板内部扩展。图 3-17(a) 与图 3-17(b) 是试样缺陷部位电镜低倍及高倍数状态下的图像，由图像可知，

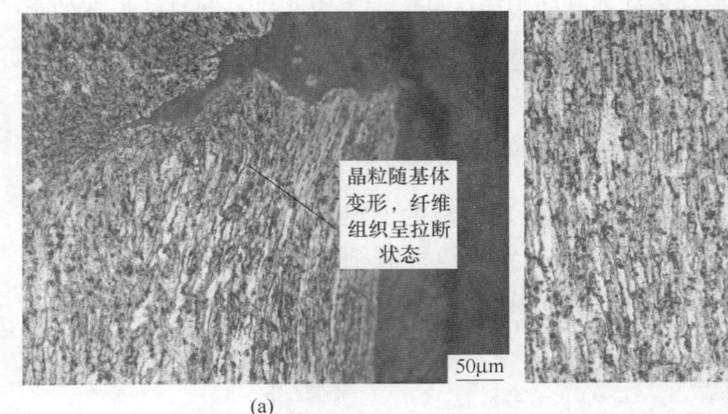

(a)　(b)

图 3-16　试样边裂缺陷与正常位置金相组织

（a）试样边裂缺陷金相图像；（b）试样正常基体金相图像

(a)

(b)

图 3-17　试样缺陷处电镜图像

（a）低倍图像；（b）高倍图像

边裂缺陷表面弥散分布着夹杂物颗粒，夹杂物颗粒尺寸较小，尺寸只有 1μm 左右。

图 3-18 为该缺陷试样的电镜能谱检测结果，由图 3-18 能谱检测可知，试样缺陷部位主要元素为 Fe 和 C，细小颗粒夹杂物主要成分为 Al、Si、Ca，所以判定该细小颗粒夹杂物主要为硅铝酸盐和硅钙酸盐夹杂，以及氧化铁颗粒组成的复合夹杂物。

通过电镜检测可知，试样边裂缺陷周围虽然分布着颗粒状夹杂物，但是此颗粒状夹杂物尺寸非常细小，尺寸只有 1μm 左右，且含量相对较少，故可判定夹杂物不是引起冷轧钢板边裂的主要原因，只是钢板边裂缺陷产生的因素之一，当

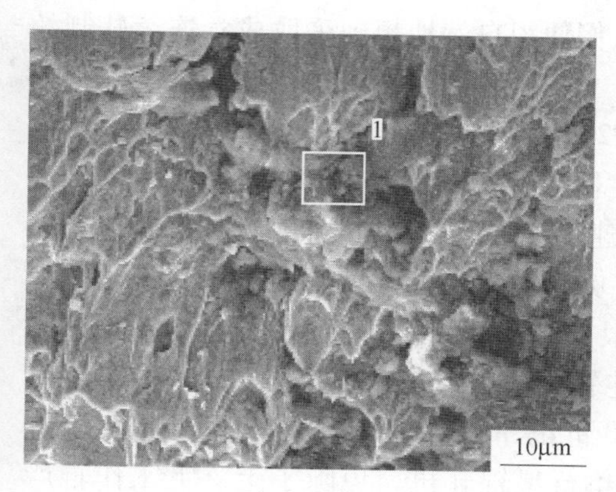

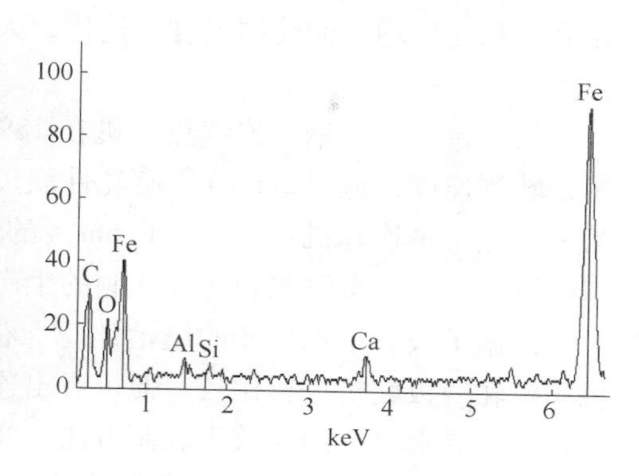

图 3-18 试样测试点扫描电镜图像及能谱分析

轧制时，少量颗粒状夹杂物聚集地引发裂纹源相对较容易，边裂缺陷的产生也相对容易，这也进一步表明该边裂缺陷是在冷轧工序中产生的。

3.6.3 冷轧工序引起边裂缺陷的整改措施

针对冷轧工序引起边裂的改进措施：

（1）检查层流冷却装置横向冷却的均匀性，避免边部急冷，造成组织不均；

（2）合理分配冷轧压下率，能有效减产少和预防边部锯齿边缺陷的产生；

（3）检查冷轧线张力是否过大，适当降低机架间张力，能有效减少边部锯齿边缺陷。

3.6.4 热轧板带生产概述

在过去的几十年中，热轧带钢产品的制造技术不断改进，生产工艺日新月异，从而大大改善了产品质量，满足了广大用户对产品日益提高的要求，因此明显拓宽了产品的应用范围和领域。

带钢薄板最早都是成张地单机架或双机架轧机上进行往复热轧的。这种轧制方法只适宜于轧制不太长及不很薄的钢板，因为这样才有利于轧制温度的保持，使轧制时有较低的变形抗力。对于轧制厚度 4mm 以下的薄板，由于温度降落太快及轧机弹跳太大，采用单张往复热轧十分困难。为了生产这种薄板，便只好采用叠轧的方法。因为只有通过叠轧使轧件总厚度增大，并采用无水冷却的热辊轧制，才能使轧制温度容易保持并克服轧机弹跳的障碍，以保证轧制过程的顺利进行。这种叠轧方法统治着薄板生产达三百年之久，直到现今在很多工业落后的国家还仍然采用。这种轧制方法的金属消耗大、产品质量低、劳动条件差、生产能力小，显然满足不了国民经济发展日益增长的需要。鉴于单层轧制薄而长的钢板时温度降落得太快，但如果不采用叠轧，必须快速操作和成卷轧制，才能争取有较高的和比较均匀的轧制温度。这样，人们便很自然地想到采取成卷连续轧制的方法。

第一台板、带钢半连续热轧机在1892年建立，但由于受当时技术水平的限制，轧制速度太低（2m/s），使轧件温度降落太快，故并不成功。直到1924年第一台宽带钢连轧机在美国以6.6m/s的速度正式生产出合格产品。自20世纪30年代以后，板、带钢成卷连续轧制的生产方法得到迅速发展，在工业先进国家中很快占据了板、带钢生产的统治地位。根据1964年日本的统计资料，将热连轧机和叠轧薄板轧机进行比较，便可看出连轧方法的巨大优点。

为了寻求更好的高效率轧制方法，20世纪40年代以后人们又开始进行着各种行星轧机的试验研究。60年代出现的单行星辊轧机，免除了上、下工作辊严格同步的麻烦，轧机结构大为简化，且使轴承座圈的结构更加强固，能承受更大的离心力，因而提高了轧制速度和生产能力。

为降低金属变形抗力、降低能源消耗及简化生产过程，近代，还出现了连铸连轧及无锭轧制等生产方法。这些新工艺在有色金属板、带生产方面早已广泛应用，现在向钢铁生产领域延扩。早在20世纪五六十年代，前苏联和中国即已采用连续铸轧的生产方法生产铁板试验生产钢板了。1981年日本实现了宽带钢的连铸直接轧制。1989年及1992年德国SMS及DMH公司分别在美国和意大利实现了薄板连铸连轧和连续铸轧。

3.6.5　热轧工序引起边裂缺陷的典型事例及分析

生产中常可发现，连铸坯经剥皮检验，角部表面质量合格，但轧制后，轧板边部却出现一条不连续的纵向微裂纹，如图3-19所示。这类裂纹产生的主要原因是轧制中轧板的边部不均匀变形。材生产的毛边板一般均存在大小面之分，毛边板的侧边形状可分为“均匀双鼓”、“非均匀双鼓”以及“单鼓”3类共5种情况，如图3-20所示。

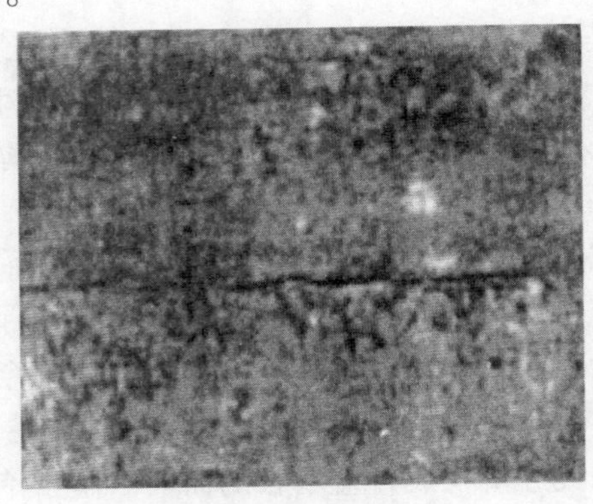

图3-19　边部纵向微裂纹

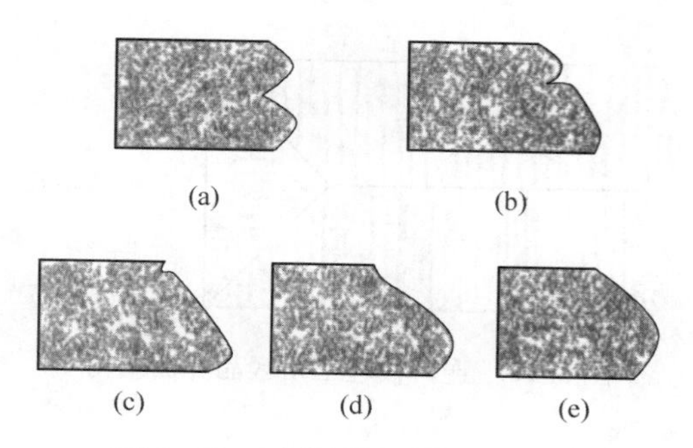

图 3-20　毛边板材边部基本形状

（a）均匀双鼓形；（b）非均匀双鼓形；（c）角缺陷单鼓形；（d）小面沟单鼓形；（e）无缺陷单鼓形

钢板的大小面源于轧制时边部的不均匀变形，且主要发生在轧件横轧展宽过程中。坯料在横轧展宽时，轧件上面的延伸明显大于下面，经多道次展宽轧制，轧件形成大小面双鼓，其中线处于轧件厚度的 1/3 处，如图 3-21 所示。

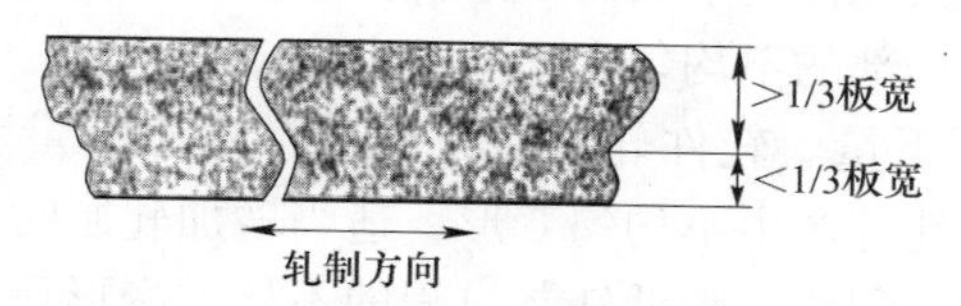

图 3-21　轧件横轧展宽时头尾部变形形状

轧件展宽后进入纵轧，此时轧件头尾部的不均匀变形部位移到侧边部，在随后的纵轧中，侧边的双鼓中心线处（板厚下 1/3 处）形成折叠，如图 3-22 所示。

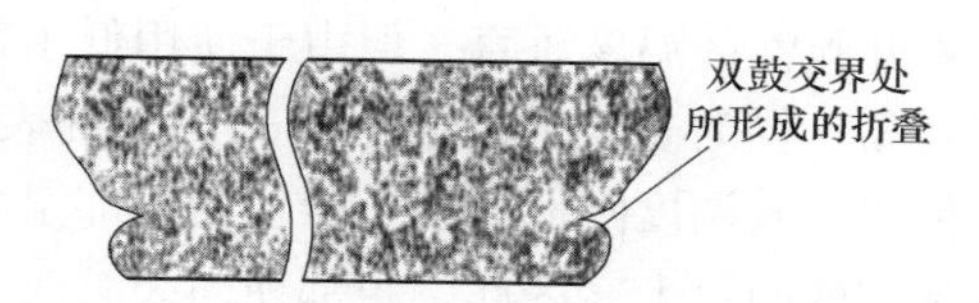

图 3-22　轧件纵轧时的边部形状

轧制时坯料上下表面温度差会影响轧件上下面的变形程度。板坯在加热时，由于加热炉炉底水管及炉坑的影响，坯料的下表面温度一般低于上表面，从而使下表面变形抗力大于上表面，钢板因此出现大小面。

轧件在轧制中存在翻平宽展，随边部翻平，原连铸坯的角部将逐步转移到钢板的板面上。轧件在展宽轧制时的不均匀变形，使钢板小面上的坯料角部内移量大于表面。连铸板坯角部薄弱面为角部与板坯表面 45°晶界面，如图 3-23 所示。该晶界面（三角区）处容易聚集低熔点夹杂物，较脆弱，是中厚板边裂的裂源。

图 3-23　连铸板坯三角区晶界面结构

3.6.6　热轧工序引起边裂缺陷的整改措施

（1）减小横轧展宽量。在有条件的情况下，尽可能加大板坯宽度，用宽板坯生产大宽度钢板。这样，可有效减少钢板轧制时的展宽轧制量，从而减轻宽钢板轧制时的边部不均匀变形程度，避免钢板出现边裂。

（2）提高板坯加热均匀性。优化板坯加热工艺，尽可能减小出炉板坯上下面温差。这可有效降低轧件上下面的变形抗力差别，从而缩小轧件上下面变形程度的差别，减小轧件边部的不均匀变形。

（3）保证轧制压下量。轧件轧制时，由于道次压下量不够大，使变形主要集中在轧件表面而使轧件产生不均匀变形。适当增加轧制时的道次压下量，可有效提高轧制变形的深透程度，降低轧制过程的不均匀变形程度。

3.7　铸坯本身存在较多的角横裂引起的边裂

连铸角部横裂纹是常见的铸坯表面缺陷之一，生产过程中，一般采用避免在第 3 脆性区间内矫直的方法来防止横向裂纹的发生。通常使用高于或低于第 3 脆性区 2 种方式来实现避开脆性区温度矫直，但由于使用低于第 3 脆性区矫直的方式对铸坯的设备要求较高，同时过大的冷速会带来更多的表面质量问题，另外，由于铸坯角部是二维传热，其温度降低较快，板坯的角部温度无法保证在矫直过程中保持在第 3 脆性温度区间以上，因此，角部横向裂纹成为连铸板坯最常发的表面缺陷之一，而高发生率的角部横裂纹已经成为影响低碳微合金钢连铸坯质量和连铸生产顺行的重要因素，铸坯本身存在较多的角横裂也有可能引起边裂缺陷，最终影响板材性能。为弄清此种钢板边裂缺陷的形成原因及对此缺陷提出针对性整改措施，有必要探究铸坯角横裂形成机理。

3.7.1　铸坯角横裂形成机理

对连铸坯角部横裂纹的形貌进行观察、对裂纹的发生位置进行统计，对裂纹的严重程度及可能的影响因素进行预判评估。图 3-24、图 3-25 为典型的试验钢种连铸坯角部横裂纹图像。

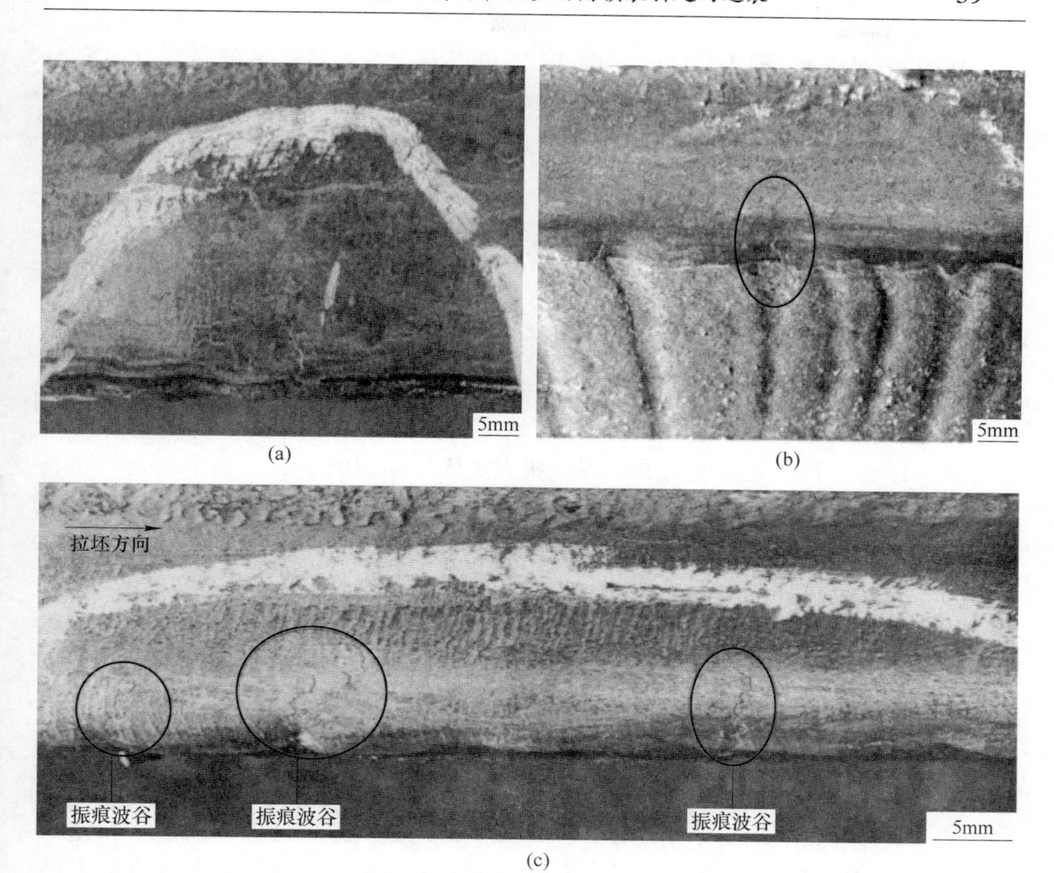

图 3-24 连铸坯角部横裂纹图像
（a）俯视图；（b）主视图；（c）裂纹分布

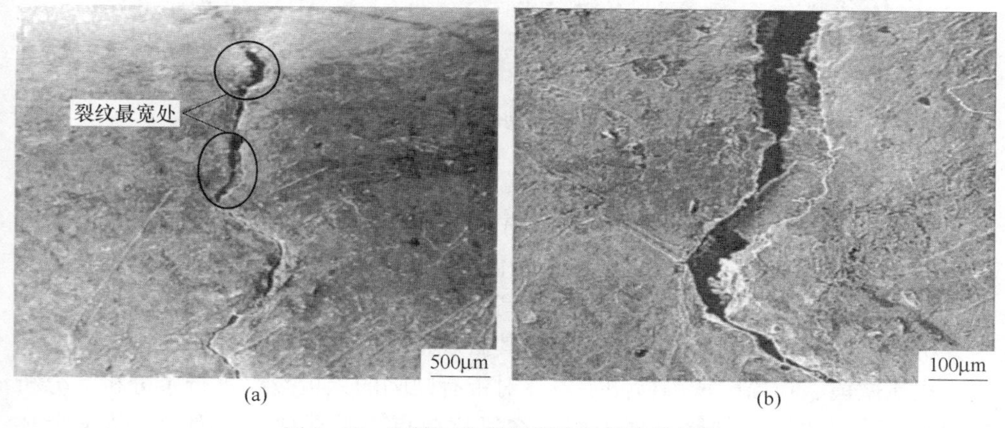

图 3-25 连铸坯角部横裂纹扫描电镜图像
（a）整体图；（b）局部放大

从图 3-24(a)、图 3-24(b)、图 3-25 可以看出，连铸坯角部横裂纹向窄面和宽面两个方向扩展，裂纹长度可超过 10mm 左右，且裂纹沿宽度方向的扩展长度比沿厚度方向的扩展长度更长；裂纹的发生位置与振痕的波谷相对应，据统计在波谷处的角部横裂纹数占总量的 75%，即大部分角裂纹均发生在振痕的波谷处。另外，裂纹最宽处并不见得在角上，可能距角部 0.5~1mm 远。

振痕波谷处容易发生元素正偏析、传热减慢等；元素的偏析，如硫元素的偏析往往会带来大量硫化物夹杂的聚集，硫化锰等夹杂物变形程度与钢基体有显著差异，在连铸过程中当振痕波谷处受力时容易引发裂纹，提高了裂纹的敏感性；连铸坯在生产过程中，由于结晶器振动必然会产生振痕，特别是包晶钢会发生包晶反应而产生大量凝固收缩导致振痕更深。在振痕处冷却较弱，而铸坯传热减慢会导致坯壳温度升高，促进粗大奥氏体晶粒的生成，整个坯壳凝固厚度并不会十分均匀。因此，连铸还角部在结晶器内容易在较薄的坯壳处受力引发裂纹。

另一方面连铸坯的角部横裂纹发生也与钢种的低塑性温度区间密切相关，主要机理为在连铸二冷区间内由于二次冷却的不均匀、冷却强度不适中导致连铸坯角部温度落入低塑性区间，降低钢的高温热塑性，当铸坯角部受到弯曲、矫直及热应力等外应力作用后产生裂纹。

3.7.2　典型实例检测

如图 3-26 是具有边裂缺陷钢板的宏观形貌，通过对试样的宏观形貌观察发现，在来样冷轧钢板的边部存在连续的犬齿状边裂缺陷，边部裂纹处存在明显的开裂现象，针对此种形貌下的边部开裂缺陷对其产生原因及机理进行探究。

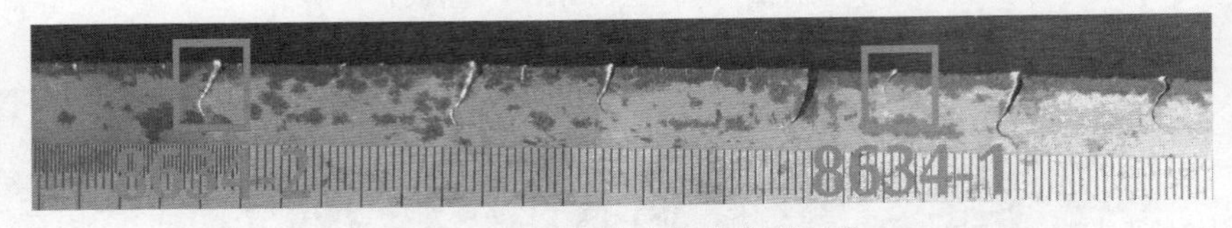

图 3-26　角横裂引起的边裂形貌

在钢板表面缺陷检验分析过程中通常把成品缺陷部位是否存在氧化圆点、脱碳和组织流变作为判别缺陷是在炼钢工序还是轧钢工序形成的依据。这是因为氧化圆点、脱碳现象都属于高温产物。氧化圆点是高温下缺陷中氧化铁前沿氧扩散、析出的结果。而脱碳是由于铸坯在高温加热条件下导致碳因氧化而损失。为了分析钢板边部缺陷的形成原因，认识其微观特征，准确判定缺陷产生工序，利用金相显微镜、扫描电镜等检测手段，对带有缺陷的钢板裂纹进行了分析。分析发现大多数“边裂”缺陷试样中都存在氧化质点、脱碳现象。因此，依据上述各种原因，利用排除法可以对钢板边裂缺陷的形成原因进行判定。

利用 Axiovert 200mat 蔡司显微镜，在 50~500 倍的条件下对试样边裂缺陷周围进行显微组织形貌观察。图 3-27(a) 为缺陷试样正常部位的金相图像。图 3-27(b) 为缺陷试样缺陷部位截面的金相图像。通过对比观察正常部位与缺陷部位的显微组织形貌发现，二者显微组织无异常组织存在，都是由铁素体及珠光体组成，铁素体晶粒均匀分布，边裂缺陷处晶粒同正常部位晶粒一样，无晶粒粗大现象，由此可排除由于“过热”“过烧”而导致的组织不均匀性引起边裂缺陷的原因。

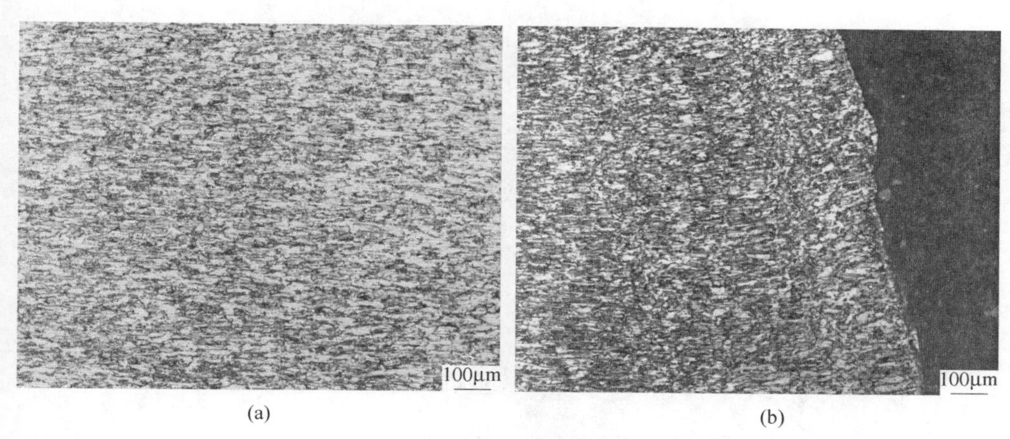

(a) (b)

图 3-27 缺陷试样正常部位及缺陷部位的金相图像
（a）正常部位；（b）缺陷部位

使用 S-4800 型场发射扫描电子显微镜，在放大倍数为 20~80 万倍，分辨率为 50A 的条件下结合能谱分析定量确定夹杂物成分，边裂缺陷周围的电镜扫描图像如图 3-28 所示。如图 3-28 可知，在缺陷位置未发现明显的颗粒状夹杂物，也未发现氧化铁压入特征，所以可排除除鳞不净对此边裂缺陷的影响。图 3-29 是边裂缺陷的能谱分析图像，从夹杂物分析情况来看，由能谱可知，存在少量的 O 元素，在缺陷位置未发现明显夹杂元素，此成分表中少量 O 元素系钢板在空气中氧化所致。由此判定，该边裂缺陷的原因初步判定应该与铸造缺陷有关，可能由于铸坯本身存在较多的角横裂所致，或是在距铸坯表面 2~5mm 处存在显微裂纹所致。

为准确弄清此种边裂缺陷产生的原因，将含有角部裂纹的铸坯进行同炉次对比试验，一部分板坯不经过火焰清理，按常规工艺制度加热轧制；另一部分板坯经过火焰清理，测量角部横裂纹的范围长度，按常规加热制度加热，出炉冷却后再次检查。所得到的试验结果如下：（1）角部横裂纹范围在加热前后基本对应。（2）加热前即暴露于表面的横裂纹长度有明显扩展现象，加热后横裂纹数量略有增加，说明隐藏皮下的裂纹有一部分因受热应力而暴露出来。（3）钢板边部

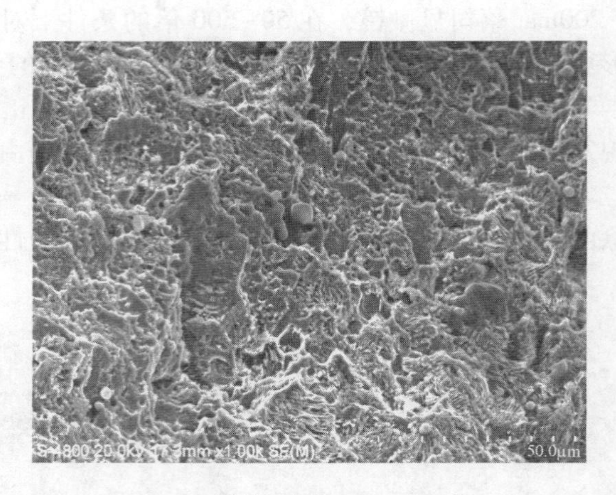

图 3-28　试样缺陷处 1000×的电镜图像

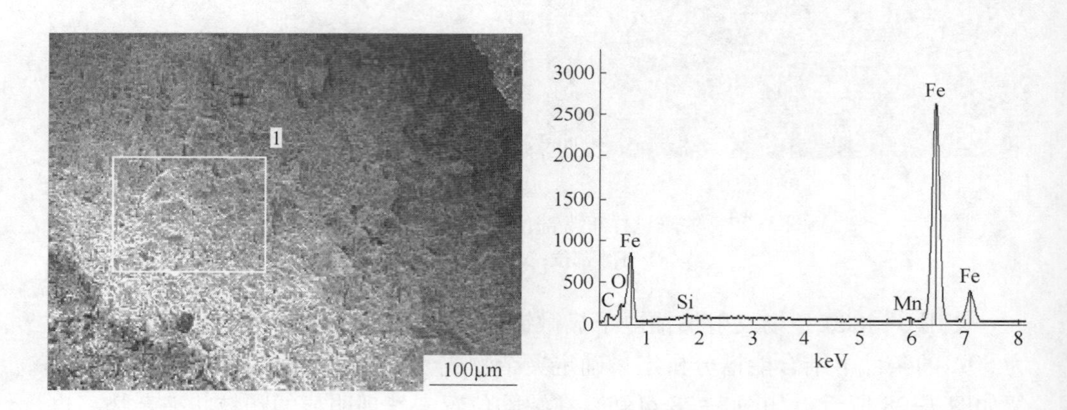

图 3-29　试样缺陷部位的能谱分析

的弧形裂纹缺陷和板坯角横裂位置有明显对应关系。综上所述，板材边部非连续边裂是由板坯角部横裂纹引起的。

3.7.3　角横裂引起的边裂缺陷形成机理

若原铸坯存在角横裂缺陷，在加热炉内加热时，铸坯角横裂缺陷周围就会发生氧化现象，因表层氧化再经高压水除鳞后就显露在外。此时，铸坯本身存在的较多的角横裂，或是在距铸坯表面 2～5mm 处存在的显微裂纹，在轧制过程中，由于缺陷部位与基体结合不牢固，使裂纹在轧制过程中不能焊合，从而会发生不连续、不均匀变形的现象，进而导致板材边部发生开裂现象。由此成为边裂的萌生根源，经过轧机多道次的反复轧制之后，形成的裂纹不断扩大，逐渐发展成为边裂缺陷。

3.7.4　整改措施

对由角横裂引起的钢板边裂缺陷，可以从以下方面进行改进：

（1）优化结晶器参数，根据不同钢种、不同环境温度，对部分钢种结晶器冷却水量和水温进行了优化；改善二次冷却状态、恒拉速操作、控制结晶器液面波动及根据钢种断面和拉速对结晶器锥度进行优化调整，减小窄侧铜板磨损情况；还可以针对某钢种铸坯角裂较为严重的问题，对其保护渣的成分和性能进行优化，控制角裂缺陷的发生。

（2）解决铸坯角部横裂纹缺陷可以通过“弱冷”法及“强冷”法两种思路：“弱冷”法：提高铸坯在矫直段或弯曲段的温度，使角部温度避开该钢种第 III 脆性温度区间的上限温度。“强冷”法：降低铸坯在矫直段或弯曲段的温度，使角部温度避开该钢种第 III 脆性温度区间的上限温度。目前国内外一般采用“弱冷”法，但是“弱冷”法也会存在一定风险，比如增加了铸坯运行至矫直段时铸坯角部温度进入第 III 脆性区，从而也有导致铸坯内弧角部出现角横裂纹缺陷的可能性、增大了浇铸过程中“漏钢”的风险及可能恶化铸坯的内部质量，表现为中心偏析加剧。因此，相关工艺下也可以采用“强冷”法，二者应针对性应用。

（3）钢中的［N］易与［Al］、［V］等微合金化元素形成氮化物在晶界析出而降低钢的热塑性，促进连铸坯角部横裂纹的发生。钢中［S］、［P］元素使钢的高温强度和塑性明显降低，发生裂纹的倾向增大。因此，也可以通过控制钢中有害元素［N］、［S］和［P］元素含量，来改善角部横裂纹的发生。转炉应采用大流量底吹氩气，在熔池形成剧烈的碳氧反应可以降低钢液中［N］，并且减少补吹次数。降低［S］、［P］含量，提高 Mn/S 比，改善高温性能。

4 起皮缺陷

带钢起皮类似长条小结疤状，有时也呈现发纹状、龟纹状、舌状、块状或鱼鳞状，存在于带钢边部，位置相对固定，一般都在带钢两边距离边部 15～50mm 内对称分布，上表面和下表面都可能存在，在带钢全长方向上呈现断续分布，大多数有一部分与带钢本体相连。

某钢厂生产的冷轧带钢，自投产以来，频繁出现质量问题，其中起皮缺陷是最为常见的质量异议。但由于产生原因不同其具体表现形式也不同，根据钢厂产品的来样观察起皮缺陷产生情况主要表现为以下几种：

（1）起皮处金属表皮在轧制时破坏，裸露在钢板表面呈深灰色或亮白色，见图 4-1(a)；

（2）起皮部位表皮一侧与基体相连另一侧与基体分离，揭起表皮基体为银白色，见图 4-1(b)；

（3）起皮缺陷为条状，有的表皮完全脱落基体呈深灰色，见图 4-1(c)，有的表皮部分脱落，表皮完好的部位呈亮白色，见图 4-1(d)；

（4）起皮部位成银色，长短不一，多集中在钢带边部 15mm 左右，成鳞片状，见图 4-1(e)。

冷轧板表面起皮缺陷的形貌多样，影响因素和形成机理十分复杂。影响因素涉及炼钢工艺、连铸工艺等全流程的多个环节。在多数情况下，各种影响因素交织在一起，使缺陷成因的分析判断更加困难，但大部分是由热轧工序传递到冷轧，讨论起皮缺陷的产生原因有必要对热轧工艺进行研究。因此本章对实际生产

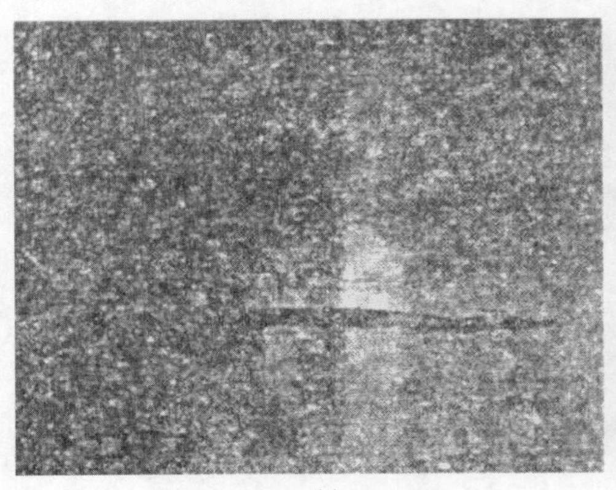

(a)

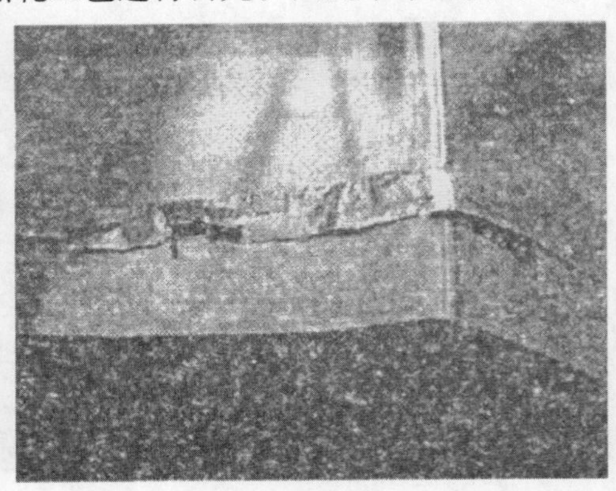

(b)

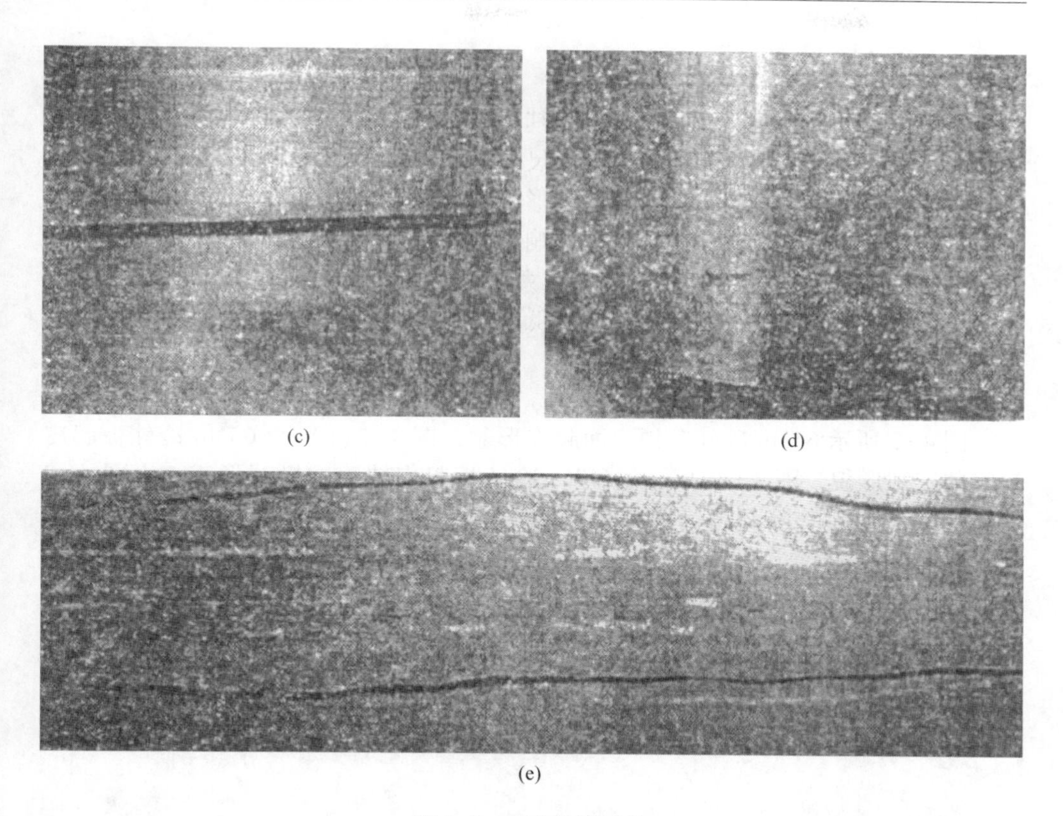

(c) (d)

(e)

图 4-1 起皮缺陷形貌

中出现的不同类型起皮缺陷进行研究，讨论现有生产条件下如何改进生产工艺，来针对性地采取相应的技术措施来减少冷轧带钢的起皮缺陷，对于提高产品质量、降低生产成本有重要的指导意义。

4.1 试验材料及方法

通过对缺陷的宏观形貌进行观察，记录其特征。在缺陷较明显处取大小为10mm×10mm 且所取试样贯穿缺陷的特征处，便于观察其组织形态。对所取缺陷试样横截面进行粗磨，细磨（5 道砂纸）并进行抛光，抛光液采用清水。试样表面依据缺陷情况进行磨制。（视缺陷的类型而定，例如夹杂物缺陷不能用砂纸磨）然后在 AXIOVERT-200MA 蔡司金相显微镜上进行金相观察。将制作好的试样用酒精擦拭干净，并用 KQ-50 型超声波清洗仪进行清洗。对清洗干净试件表面缺陷位置进行扫描电镜及能谱检测。试验中使用 S-4800 型场发射扫描电子显微镜，在放大倍数为 20~80 万倍，分辨率为 50μA 的条件下结合能谱分析确定缺陷位置处的组织形貌及化学成分。

4.2　由夹杂物聚集引起的起皮

钢中的夹杂物主要为非金属夹杂，其可分为脆性夹杂和塑性夹杂两类。脆性夹杂其形貌一般为局部聚集的颗粒状或尺寸不等的条链状；而塑性夹杂一般为长条状或片层状。夹杂物的来源、性质、形貌、分布位置及含量等因素都会对带钢表面状态及使用性能产生不同程度的影响。例如，在钢材深加工过程中，表层有夹杂物存在的部分，受压力加工发生较大的变形而产生“起皮”现象，在继续深加工过程中发生扩展和破裂，进而降低材料的塑性加工性能。

4.2.1　典型实例检测

图 4-2 所示 65Mn 冷轧钢板表面起皮形貌，图 4-2(a) 为 65Mn 冷轧板起皮缺陷的宏观形貌，图 4-2(b) 为 65Mn 冷轧板起皮缺陷的微观形貌。由图 4-2(a) 可以看出，缺陷部位已经全部翘起，呈长条状，长度约为 15mm；图 4-2(b) 的 SEM 形貌显示缺陷内部存在较为明显的夹杂物且尺寸较大，夹杂物群的尺寸在 1.13~2.9mm，已压入基体，成簇集状分布。

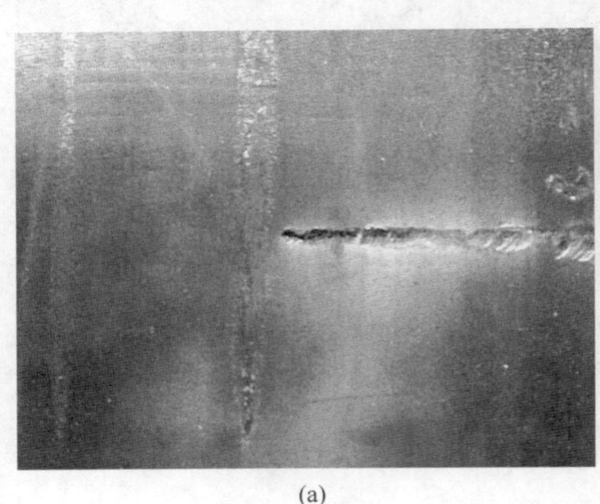

(a)

(b)

图 4-2　由夹杂物造成的起皮缺陷形貌
(a) 宏观形貌；(b) 微观形貌

对 65Mn 冷轧钢板起皮缺陷部位进行扫描电镜及能谱分析。图 4-3 为起皮缺陷处夹杂物的 SEM 形貌及能谱分析图像。由图 4-3 所示的能谱分析结果可知，起皮缺陷处夹杂物是由 Si、Ca、O、Al 四种主要元素且伴有少量的 Na、Mg、Mn 等组成的硅铝酸盐和结晶器保护渣的复合夹杂。实际生产中此类夹杂物大多数是由钢水和渣中的 MgO、SiO_2、MnO 及耐火材料之间发生多元反应而形成的。复合夹杂物聚集在局部区域形成夹杂物群，在钢中零星分布。通过夹杂物成分结合实际生产工序，确定该夹杂来源为侵蚀包衬耐火材料形成的夹渣、卷渣及保护渣卷渣产生的夹渣。

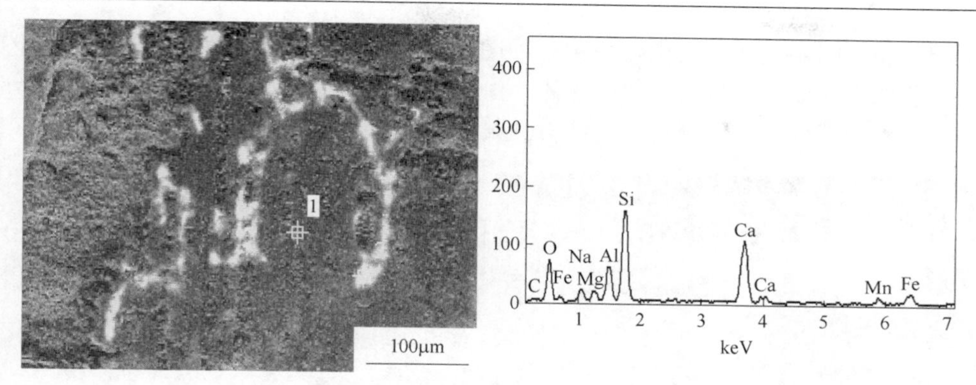

图4-3　起皮缺陷处夹杂物的SEM形貌及能谱分析

4.2.2　原因分析

起皮缺陷中夹杂物的主要来源有脱氧产物、炉渣同钢水二次氧化物相互作用的产物及被卷入连铸坯的结晶保护渣。通过试验发现在基体表面破损翘起处的夹杂物形貌一般呈局部聚集的不规则点状或条带状。此类夹杂主要为结晶器保护渣、耐火材料形成的夹渣和卷渣及钢中氧化物与夹渣的反应产物。其中以结晶器内钢液表面回流所形成的结晶器卷渣最为普遍，当结晶器保护渣熔融不均时造成高熔点低黏度氧化物相存在，此时容易引起卷渣。同时研究发现炼钢加入稀土元素时，夹渣严重，冷轧废品率高；不使用稀土元素，夹渣较轻，冷轧废品率相对较低。分析认为加入稀土元素的钢液黏稠，夹杂物不易上浮，从而导致夹杂物数量增多。由于覆盖住夹杂物表面的金属薄层与钢板基体的结合力较弱，在冷轧过程中此薄层受力后与夹杂物交界面分离翘起，而夹杂物则进一步压入基体或脱落，在该部位造成不规则状小凹坑。

4.2.3　整改措施

夹杂物的存在会降低材料的塑性，在后续加工过程中因表面变形较大而产生起皮现象。预防钢中夹杂物产生应注意在生产中提高钢水的洁净度；保持中间罐水口顺畅；在连铸过程中优化中间包和结晶器流场、采用结晶器液面控制和性能优良的保护渣是防止卷渣的有效措施，控制生产节奏，减少拉速变化，优化浸入式水口，保证结晶器内钢液液面的稳定性，避免由于其波动而引起的卷渣现象；通过合理控制脱氧工艺降低大包渣中的FeO含量及合理的稀土元素加入工艺减少起皮缺陷的发生几率。

4.3　由氧化通道引起的起皮

4.3.1　典型实例检测及分析

图4-4为具有起皮缺陷钢板的显微组织形貌及电镜形貌，其中图4-4(a)为

金相形貌，图 4-4(b) 为电镜形貌。如图 4-4(a) 所示，钢板基体组织为铁素体和粒状珠光体以及少量的片状珠光体。由图 4-4 可明显观察到在钢板横截面十分之一处出现裂纹并延伸至基体内部，且其周围伴随有明显的脱碳现象。

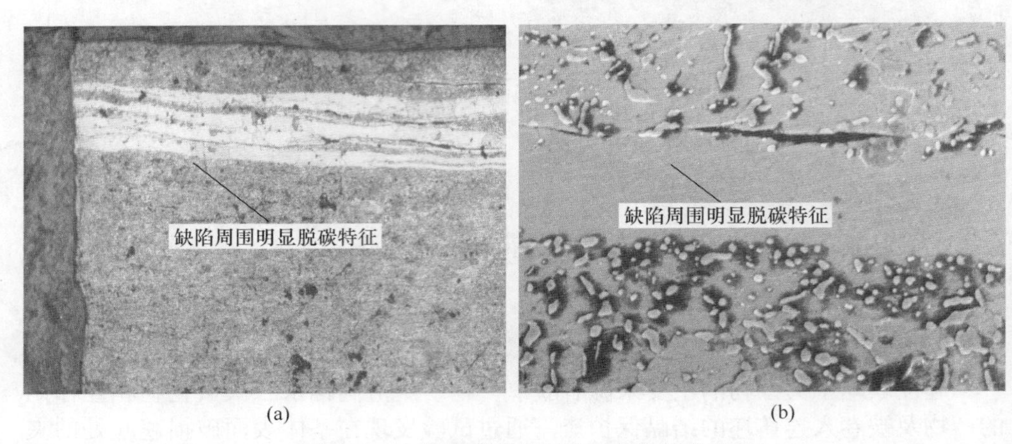

图 4-4　由氧化通道引起的起皮缺陷形貌
(a) 金相形貌；(b) 微观形貌

图 4-5 为钢板起皮缺陷处 SEM 形貌与能谱检测图像，由图可知，裂纹处存在大量氧化铁和少量的 Si、Mn、Ca、C 元素。综合分析该缺陷是由于存在表面缺陷的连铸坯在高温持续加热过程中表面的缺陷点被氧化，随加热时间延长，表面缺陷处的氧化过程逐渐向基体内部发展，形成类似隧道状的缺陷，其内部为氧化铁，也称为氧化通道。由于隧道内氧化铁存在大量孔隙，氧会与通道附近的珠光体中的碳元素结合，在通道外侧造成脱碳。而组织中的 Si、Mn 等易氧化元素亦会与氧结合形成氧化质点。近表面层的氧化通道经轧制后造成材料表面起皮。

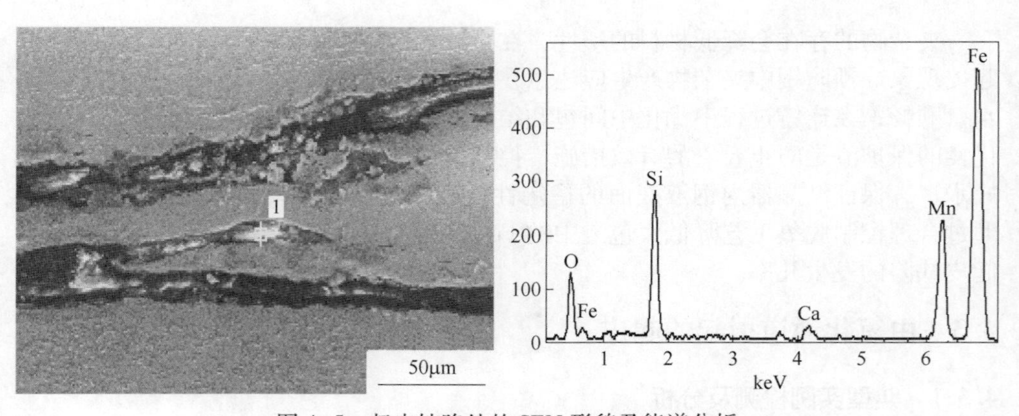

图 4-5　起皮缺陷处的 SEM 形貌及能谱分析

4.3.2 整改措施

避免氧化通道的产生需尽量减少铸坯表面的小缺陷。在钢坯上进行防氧化处理，如刷涂抗氧化涂料等。

4.4 由皮下气泡引起的起皮

4.4.1 皮下气泡来源

皮下气泡也是引起冷轧板起皮的主要原因之一，气泡、针孔主要分布在铸坯厚度方向距离表面0~4mm处。钢水的含碳量、脱氧程度、钢水过热度、钢水流动性、钢水二次氧化及工艺操作等因素都会对气泡的出现产生影响。根据经验及炼钢理论，水蒸气（源自潮湿耐火材料和添加料）、外来气体（保护性气体、空气）、脱氧不良这三种是连铸中气泡的主要来源。

（1）在脱氧不良时氧元素由碳元素控制，氧首先与碳反应，产生CO气泡，且随碳元素含量增加，此反应发生率越高。1500℃左右，钢液中与［O］优先发生反应的元素排列顺序为：Ca、Ba、Re、Al、Si、C、V、Mn、Fe、P、Cu。要发生C，O反应生成CO气体，需要钢中排在［C］元素前面的更易于与［O］结合的化学元素反应达到平衡之后，钢液中剩余的［O］的浓度要比［O］与［C］平衡时［O］的浓度高才可以。

钢液中的CO需要经过以下的过程，才能在铸坯中形成气泡缺陷：1）钢液凝固过程中，晶间形成针孔气泡。2）针孔气泡边界处通过不断的氧碳反应长大形成临界气泡。3）临界气泡再通过此方式长大成为宏观气泡。4）一部分宏观气泡上浮逸出钢液，在气泡的上浮过程中，钢液中的夹杂和一些小气泡会被这个比较大的气泡吸收。还有一部分气泡被树枝晶阻拦，无法逸出钢液，或在钢液凝固前没有来得及逸出，被坯壳捕获，形成皮下气泡。气泡生成部位是在钢液凝固的固液界面处。临界气泡要成为宏观气泡与钢液的压强有关，钢液中的压强必须满足一定的条件才可以形成宏观气泡。$P_{生}=P_{N_2}+P_{H_2}+P_{CO}$，$P_{阻}=P_{附加压强}+P_{钢水静压强}+P_{环境压强}$。

钢液中的CO气体只有在$P_{生}>P_{阻}$时才能够长大成为宏观的气泡。在钢液中，靠近结晶器的液面下方$P_{阻}$最小，最有利钢液微小气泡的张大。在结晶器液面下方越深的钢液中钢水静压强越大，越不利于微小气泡的长大。当钢液中的静压强$P_{生}<P_{阻}$时，钢液中的微小气泡源就不能够长大成为宏观气泡。若这些气泡被树枝晶捕集，或为凝固的表面层所阻，不能从钢中逸出就会成为气泡缺陷。

所以，钢坯中的皮下气泡应该分布在铸坯皮下一定深度范围内。越是靠近坯壳位置气泡应该越多。

（2）外来气体进入。1）氩气。体积较小的氩气气泡吸附夹杂后在铸坯液芯中的坯壳内表面附近循环，大部分被凝固坯壳的内表面所俘获，最终形成铅笔状皮下气泡。2）水蒸气。水蒸气有以下几方面来源：一是中间包等耐火材料烘烤不干，在连铸过程中其中的水分进入钢液中，在钢液中以［O］、［H］原子形式存在，然后反应生成气泡。尤其是开始浇铸的第一炉的前几块铸坯产生气泡比较严重。其产生的气体主要为 CO 和 H_2。如果钢液中脱氧合金的含量比较高，则不会产生 CO 气泡，而是产生夹杂物。二是铸机水冷系统产生水蒸气，这部分水蒸气只有极小部分能最后进入钢液。再次连铸过程中，结晶器保护渣中的水，大包和中包钢液表面的覆盖剂中的水分，炼钢过程中造渣和合金中的水分会有一部分以［H］、［O］原子的形式进入钢液。3）二次氧化及进入钢液中的空气。在浇铸过程中由于敞开浇铸，导致钢液与空气相互接触，或保护浇注过程中从浇铸装置的缝隙进入的空气等使得钢水被二次氧化。钢液中吸入的空气一部分溶解在钢液中，一部分没有溶解则以气泡的形式存在。这些气泡的行为与后面讲述的氩气泡的行为相似。二次氧化产生 CO 气体，他们的运动行为与脱氧不良钢液中产生的 CO 气体相同。

4.4.2　外来气泡行为特征

这里主要讲述连铸过程中的保护气体氩气形成的气泡行为特征。针对连铸坯中氩气泡的分布情况，结合连铸过程中氩气泡在钢液里的运动形式，进行模型分析和理论计算。

结果表明：在结晶器及其附近区域的钢液中，存在上下两个氩气泡的循环区。在上循环区内的气泡大部分运动到结晶器表面的渣层中。下循环区在铸坯凝固的坯壳附近循环。其中有一小部分比较小的气泡和被气泡吸附着的夹杂流动至下循环区，会被已经凝固的坯壳捕获很大一部分。这些被捕获的气泡，在轧制过程中就以各种形式表现出来，形成表面缺陷。钢液在结晶器中的流畅与进入钢液中气泡的运动分布有很大关系。通过计算机的示踪计算表明，铸坯中存在气泡是因为连铸时结晶器内钢液存在紊流。所以在实际的生产过程中，只要吹氩气，铸坯中就会有气泡生成。

4.4.3　典型实例检测及原因分析

近表面层含有气泡的钢板在轧制或卷取过程中，部分表皮分层剥离翘起。通过观察缺陷位置的宏观形貌图 4-6(a)，发现缺陷呈亮褐色长度大约在 10~30mm 不等呈线条状沿轧向延伸。材料表面有不同程度的起皮缺陷，部分已脱落，同时在板面发现凸起泡状缺陷。由图 4-6(b) 发现此部位存在被压破的皮下气泡所形成的针状气孔。

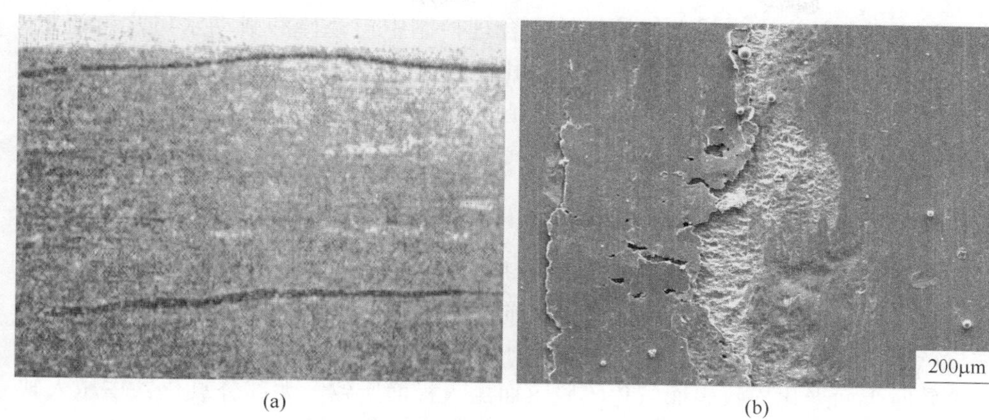

图 4-6　由气泡造成的起皮缺陷形貌

（a）宏观形貌；（b）微观形貌

图 4-7 的能谱结果显示缺陷处主要成分为氧化铁并伴有少量硅酸盐夹杂，其来源可能是钢液的脱氧产物、钢液与空气的二次氧化、钢液与耐火材料作用产生的。通过图 4-7 观察缺陷边缘较光滑的过渡区域并非氧化铁压入所呈现的氧化铁颗粒的疏松状态，而是在轧制过程中靠近铸坯表面的气泡受轧制力的作用沿轧向延伸的同时挤向两侧，两侧在内部气体气流的作用下形成光滑面。最终气体由钢板表面逸出，导致表皮翘起产生针孔状缺陷。热轧板酸洗经冷轧后，钢板在往返轧制或卷曲过程中，部分起皮会被压合，嵌入基体内，使钢板表面出现分层并最终导致起皮缺陷。

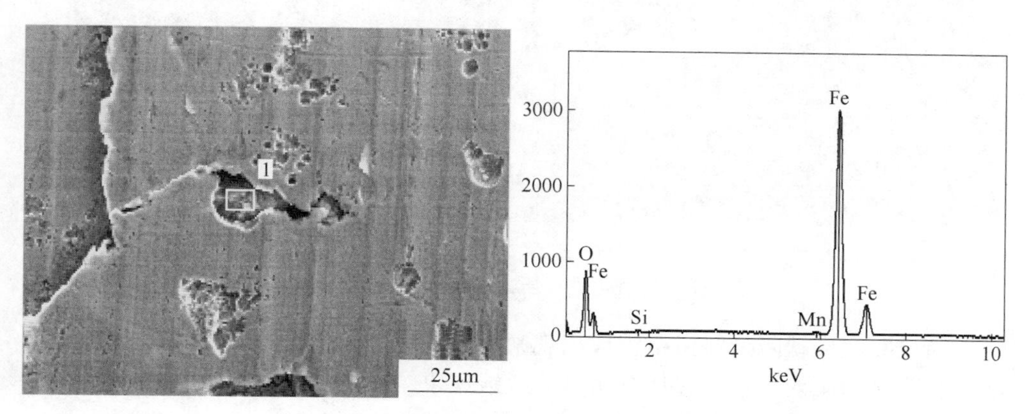

图 4-7　起皮缺陷处的 SEM 形貌及能谱分析

4.4.4　整改措施

预防和减少皮下气泡缺陷的产生需尽量降低钢中氧和氮含量，减少钢液与空气的接触时间，将钢液的溶氧量控制在合理范围内，采取强化脱氧，避免炼钢时脱氧不良现象的产生；加强保护浇铸，合理控制中包塞棒和滑动水口吹氩流量。设计合理的烘烤方案，确定合理的钢包和中间包烘烤参数，如温度、时间等；严格把好合金材料和中间包、结晶器保护渣水分关等措施，优化结晶器钢水流场来减少气泡俘获率。

4.5　由氧化铁皮压入引起的起皮

氧化铁皮主要分为三类，一次氧化铁皮主要是坯料在加热炉中具有氧化气氛的环境加热时所产生，压入原因多是轧前高压水除鳞效果不理想所致；二次氧化铁皮产生在粗轧及传送过程中，主要由于精轧前除鳞不净所致；三次氧化铁皮则是精轧时辊面老化导致表面氧化膜脱落而压入板面所致。大部分氧化铁皮压入缺陷多是由于之前的热轧缺陷遗传至冷轧。

4.5.1　典型实例检测

图 4-8 为带有起皮缺陷钢板的宏观形貌图像，由图 4-8(a) 可以明显观察到钢板表面的起皮缺陷形貌。当把起皮缺陷处表皮掀开后如图 4-8(b) 所示，其表皮掀开后钢板基体呈暗红色，有较明显的氧化特征。

(a)

(b)

图 4-8　由氧化铁皮压入引起起皮的宏观形貌

通过对起皮缺陷处显微组织形貌观察可以发现，如图 4-9(a) 所示，起皮缺陷处有明显的压入痕迹，并伴有明显的脱碳现象，其他位置包括缺陷下表面位置并没有发现明显脱碳现象。

通过图 4-9(b)、图 4-10 所示的起皮缺陷处电镜形貌和能谱检测结果可知，在起皮缺陷处其成分为 Fe、O 元素，说明缺陷处有大量氧化铁，并无其他夹杂物存在。综合分析判断该缺陷是由于热轧前除鳞不净，导致氧化铁皮压入，并且氧化铁皮冷轧前的酸洗阶段未完全清除而引起冷轧起皮缺陷。

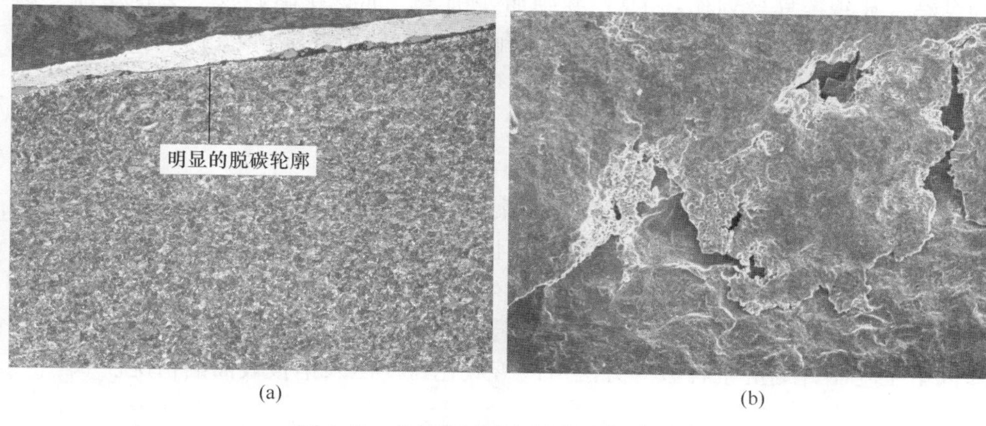

图 4-9 由氧化铁引起的起皮缺陷形貌
（a）显微形貌；（b）微观形貌

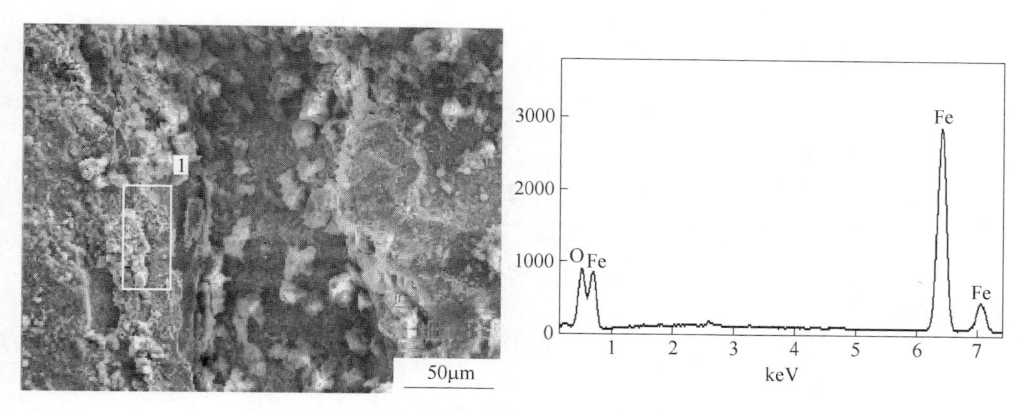

图 4-10 起皮缺陷处的 SEM 形貌及能谱分析

氧化铁皮压入的微观形貌中通常可以见到许多细小的片状颗粒，片状颗粒呈明显的脆性形貌。经能谱分析发现，其中成分为 Fe 和 O。氧化铁皮压入的截面形貌表明，由于氧化铁皮的压入割裂了其基体（近表层）之间的联系，压入部位截面可以见到许多较为规整的间隙，且间隙尺寸相对比较大（夹杂物造成的间隙没这么规整）。

4.5.2 氧化铁皮压入的原因

氧化铁皮压入缺陷的微观形貌与连铸卷渣所形成的缺陷不完全相同，前者颗粒的轮廓更分明。氧化铁皮压入的原因通常与很多因素有关，CSP 生产线氧化铁皮压入的原因与常规流程不完全相同，经过多次分析研究，根据国内某钢厂 CSP 氧化铁皮压入的主要原因有：（1）连铸至 F7 前输送辊道因素，如炉辊结瘤、异物黏结、死辊等导致划伤；（2）轧辊质量因素，如氧化膜剥落、老化粗糙、剥落、异物黏附等；（3）除鳞不尽，如喷嘴堵塞、压力低等；（4）工艺因素，如机架间冷却水控制不规范等。

4.5.3　整改措施

为防止氧化铁皮压入，应控制除鳞集管喷嘴的角度以及喷嘴至钢板表面的距离，距离越远，喷出水打击力度越小，且随除鳞点的增多，喷嘴的压力降低。所以必须保证除鳞集管的制作及设计满足生产要求。保持良好的工作辊辊面氧化膜，辊面粗糙和剥落都将导致氧化铁皮压入带钢表面。采用调整层流冷却工艺、降低单位轧制计划的里程数等方法可改善氧化铁皮压入钢板表面的情况。

5 结疤缺陷

“结疤”是指在钢板表面有叶状、羽状、条状、鱼鳞状、舌端状等金属片，它与金属基体连接。由在钢板的头、腰、底部等处局部粘附的金属薄片状疤皮而形成。结疤缺陷外形轮廓极不规则，伴随结疤缺陷有许多条裂纹，结疤缺陷伸向板底深度较深时，矫直钢板会产生底裂缺陷。因此，虽然结疤和裂纹性质不同，但两者之间互相联系，有时保留结疤特征，有时出现弯弯曲曲的裂纹簇，有时两者兼而有之，这与结疤大小、深浅及变形程度有关。结疤主要有折疤、点状结疤、块状结疤、锯齿结疤等类型。

在热轧钢板的各类缺陷中，结疤缺陷产生的比例较高，表现为附着在钢带表面、形状不规则翘起的金属薄片，多以单个或成串凹坑形式出现，形貌为深浅不一、延伸量较小的凹坑。结疤与钢板的结合形式分为两种，一种是与钢的本体相连结，并折合到板面上不易脱落；另一种是与钢的本体没有连结，但粘合到板面上，易于脱落，脱落后形成较光滑的凹坑。

钢板结疤是在冶炼浇铸过程中，飞溅的钢液急冷后，镶在钢锭、钢坯或钢材表面上的一种呈片状的表面缺陷。结疤大多数与母体相连，随着轧件的压缩和延伸，结疤在钢轨表面呈一端开放型粘附，金相检验结疤下面基体表面常有脱碳现象。具体结疤形态参见图 5-1。

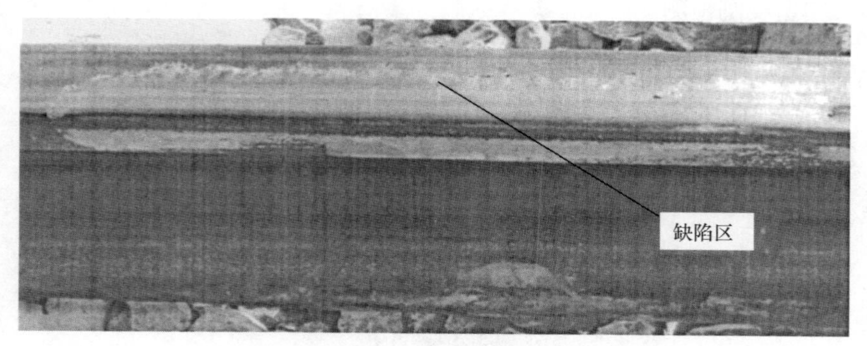

图 5-1　结疤缺陷示意图

5.1　试验材料及方法

（1）来样观察：通过对缺陷的宏观形貌进行观察，记录其特征，并做出初步的判定，明确实验方向，提出实验方案。

（2）取样：在缺陷较明显处取样，尺寸为 10mm×10mm，所取试件能反映出全部缺陷特征，取样时尽量贯穿缺陷处，便于观察其横截面上的缺陷组织形态。

（3）试样表面依据缺陷情况进行磨制。（视缺陷的类型而定，例如夹杂物缺陷不能用砂纸磨）然后在 AXIOVERT-200MA 蔡司金相显微镜上进行金相观察。

（4）清洗：将制作好的试样用酒精擦拭干净，并用 KQ-50 型超声波清洗器做进一步清洗。

（5）电镜扫描及能谱分析：对清洗干净的试件缺陷位置，使用 S-4800 型场发射扫描电子显微镜进行电镜扫描及能谱检测。

5.2　铸坯切割时返渣积瘤压入所致的结疤

连铸坯火焰切割过程中逐渐形成的毛刺尖端锐利，在钢坯的运输过程中会划伤辊道表面等运输设备。如果毛刺不加以去除，在轧制过程中会在板材端部形成疤痕或表面镶嵌等类型的结疤缺陷，从而影响钢材质量和收得率。

全连续冷轧是带钢连续不停地在串列式轧机上进行轧制。经酸洗的热轧带钢在轧制前进行头尾焊接，通过活套调节不断的送入轧机进行连续轧制，最后经飞剪分切卷取成冷轧带卷。其生产工艺流程为：开卷→ 焊接→ 酸洗→ 轧制→ 退火→ 平整→ 分卷→ 入库。在进行焊接时，由于火焰切割过氧，所以熔融钢水冷却产生的毛刺是以氧化铁为主的物质，并且有一定的强度和韧性。在随后的轧制过程中，因为其主要成分为氧化铁与基体难以焊合，轧后脱落而形成坑状结疤缺陷。

5.2.1　典型实例检测

热轧钢板结疤缺陷试样钢板宏观形貌如图 5-2 所示。

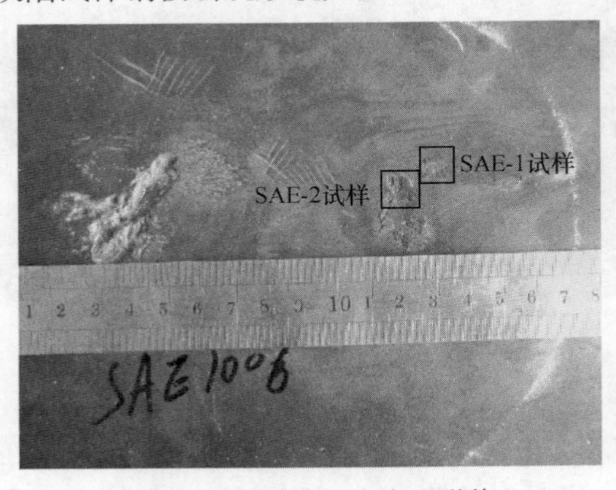

图 5-2　焊接瘤压入宏观形貌

由图 5-2 结疤缺陷宏观形貌可知：热轧板表面有两处压入状缺陷，结疤缺陷周围未见明显机械划伤。压入物与钢板本体没有连结，但粘合到板面上，易于脱落，脱落后形成较光滑的凹坑。在压入物未脱落缺陷处取样后，发现翘皮下面无明显杂质，颜色无异常。试件表面脱落后观察到底部缺陷形貌与坑状缺陷一致。

图 5-3 为热轧板结疤缺陷处微观组织形貌，图 5-3(a)、(b) 是不同倍数下的扫描电镜图像，通过扫描电镜可以看出热轧板结疤缺陷试样底部有大量呈簇集状颗粒，并且在大部分区域发现有裂纹存在而呈较疏松状态。缺陷底部有氧化特征，与基体相接处未发现韧脆性断口形貌，电镜扫描及能谱分析见图 5-4。通过扫描电镜及能谱分析可知此热轧板结疤缺陷试样处的主要成分为 Fe 与 O，缺陷中大量簇状颗粒为氧化铁颗粒且未发现其他夹杂物存在。

(a)

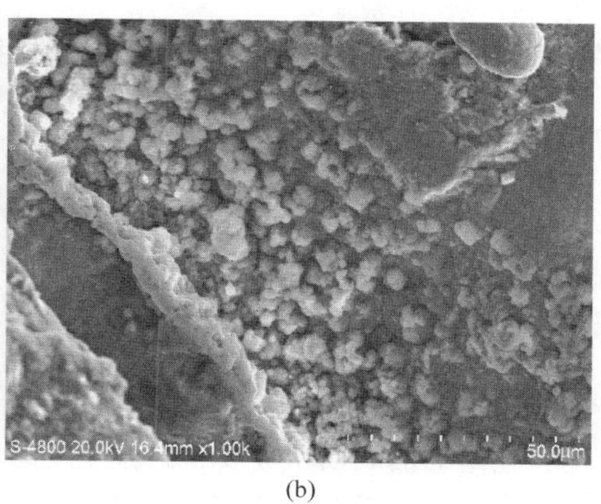

(b)

图 5-3 焊接瘤压入不同倍数下的微观组织形貌

(a) 100×；(b) 1000×

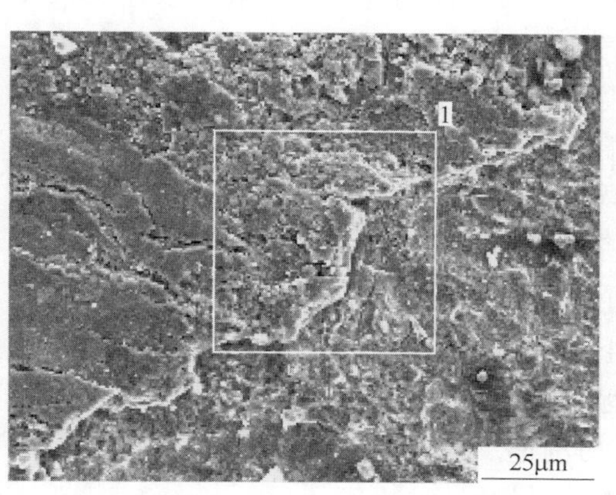

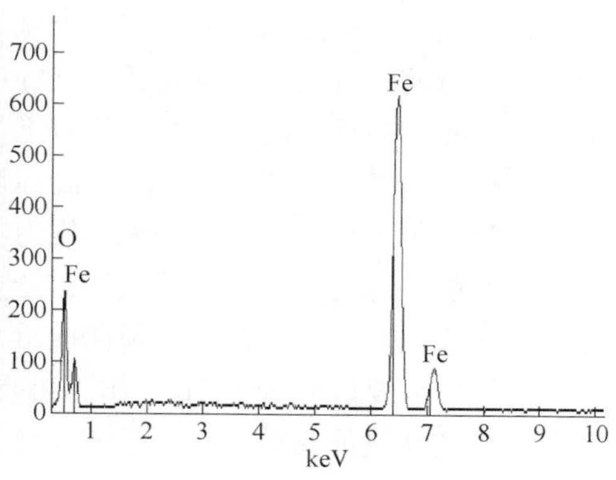

图 5-4 焊接瘤压入试样测试区 1 扫描电镜照片及能谱分析

5.2.2　原因分析

通过上述检测手段可知此热轧板试样结疤缺陷处的主要成分为 Fe 与 O。缺陷中均有大量簇状氧化铁颗粒且未发现夹杂物。根据缺陷形貌和其化学成分及生产流程综合分析，该缺陷的来源有两个方面，一是铸坯切割毛刺未能及时有效去除；二是连铸坯火焰切割过程中返渣积瘤，严重时会形成一个致密的渣钢长条牢牢地附着在铸坯的上表割缝处，这是由于铸坯在火焰切割过程中，割缝处的流动金属没能及时吹走，而是沿割缝向上溢出，积聚在铸坯上表端部形成。

火焰切割也称燃气切割，是利用气体火焰的热能将工件切割处预热到燃点后，喷出高速切割氧流，使金属燃烧并放出热量而实现切割的方法。其切割过程主要有以下几点：

（1）预热。火焰切割开始时，利用气体火焰将工件待切割处预热到该种金属材料的燃烧温度-燃点。对于碳钢其燃点一般为 1100~1150℃，可燃气体大多采用煤气或金火焰（丙烷），助燃气体为氧气。

（2）燃烧。喷出高速切割氧流，使已达燃点的金属在氧气流中激烈燃烧，生成氧化物。

（3）吹渣。金属燃烧生成的氧化物被氧气流吹掉，形成切口，使金属分离，完成切割过程。

铸坯切割的质量对钢铁生产来说是十分重要的，铸坯切割质量是指被切割完的铸坯断面的表面粗糙度、割缝宽度的均匀性、双枪切割时割缝的对齐性和切口上、下边缘是否有挂渣等。影响铸坯火焰切割质量的主要因素有气体压力和纯度、切割速度、割嘴的寿命。

氧气的主要作用是助燃可燃气体燃烧，达到金属燃点，同时氧化达到燃点的金属并吹走氧化渣。切割铸坯所用氧气必须要有较高的纯度，一般要求在 99.5%以上，一些先进国家的工业标准要求氧气纯度在 99.7%以上。由于金属靠氧化反应放出热量使割缝处金属熔化，氧气纯度降低后，割缝处金属温度降低，不仅切割速度下降，割缝也随之变宽，切口下端挂渣多并且清理困难。氧气压力是根据所使用的割嘴类型、切割的铸坯厚度而调整的；气体压力的稳定性对工件的切割质量也是至关重要的，波动的氧气压力将使切割断面粗糙不齐。氧气压力低，使氧化渣不能快速的吹走，造成返渣，严重时割不断铸坯；氧气压力过高，不但不能提高切割速度，反而使切割断面质量下降，断面粗糙，挂渣。

丙烷的主要成分为 C_3H_7，作为可燃气体，预热割件，使其达到燃点。压力不合适造成预热能量降低，也会影响到切割速度和切割质量。应根据铸坯的厚度、割嘴参数、火焰情况选择合适的压力并尽量保持稳定。

铸坯的切割速度是与铸坯在氧气中的燃烧速度相对应的。在实际生产中，应根据所用割嘴的性能参数、气体种类及纯度、钢种、铸坯断面来调整切割速度。切割速度直接影响到切割过程的稳定性和切割断面质量，切割速度过快会使切割断面出现凹陷和挂渣等质量缺陷，严重的有可能造成切割中断；切割速度过慢会使割缝过宽、切口上边缘熔化塌边、切割断面下半部分出现水冲状的深沟凹坑等，通过观察熔渣从切口喷出的特点，可调整到合适的切割速度。一般说来随着铸坯厚度的增加，切割的速度应降低；随着钢中合金元素含量的增加、燃点升高，切割速度也应相应调整。

割嘴的工艺参数和切割质量密切相关，通常割嘴使用寿命后期，由于受到氧气流的长时间高速冲击，割嘴出口孔径变大，造成氧气流离散，大大降低了割缝的效果，割缝变宽、断面粗糙、上下表积渣增多。为此应根据割缝的效果，及时更换割嘴。

通过以上分析，造成铸坯上表积渣增多的原因有：氧气纯度低，使用压力不合适或波动大；割嘴寿命后期扩径；不同钢种或断面，切割车走行速度设置不合适。

5.2.3 整改措施

针对连铸坯切割瘤或毛刺压入板材引起的结疤情况整改措施有：

（1）应严格控制割嘴寿命，稳定切割介质压力，优化切割过程，减少残留的连铸坯切割瘤，从而降低钢板上表结疤；

（2）在铸坯二切割后配备纺锤式去毛刺机，依靠光电管检测铸坯位置，自动控制毛刺机的升降，靠锤刀转动去除铸坯下表头尾部的毛刺。此外，为了强化铸坯毛刺的清理，每次检修时对毛刺机的刀头标高进行测量、调整，对去除不干净的随时更换刀头。

5.3 转炉碱性渣所致的结疤

5.3.1 终期转炉钢渣成分控制

终期转炉钢渣是指转炉炼钢任务完成后形成的转炉钢液。一般而言，终期转炉钢渣主要由 CaO、SiO_2、FeO_x 和 MgO 组成。这 4 种氧化物的含量可达总量的 90%（质量分数）以上，此外还含有一些其他的氧化物及硫化物。成分对转炉钢渣的矿相结构及最终板材质量有很大的影响，为了更好地研究转炉钢渣的矿相结构及最终板材质量，有必要先对它的主要化学成分进行充分认识。

二氧化硅：强酸性氧化物，占转炉溶渣的 8%～20%（质量分数）。转炉吹氧冶炼初期，铁水中的硅大量氧化形成二氧化硅，并释放出大量的热量，这部分二氧化硅是熔渣中二氧化硅的主要来源，称之为自生二氧化硅。此外，加入的造渣材料多少带有一些二氧化硅，称之为外加二氧化硅。熔渣中二氧化硅与石灰紧密相关，两者质量比即为表示熔渣性质的重要参数——碱度。因此，从某种意义上来讲，降低了转炉铁水硅含量就等于降低了熔渣石灰用量及炉渣总量。

氧化钙：强碱性氧化物，占转炉钢渣的40%~60%(质量分数)。石灰是一种重要的、经济的冶金资源，常作为冶金溶剂和脱磷、脱硫剂，也是水泥、建筑等行业的主要原料之一。为了实现转炉钢渣的良好冶金功能，转炉冶炼过程中常人为地加入一定量的石灰或石灰石等含氧化钙材料。这些造渣料是转炉钢渣中石灰的主要来源。转炉冶炼终期应控制熔渣中石灰的加入量。若钢渣中石灰含量过高，一方面加大了原料的消耗，另一方面也增加了终渣中未溶石灰的数量，给后续的转炉钢渣资源化利用带来不利。

氧化镁：碱性氧化物，占转炉钢渣的5%~15%(质量分数)。实际生产中，为减轻熔渣对镁质炉衬的侵蚀，人为地往熔渣中加入含镁材料（如菱镁矿、白云石等）至氧化镁饱和浓度。随着溅渣护炉技术的成功应用及推广，多数钢铁企业在转炉出钢后，以氮气为载体通过副枪或氧枪喷入镁质粉末材料，进行护炉操作。这一技术极大地延长了转炉炉衬的使用寿命，同时也增大了钢渣中氧化镁含量。转炉冶炼末期的溅渣护炉过程应按照工艺制度严格控制含镁材料的喷入量。否则，较高含量的氧化镁不仅浪费资源，恶化护炉效果，而且会使得冷态转炉钢渣的安定性变差，阻碍其资源化利用。一般而言，转炉钢渣的MgO含量在10%左右。

氧化铁：两性氧化物，熔渣中的氧化铁主要以FeO形态存在，其含量一般为转炉钢渣的20%~30%(质量分数)。转炉吹氧冶炼，必然使得铁水氧化为氧化铁，它和氧化铁皮、铁矿石等外加材料一起组成了熔渣的$\sum W_{FeO}$。熔渣中FeO的含量是转炉冶炼过程中一项极其重要的工艺参数，它表示了熔渣的氧化性，为铁水中一些元素（如Si、C、P等）的氧化反应创造了合适的氧化性环境；它是早期造快渣的重要条件之一，但也会给炉衬材料造成危害；它是溶渣黏度的调节剂，还会影响到熔渣的“返干”。理论和实践均表明，溶渣中$\sum W_{FeO}$控制在20%(质量分数）左右比较合适。

氧化磷：强酸性氧化物，转炉钢渣中P_2O_5的含量一般小于3%(质量分数)。转炉炼钢的主要任务之一就是使铁水中的磷完全或大部分氧化并进入熔渣，以获得优质的钢水。因此，炼渣中的磷主要来自铁水中磷的氧化产物。当前，为了进一步提高钢液中磷的去除率，对整体冶金流程进行统筹，从铁矿石配料制度、烧结技术、煤焦高炉技术到铁水预处理脱磷各个生产环节，都尝试进行了磷元素的先期去除，以尽量降低炼钢铁水的磷含量。

总之，随原料、钢种、工艺技术等条件不同，转炉钢渣的化学成分差异比较明显。但是，对于产品及冶炼技术成熟的钢铁企业来说，转炉钢渣的化学成分一般波动不大。

5.3.2 典型实例检测

转炉碱性渣所致结疤缺陷宏观形貌见图 5-5，由宏观形貌可见，结疤缺陷位于钢板端部，缺陷较为集中，呈现大面积凹坑，深度较大并有明显手感，坑内有部分突起，且存在灰褐色物质。

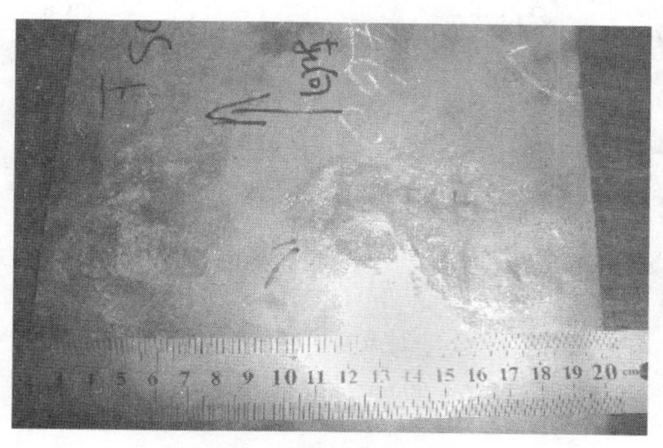

图 5-5 转炉碱性渣引起结疤缺陷宏观形貌

结疤缺陷电镜下不同倍数的微观形貌如图 5-6(a) 和 (b) 所示，由微观形貌可见，试样结疤缺陷处有大片层状物质脱落，且此层状物质与基体连结疏松，该缺陷处在放大 1000 倍的视场下如图 5-6(b) 所示，微观形貌在较大倍数观察下，结疤缺陷处存在大量的颗粒状物质，这些物质呈散沙状分布。

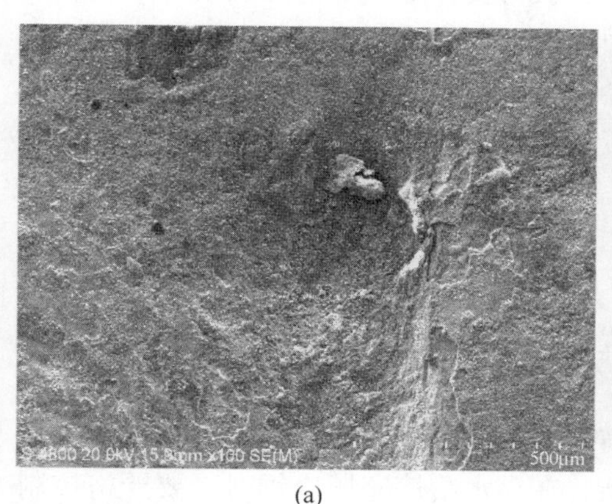

(a)

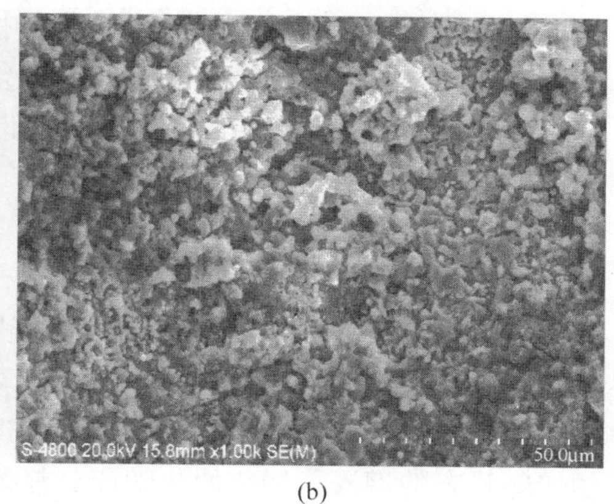

(b)

图 5-6 转炉碱性渣引起结疤缺陷微观形貌

(a) 100×；(b) 1000×

为弄清钢板结疤缺陷处颗粒状物质具体成分，在结疤缺陷处选取了典型形貌，对其进行了扫描电镜能谱分析。由图 5-7 扫描电镜能谱图及相应的成分分析可知，试样缺陷部位夹杂物较多，夹杂物是由较疏松颗粒组成的层状物质，且颗粒较均匀。颗粒状物质主要成分为 Ca，还含有部分 Mg、S 和极少量的 Si 元素，即结疤缺陷处夹杂多为复合夹杂，推测为 $CaO-SiO_2-MgO$。其中，氧化镁的含量较低在 5%以下。

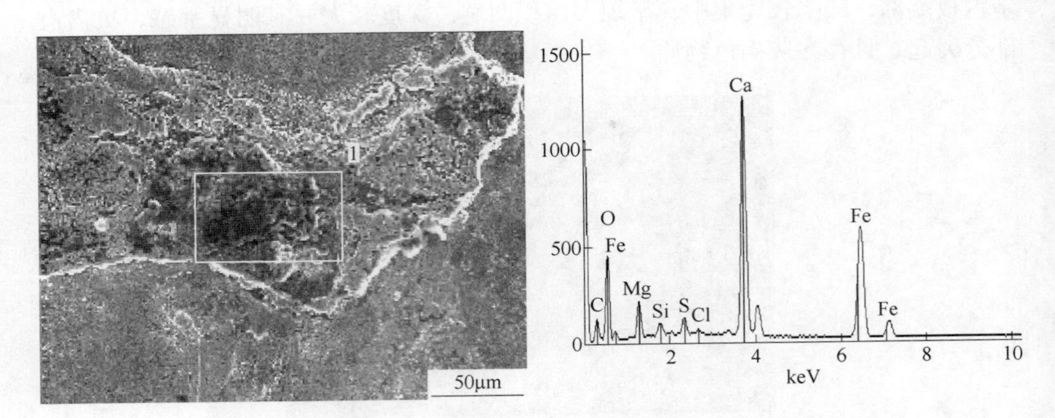

图 5-7　转炉碱性渣所致结疤试样测试区 1 扫描电镜照片及能谱分析

5.3.3　原因分析

根据夹杂物的成分以及分布状态，结合钢水冶炼过程可知，含氧化钙和少量氧化镁的夹杂主要来源于转炉碱性炉渣。层状物质含有一定量的铁，可知此缺陷是由部分炉渣与钢水反应，在轧制过程中大块夹杂物被轧碎脱落所致。因此，在炼钢过程中，若炉渣与钢水反应，常常会给钢水中带入 Ca、Mg 等元素。这些元素会随着浇铸、轧制等后续工艺流程，带入板带钢成品中，在轧制过程中大块夹杂物被轧碎脱落，引起结疤缺陷。

5.3.4　整改措施

为减少夹杂物的生成，转炉出钢过程中，现场应采取合理的冶炼制度，具体包括：

（1）合理改善挡渣设备与工艺。在转炉炼钢生产中，炉内冶炼时产生大量的熔融状态的钢渣，钢渣的化学成分复杂，在钢水冶炼完毕出钢时，要严格控制随钢水流入包中的钢渣量，合理改善挡渣出钢工艺。

（2）转炉冶炼在出钢环节中，减少补吹并尽量减少下渣量，适当降低熔炼终点的氧含量。

（3）合理冶炼制度。采取的技术措施有出钢挡渣、扒渣和炉渣改良，转炉出钢过程中渣洗脱硫，降低钢水硫含量是抑制硫化物夹杂危害最直接的手段。

（4）利用渣洗过程中液态高碱度脱硫熔渣与钢水重度差，促使熔渣在与钢水充分接触的同时，从钢水内部不同层面上不断上浮析出形成脱氧及脱硫产物，为后续钢水的钙处理创造条件，促进钢中夹杂物变性。

5.4 缩孔引起结疤

5.4.1 缩孔（松）简介

铸件在液态、凝固态和固态的冷却过程中所发生的体积减小现象，称为收缩。收缩的物理实质是原子间的距离随温度的下降而缩短，原子间的空穴数量减少。因此，收缩是铸造合金本身的物理性质。收缩是铸件中的应力及诸如缩孔（松）、热裂、变形和冷裂等缺陷产生的基本原因。

铸件在收缩时，往往在铸件最后凝固的部位出现孔，称为缩孔。容积大而集中的孔洞，称为集中缩孔，或简称缩孔，细小而分散的孔洞称为分散性缩孔，简称为缩松。

铸件中产生集中缩孔的基本原因，是合金的液态收缩和凝固收缩值大于固态收缩值。产生集中缩孔的基本条件是，铸件由表及里逐层凝固，缩孔就集中在最后凝固的部位。缩孔容积 V 等于所形成的薄壳冷却到某一温度 T_f 的体积 V_k，减去由薄壳紧紧包围的液态金属所形成的致密固态金属的表面冷却至同一温度 T_f 时的体积 V_s（见图 5-8），即

$$V = V_k - V_s$$

由凝固温度 t_s 降至 t_F，薄壳因固态体收缩其体积 V_k 为

$$V_k = V'_k[1 - \partial_{VS}(t_s - t_F)] = V_L[1 - \partial_{VS}(t_s - t_F)]$$

式中，V'_k为薄壳在 t_s 时的体积；V_L 为薄壳在 t_s 时包围的液态金属体积，近似地等于型腔中的液态金属体积；∂_{VS} 为金属的固态体收缩系数。

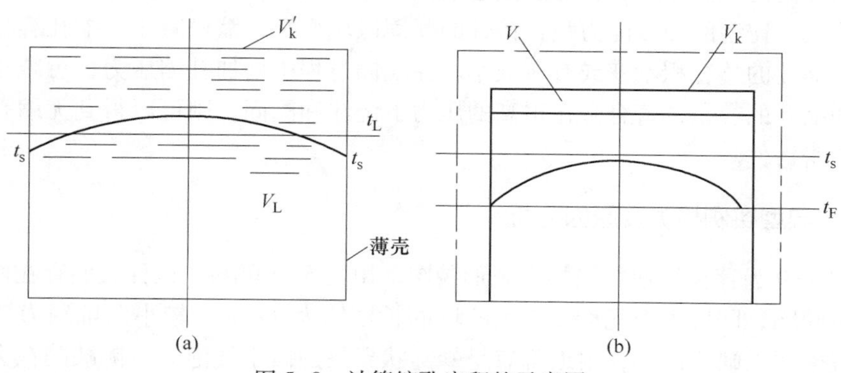

图 5-8 计算缩孔容积的示意图

（a）液态；（b）凝固状态

铸件中致密的固态金属体积 V_s 等于原液态金属体积 V_L 减去其全部收缩量。液态金属由平均湿度 t_L 降至 t_s 的液态收缩量为 $V_L\partial_{VL}(t_L-t_s)$；金属在凝固时的体收缩量为 $V_L\varepsilon_{VS}$；金属由凝固湿度 t_s 冷却至断面平均湿度 $(t_s+t_F)/2$ 的固态体收缩量为 $1/2V_L\partial_{VS}(t_s-t_F)$。$\varepsilon_{VS}$ 为金属液的凝固体收缩率。所以，致密固态金属的体积为

$$V_S = V_L[1 - \partial_{VL}(t_L - t_s) - \varepsilon_{VS} - 1/2\partial_{VS}(t_s - t_F)]$$

铸件中缩孔的容积 V 为

$$V = V_L[\partial_{VL}(t_L - t_s) + \varepsilon_{VS} - 1/2\partial_{VS}(t_s - t_F)]$$

式中，∂_{VL} 为金属的液态体收缩系数。

通过上式可以清楚地了解各种因素对缩孔容积的影响，如金属的 ∂_{VL}、ε_{VS}、∂_{VS}，铸型的激冷能力，浇注温度，浇注时间，铸件折算厚度 R 等。

缩松按其形态可分为宏观缩松（简称缩松）和微观缩松（显微缩松）两类。缩松常分布在铸件壁的中间区域、厚大部位、冒口根部和内浇道附近。形成缩松的基本原因和形成缩孔一样，是由于合金的液态收缩和凝固收缩大于固态收缩。但是，形成缩松的基本条件是合金的结晶温度范围较宽，倾向于体积凝固方式，或者是在缩松区域内铸件断面的温度梯度小，凝固区域较宽。铸件的凝固区域越宽，就越容易产生缩松。

对于一定成分的合金，缩孔和缩松的数量可以互相转化，但它们的总容积基本上是一致的，即

$$V_{缩总} = V_{缩松} + V_{缩孔}$$

总的缩孔容积决定于合金的收缩特性曲线，同时也受到其他条件的影响。铸件的凝固和补缩特性与合金成分有关，同时也受浇注条件、铸型性质以及补缩压力等因素的影响。

当提高浇注温度时，合金的液态收缩增加，缩孔容积增加，但对缩松的容积影响不大。铸型的激冷能力强，铸件的凝固区域变窄，缩松减小，缩孔容积相应增大，缩孔的总容积不变或有所减小。在凝固过程中增加补缩压力，可减小缩松而增加缩孔的容积，若合金在很高的压力下浇注和凝固，则可以得到无缩孔和缩松的致密铸件。

5.4.2 典型实例检测及原因分析

图 5-9 为存在结疤缺陷的宏观形貌图。由图 5-9 可知，试件表面存在两个明显凹坑缺陷，凹坑表面光滑，较大凹坑的长度约为 95mm，较小凹坑约为 30mm。仔细观察两处缺陷内部，附近都有呈蜂窝状聚集的微小气泡。右侧缺陷在大凹坑右侧还有两个面积较小的凹坑，特别是一较深凹坑底部已经轧漏，形成一条长 10mm 的横向裂纹。

图 5-9 缩孔引起的结疤缺陷的宏观形貌图

图 5-10 是试样结疤缺陷处的扫描电镜图像及能谱分析。通过图 5-10 分析结果可知，试样的凹坑缺陷内成分主要为 Fe 和 O，无明显夹杂元素，坑底处有较薄的氧化铁皮层。横截面观察基体与氧化层界限明显，基体内纯净，且该缺陷的特点是缺陷处明显有裂纹、孔洞存在，孔洞伴随裂纹出现。根据缺陷产生特点表明该缺陷是由于连铸坯内部的中心缩孔产生。连铸坯内部若存在中心缩孔，缩孔首先被压扁，被压破后会形成扁坑，造成结疤缺陷的产生。裂纹是该位置缩孔下表皮被压破出现的。流线型擦痕是缩孔边缘起皮，经轧制时轧辊的碾压和擦带形成的。

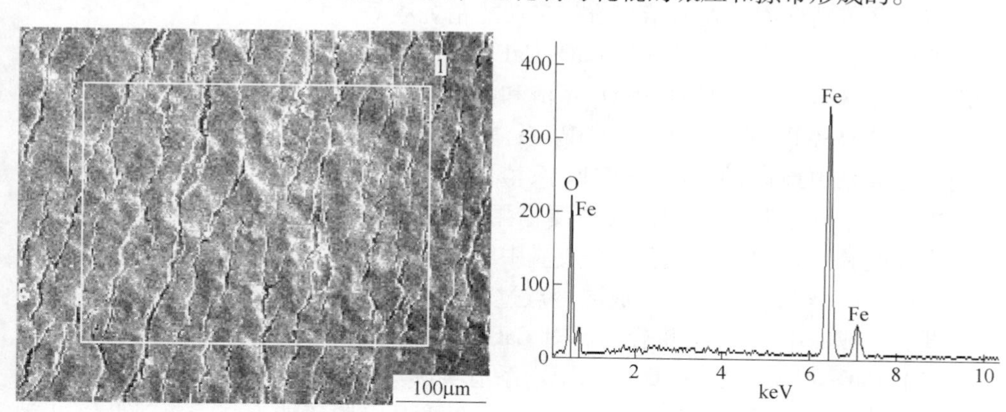

图 5-10 缩孔引起的结疤缺陷测试区 1 扫描电镜照片及能谱分析

5.4.3 整改措施

钢水在凝固过程中，由于钢液相对流动，凝固前沿不稳定，局部区域的柱状晶生长较快，造成柱状晶枝晶之间彼此搭桥，并且已形成的大颗粒等轴晶在下落沉积过程中，极易被柱状晶捕集形成搭桥，从而阻碍了钢液进入收缩孔穴，造成缩孔。钢水过热度、结晶前沿的凝固速度及钢水成分是影响铸坯缩孔的重要原因。钢水过热度较高及凝固速度较快，都将造成柱状晶的快速增长，形成较发达的柱状晶，极易造成搭桥进而形成缩孔。针对缩孔引起的结疤缺陷应重点对连铸环节工艺进行优化，主要对二冷配水、拉速是否合理等工艺因素方面进行排查。

（1）在生产、操作条件允许的情况下，尽量降低拉速，同时应保证低钢水过热度操作。

（2）将二冷水量控制在一个合理的范围内，即能将铸坯在凝固末端产生体积收缩，有利于减轻铸坯中心缩孔，又不至于使水量过大铸坯表面有可能重新回热，使铸坯产生其他缺陷。

5.5　精炼渣引起结疤

5.5.1　精炼渣分类及特点

在钢包精炼过程中向钢包中加入特殊配比的渣料，并在一定的条件下熔化成液态渣，达到精炼钢液、绝热保温目的的渣料，统称为精炼渣。精炼渣的选择对精炼的效果以及生产的顺利进行有重要的意义。合适的精炼渣的选择不仅可以提高产品的质量，而且会使设备的使用寿命延长，提高了企业的生产效率。

不同的精炼目的需要使用不同的精炼渣来完成。目前钢包精炼渣还没有统一的行业标准，生产企业制定各自的标准，名称和分类也不统一，有精炼渣、合成精炼渣、预溶精炼渣、发泡精炼渣、多功能精炼渣等。

按精炼渣的组成可将其分为 $CaO-CaF_2$ 系渣、$CaO-Al_2O_3$ 系渣、$CaO-Al_2O_3-CaF_2$ 系渣、$BaO-MgO-Al_2O_3-SiO_2$ 系渣和含铝灰的脱硫系渣等五种类型。

（1）$CaO-CaF_2$ 系渣。$CaO-CaF_2$ 系渣具有很强的脱硫、脱氧能力，其硫容量是二元渣系中最高的。$CaO-CaF_2$ 系渣的硫容量高达 0.030。$CaO-CaF_2$ 系渣中，本身并不具备脱硫作用，其主要作用是降低脱硫渣的熔点，改善渣的流动性，增加脱硫产物的扩散速度。合成渣中 CaO 与 CaF_2 应有适当比例，比值过高，合成渣中 CaO 含量较高，使合成渣熔点过高，流动性差，精炼效果并不明显；比值过低，合成渣中 CaF_2 含量较高，对 CaO 起了稀释作用，对脱硫不利。

（2）$CaO-Al_2O_3$ 系渣。$CaO-Al_2O_3$ 系渣实际为 $CaO-Al_2O_3-SiO_2$ 系渣，它应用于炉外精炼具有很多优良的冶金特性，如碱度高、脱硫能力强、氧势低，可起到扩散脱氧的作用；吸收夹杂物能力强，不含或少含氟。由于 CaF_2 含量对钢包耐火材料寿命影响较大，而且氟化物对空气污染比较严重。随着人们环保意识的增强，对氟化物的使用将越来越慎重。因此，可选用 Al_2O_3 代替或部分代替 CaF_2 以减少对环境的污染。近年来，针对 $CaO-Al_2O_3$ 基无氟或少氟精炼渣的开发较多，同样能对石灰起助溶作用，且活性低。因此，在精炼条件下，显示出良好的脱硫精炼效果。

（3）$CaO-Al_2O_3-CaF_2$ 系渣。由于原料中不可避免地会带入一些 SiO_2，因而

$CaO-Al_2O_3-CaF_2$ 系渣实际上就相当于是 $CaO-Al_2O_3-CaF_2-SiO_2$ 系渣。Kor 和 Richardson 等测定了 $CaO-Al_2O_3-CaF_2-SiO_2$ 渣系在 1550℃时的硫含量，测定结果表明，CaF_2 含量对渣中的硫含量影响很小，而脱硫效果主要取决于 CaO/Al_2O_3 的大小。当 CaO/Al_2O_3 值一定时，随 CaF_2 含量增加，硫的分配系数呈平滑抛物线，变化不大；而当 CaO/Al_2O_3 值增加时，硫的分配系数显著增加，当 CaO/Al_2O_3 大于 1.5 后，脱硫效果比较理想。

（4）$BaO-MgO-Al_2O_3-SiO_2$ 系渣。BaO 与 CaO 同属碱式金属氧化物，BaO 对钢液同样有脱硫作用，而且 BaO 基脱硫系渣往往较 CaO 基脱硫系渣有更高的硫容量。从热力学上分析，BaO 的脱硫能力比 CaO 强，BaO 的光学碱度是 CaO 的 1.5 倍。但以 BaO 为基的脱硫系渣未能在工业生产中大规模应用，其主要原因为自然界中 BaO 资源远不如 CaO 资源那么丰富，因此含 BaO 脱硫系渣的成本要高于通常使用的含 CaO 脱硫系渣，从而使其在实际应用中受到限制。

（5）含铝灰的脱硫系渣。铝灰是由铝电解时铝液面上的熔渣或铝铸造时铝液面上浮的粉渣，经加工凝成粉状，其含铝 15%~20%，其余成分是 Al_2O_3 和 SiO_2。

在设计精炼渣配方时，选用的原料根据其功能一般分为基础渣、脱硫渣、还原剂、发泡剂和助溶剂等。为达到不同的精炼目的，就需要不同的精炼渣的组成。

对精炼渣的基本要求是有合适的化学组成和粒度、适当的黏度、熔点等，同时在使用过程中尽可能的减少污染。精炼渣的熔点一般控制在 1300~1450℃，精炼渣 1500℃时的黏度一般控制在 0.25~0.6Pa·s。

5.5.2 精炼渣的主要成分与作用

CaO：调节渣的碱度，精炼渣中主要也是含量最多的成分，起到脱硫剂的作用与钢液中的硫元素结合形成硫化钙夹杂，从而被熔渣吸附去除。

SiO_2：降低熔渣的碱度，调节精炼渣黏度，对精炼渣起到助熔的作用，SiO_2 是表面活性物质，在合适的范围内调节其含量可以减小熔渣的表面张力，促进精炼渣发泡。

Al_2O_3：两性化合物，在酸性环境下呈碱性，在碱性环境下呈酸性，没有脱硫作用，但是可以与渣中的氧化钙、氧化硅形成低熔点的化合物，改善熔渣的流动性，使熔渣与钢液充分接触加快脱硫反应速度。含量过高容易引起熔渣碱度降低，反而降低了精炼渣的脱硫能力。

CaF_2：主要在精炼渣中起到助熔的作用，CaF_2 可以显著的降低精炼渣的熔点、黏度，从而减轻了 LF 炉的负担，降低电耗，缩短化渣时间，有些冶金工作者调查发现 CaF_2 在一定范围能也可以与钢液中的硫结合，降低钢液中的硫含量。但是 CaF_2 在高温下容易挥发出的氟气对人体有害，污染环境，在保证精炼渣熔点，脱硫能力的前提下应该尽可能地减少其含量。

MgO：碱性氧化物，MgO 在钢液中容易与钢液中的硫元素结合形成硫化镁，但是 MgO 脱硫能力比 CaO 弱，在精炼渣中可以调高 CaO 的活度，增加精炼渣的硫分配比。MgO 在熔渣中还有一个主要的作用是保护镁碳砖制成的炉衬，它的存在可以降低包衬的侵蚀。

BaO：BaO 相比于 CaO 来说碱性更强，有研究表明在熔渣中添加合适的 BaO 含量可以增加精炼渣的脱硫能力，向熔渣中增加 BaO 可以一定程度的降低精炼渣熔化温度，改善熔渣与钢液反应的热力学与动力学条件，BaO 在实际生产中属于辅助添加剂，相对于 CaO 来说成本较高。

Fe_2O_3：氧化铁含量标志着精炼渣氧化性的强弱，氧化铁含量越高那么精炼渣的氧化性就越强，由于 LF 工段中包内主要制造还原性精炼渣，因此说氧化铁含量越低越好。

碳酸盐化合物：主要指渣中的碳酸钙与碳酸镁，在精炼渣中主要起到发泡剂的作用。

5.5.3 典型实例检测及原因分析

精炼渣引起的钢板宏观缺陷见图 5-11，缺陷位置距钢板边部约 70mm，表现为直径约 20mm 的大面积疤坑，深度较大有明显手感，坑内有部分突起。

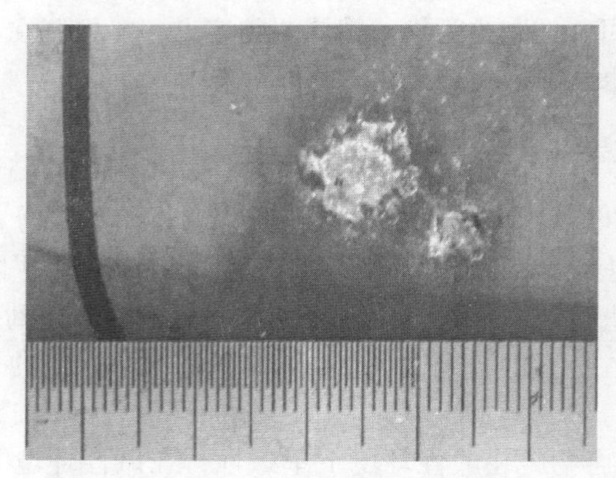

图 5-11 精炼渣引起结疤缺陷的宏观形貌

试样缺陷处扫描电镜的微观图像及能谱分析见图 5-12，经电镜扫描及微区分析可知：缺陷部位夹杂物较多，主要成分为 Ca、Si、Mg 并有少量的 Al 和 S 元素。缺陷处夹杂为复合夹杂，颜色较周围基体不同，从成分上分析 S 元素为脱硫残留成分；$CaO-SiO_2-MgO-Al_2O_3$ 为精炼渣成分，从含量上分析，精炼渣饱和 MgO 含量在 7%~11%，本次实验中 MgO 的平均含量为 5.7%，故该夹杂物主要是钢水精炼过程中精炼渣在非稳态浇铸条件下残留在钢中，来不及上浮随钢水进入结晶器，随温度的降低凝固在了坯料的表层形成大块夹杂物，在轧制过程中被轧碎脱落所致。钢水在精炼过程中，精炼渣在非稳态浇铸条件下残留在钢中，来不及上浮，随钢水进入结晶器，随温度的降低凝固在了坯料的表层形成大块夹杂物，在轧制过程中被轧碎脱落形成结疤缺陷。

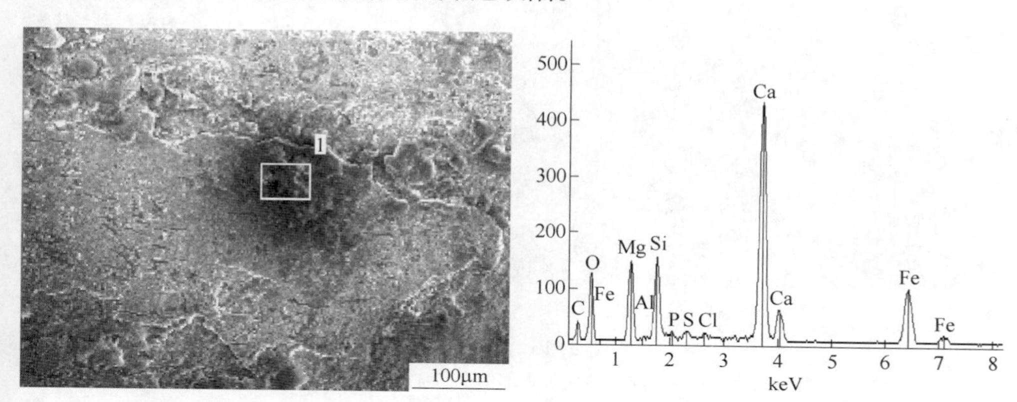

图 5-12 精炼渣引起结疤缺陷试样检测区 1 扫描电镜照片及能谱分析

5.5.4 整改措施

针对精炼过程和中间包，可采取以下控制措施：

（1）为了利于夹杂物的充分上浮，要保证精炼时足够的停留时间，真空吹氩搅拌去除夹杂物，并且适当延长钢水的吹氩时间。

（2）优化中间包钢液流场，促进夹杂物上浮，使用过滤器强制吸附夹杂物。

（3）应用磁旋转离心器，使比重相对较小的夹杂物和气体在离心力的作用下脱离表面而上浮。

（4）加大出钢挡渣管理力度，对挡渣车进行日常和临时校验，对挡渣塞质量进行抽查，确保出钢挡渣效果。

5.6 轧制工艺引起结疤

5.6.1 典型实例检测

图 5-13 为冷、热轧板典型结疤缺陷宏观形貌图。其中，图 5-13(a)～(c)为热轧板典型结疤缺陷宏观形貌图。如图所示，热轧板结疤以单个或成串凹坑出现，形貌为深浅不一、延伸量较小的凹坑。凹坑底部呈河床状，少数凹坑周围存在未脱离的疤皮。图 5-13(d)、(e) 为冷轧板典型结疤缺陷宏观形貌图。如图所示，冷轧板表现为大小不一的成串孔洞，孔洞附近伴有延伸的暗影。

取热轧板、冷轧板结疤缺陷未脱离疤皮的试样，沿轧向线切割，制样腐蚀后观察剖面。发现未脱离疤皮为黑色纤维状组织，疤皮为本体钢种成分，但并不与钢基相连。疤皮下方钢基部分为再结晶组织，如图 5-14 所示。

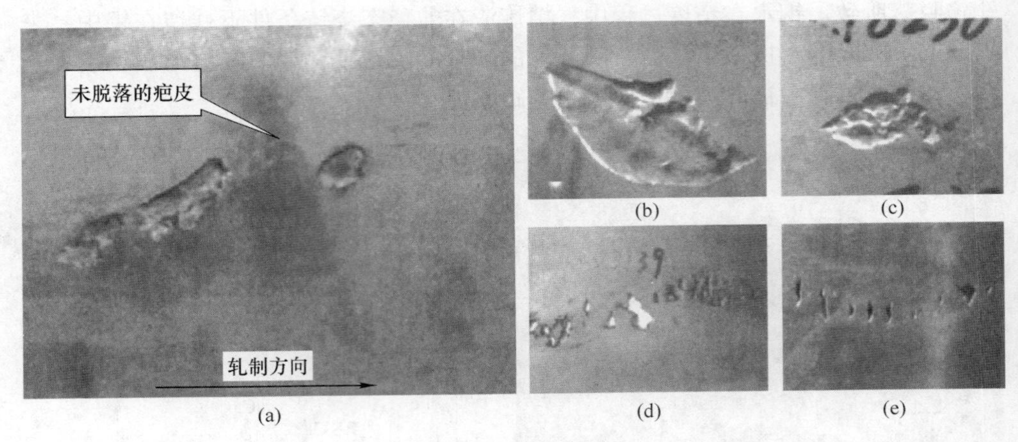

图 5-13 结疤缺陷

（a）热轧板表面；（b），（c）热轧板头部单个凹坑；（d），（e）冷轧板成串孔洞

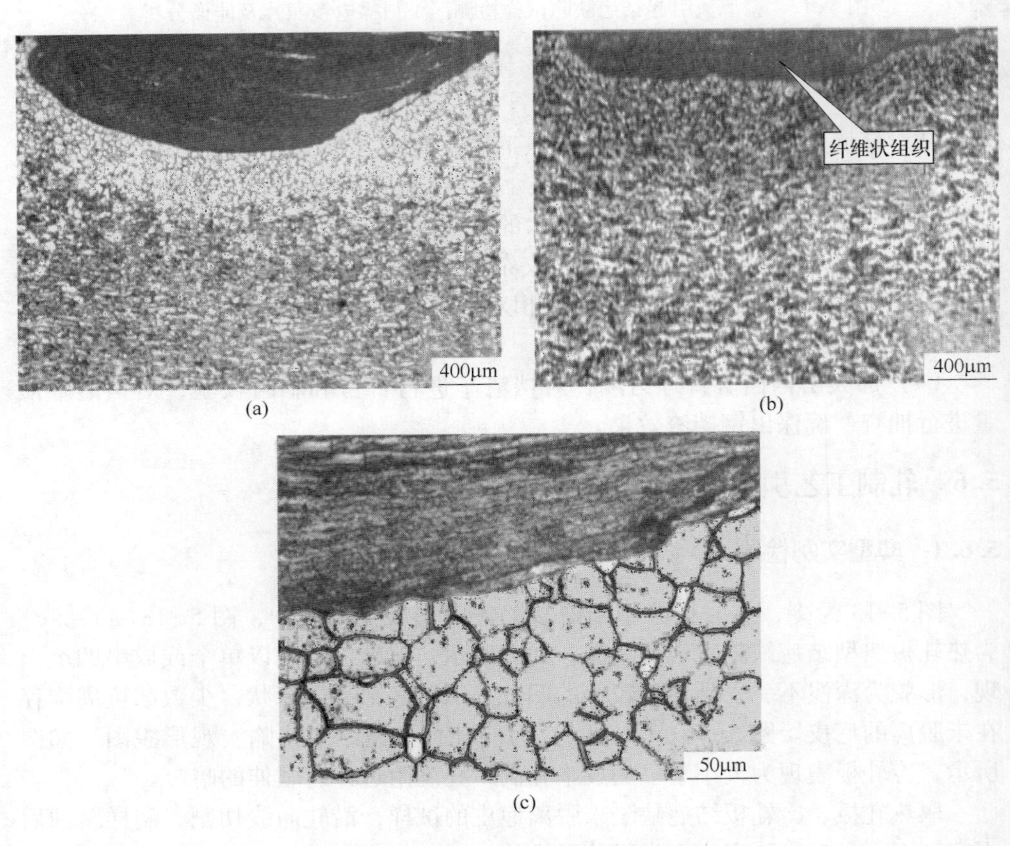

图 5-14 冷、热轧板疤皮处纤维状组织

（a）热轧板；（b）冷轧板；（c）纤维状组织与钢基组织（图（b）局部放大）

根据缺陷宏微观特征推断：（1）黑色纤维状组织在受剧烈撞击时才可产生，疤皮应是钢基受撞后的分离物；（2）疤皮延伸量不大，疤皮应产生于热轧精轧阶段；（3）热轧板结疤缺陷和冷轧板成串孔洞附近都存在黑色纤维状压入组织，表明冷轧板成串孔洞是热轧板结疤缺陷的继承。

5.6.2 原因分析

对热轧精轧工序进行长期定点观察，发现粗轧板常出现沿轧向的蛇行弯曲，热轧精轧阶段，钢板头部穿辊、轧制、尾部脱离轧辊过程中，存在钢板侧边撞击精轧机组侧导板的现象，撞击飞溅物落入钢板表面，并在后续机架压入钢板。黑色纤维组织结疤是在精轧板过程中，由于带钢高速运行，带钢的边部与侧导板不断发生摩擦，侧导板摩擦界面及其附近温度升高，其变形抗力降低、塑性提高、界面氧化膜破碎，伴随侧导板与带钢间的塑性流变，通过界面的分子扩散和再结晶而实现焊接，即摩擦焊接。

带钢边部组织由于温度不同而造成原子间的应力不同，应力小的部位会脱离带钢，被焊接在侧导板上形成许多毛刺。当毛刺累积到一定程度形成结瘤时，在高速运动带钢摩擦下被蹭掉，掉落到带钢的上表面，随机分布在带钢全长各处。结瘤在轧制压力作用下与带钢基体粘结在带钢表面形成大小不一、压入带钢表面轻重不同的结疤缺陷。侧导板产生结瘤主要受温度、带钢厚度及速度等因素的影响。

5.6.3 整改措施

避免钢板撞击精轧侧导板是控制结疤缺陷的关键，可从以下几方面控制：（1）避免轧辊中心线与钢板中心线偏离；（2）粗轧机组各机架上下辊与轧制线保持水平，上下辊辊缝与轧线高度保持水平，控制粗轧板蛇行弯曲现象；（3）保证精轧机组水平控制精度，提高轧制稳定性，减少跑偏撞击侧导板现象；（4）对精轧机组侧导板喷水润滑，减少撞击飞溅物数量。

6 氧化铁皮压入缺陷

带钢表面氧化铁皮的压入是影响带钢表面质量最常见的一种缺陷，不仅影响产品外观质量，降低带钢加工性能，严重时可导致材料失效。因此，掌握常见的几种氧化铁皮缺陷产生的原因及形成过程对实际生产具有一定的指导意义。据文献可知，影响此类缺陷的原因很多，大多包括高压水除鳞工艺异常、辊面氧化膜剥落与轧制工艺不合理等。笔者通过对带钢表面氧化铁皮缺陷的宏观形貌与微区成分分析，研究得出产生这种缺陷的原因并提出相应的预防措施。

6.1 氧化铁皮产生来源

氧化铁皮压入缺陷是钢板较常见的表面缺陷。氧化铁皮按缺陷的种类特征及形成原因主要分为四类：一次氧化铁皮、二次氧化铁皮、三次氧化铁皮和红铁皮；按生成的工序一般可分为炉生氧化铁皮、粗轧和精轧氧化铁皮、卷取后氧化铁皮、保护渣去除不净铁皮。氧化铁皮是一种混合化学物，由里至外依次为 FeO、Fe_2O_3、Fe_3O_4。

6.2 氧化铁皮的类型及形成机理

一次氧化铁皮传统上是指在加热炉中生成的氧化铁皮，其厚度一般为 2~3mm。一次氧化铁皮缺陷的产生主要是由于在粗轧阶段除鳞和侧压效果不好所致。其化学成分中含有炼钢保护渣成分，在钢板表面呈片状。二次氧化铁皮是指在粗轧过程中或粗轧后生成的氧化铁皮，其厚度一般 100μm 左右。三次氧化铁皮一般是指在卷曲前精轧过程中和精轧后产生的氧化铁皮。一般在低于 1000℃ 的温度形成。

四次氧化铁皮是指卷曲之后钢板表面形成的氧化铁皮。研究表明，三次氧化铁皮与钢板卷曲后在冷却过程中形成的氧化铁皮的结构和组成有着很大的不同。所以用四次氧化铁皮来区分室温下和高温时生成的氧化铁皮。不同的氧化铁皮其性能有着很大的差别，在钢板表面形成的缺陷相应也有着很大的差别。所以在判断氧化铁皮形成的缺陷时要根据其特征综合考虑。

国外学者在对氧化铁皮的结构研究中发现，热轧卷曲后形成的氧化铁皮结构为：内层是 FeO，中间层为 Fe_3O_4 和最外层极薄的 Fe_2O_3。学者将四次氧化铁皮分为三种结构类型，如图 6-1 所示。

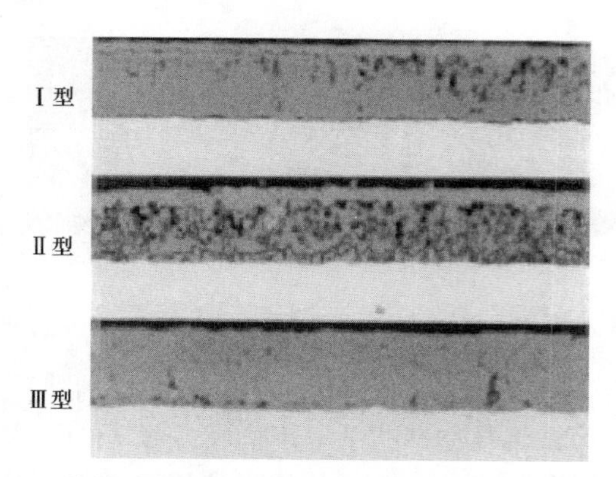

图 6-1 热轧带钢表面中心区域形成的 3 种类型的氧化皮

Ⅰ型氧化皮。大部分是残余 $Fe_{1-y}O$，以及在靠近原始 Fe_3O_4 层附近形成的先共析 Fe_3O_4。

Ⅱ型氧化皮。包含大量残余 $Fe_{1-y}O$，并在 $Fe_{1-y}O$ 层内和靠近 $Fe_{1-y}O$ 层/体界面处形成了明显连续的 Fe_3O_4 层，Fe_3O_4 析出量明显多于第Ⅰ类氧化皮。

Ⅲ型氧化皮。由原始 Fe_3O_4 层附近区域中的 Fe_3O_4 析出物，基体附近的 Fe_3O_4 析出物及 Fe_3O_4+Fe 共析物和少量残余 $Fe_{1-y}O$ 的混合物组成。

以上的 3 类结构的四次氧化皮，是在热轧时形成的三次氧化皮在冷却过程中 $Fe_{1-y}O$ 层发生转变的结果。不同结构类型的氧化铁皮其性能不同。冷却速度和 CT 两方面共同影响着氧化铁皮的结构，如图 6-2 所示。

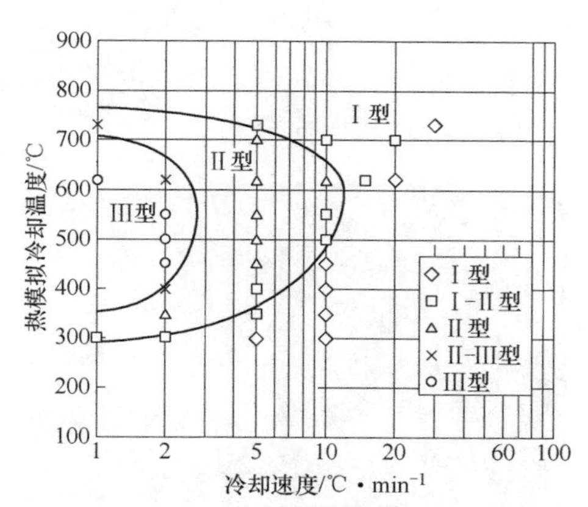

图 6-2 带钢中心 3 种氧化皮组织与 CT 和冷却速度的关系

热轧板卷在卷曲后由于不同部位有着不同的冷却速度，导致不同部位生成的氧化铁皮类型不同。钢卷在宽度上边部和中部，钢卷的外圈和内圈由于其散热条件不同有着不同的氧化铁皮结构。图 6-3 为钢卷在卷曲后宽度上不同部位生成的氧化铁皮宏观照片。

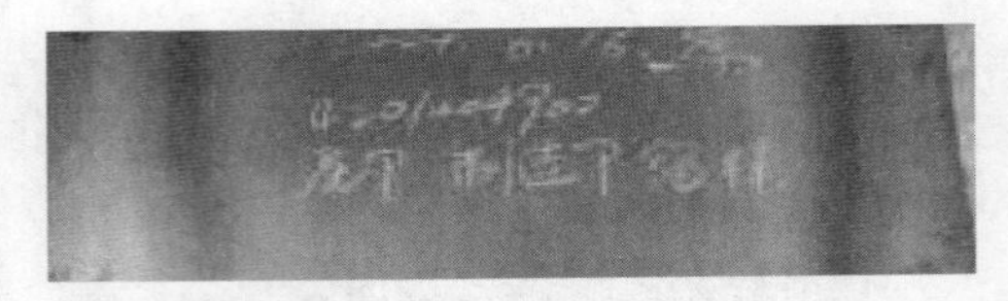

图 6-3 热轧带钢板宽方向“四次氧化皮”的结构示意图

6.3 实验材料及方法

试样材料来源于某钢厂的带钢钢板，在来样钢板的典型缺陷部位各取 1 个 10mm×10mm 试样备用，将制作好的试样用酒精擦拭干净，并用超声波进行专业清洗，用 S-4800 型扫描电镜（SEM）及其附带的能谱仪（Noran7）分析缺陷处的微观形貌和化学成分。

6.4 一次氧化铁皮的形貌及产生原因分析

6.4.1 典型实例检测

炉生氧化铁即一次氧化铁皮，是由于在热轧进行之前，板坯要在加热炉内高温加热，并在一定温度下保温数小时，此时由于炉内存在氧化性气氛，加热与保温期间会在板坯表面形成一层 1~3mm 厚的氧化铁皮，主要由 Fe_3O_4 组成。

图 6-4 所示为一次氧化铁皮的宏观图片。由图 6-4 可见，热轧钢板的表面粗糙不平，色泽发暗且大块的鳞状的黑色组织被压入基体内，在黑色的组织上有细小的纹路，位置较为集中，呈片状分布在钢板表面。由于氧化铁皮材质硬而脆，塑性较差，无法与基体同步延伸，故经轧制后，铁皮呈小颗粒状，挤压基体呈凹坑，其凹坑有一定的方向性，沿轧制方向分布。

图 6-4 热轧带钢氧化铁皮缺陷试样宏观图

图 6-5 为热轧带钢缺陷处的微观形貌。从图 6-5(a) 明显可看到细小纹路与

块状鳞片的分布与形貌；从图 6-5(b) 可看到，黑色缺陷呈明显的压入状态，且其组织呈疏松状态；从图 6-5(c) 可以看到试样的横断面氧化铁皮的厚度为 2.0mm。图 6-6 是试样缺陷处扫描电镜图像及能谱分析，图 6-6 表明，缺陷部位的主要成分是 Fe、O，可知其为氧化铁皮成分。根据表面形貌与氧化铁皮压入的深度可判断氧化铁为一次氧化铁。

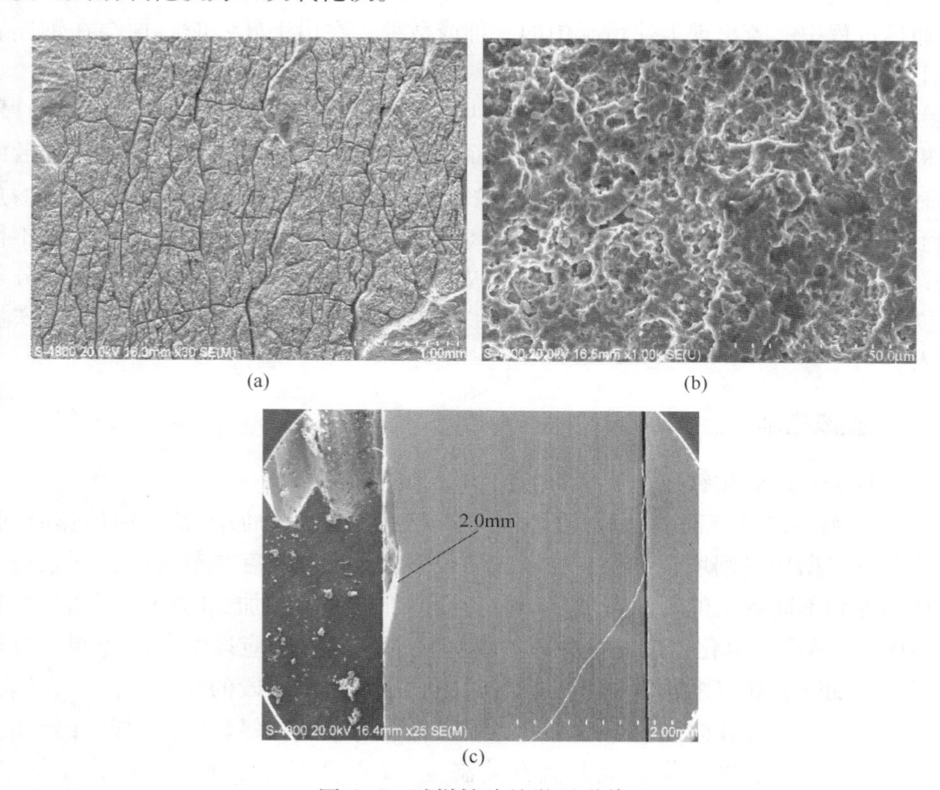

(a) (b) (c)

图 6-5 试样缺陷处微观形貌

(a) 试样缺陷表面 30×；(b) 试样缺陷表面 1000×；(c) 试样缺陷横断面 25×

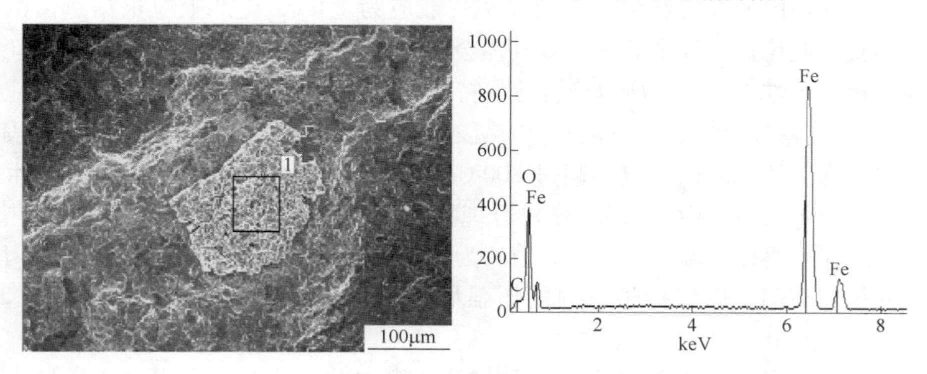

图 6-6 试样测试点 1 扫描电镜照片及能谱分析

6.4.2 原因分析

一次氧化铁皮产生的主要原因如下：（1）钢坯在加热炉内被加热到的温度过高和被加热的时间过长。（2）加热炉内气氛不好，供入的风量过大。（3）加热炉内出现了负压强，吸入了冷空气。（4）煤气中的氧化性气体——水分过多。在加热过程中，若出现上述情况中的一种或数种，在出钢轧制时，便会在钢坯表面上产生不易被清除掉的一次氧化铁皮。

导致一次氧化铁皮压入可能的三种原因：（1）由于初生的氧化铁皮较厚，与板坯本体有较强的界面结合力，高压除鳞水很难彻底将其清除，从而在随后的轧制过程中压入带钢表面。（2）由于除鳞机维护不利，例如部分高压水喷嘴角度不正确、堵塞或严重磨损以及喷射距离不佳等则会引起板坯表面局部除鳞不彻底，形成沿带钢长度方向的条状氧化铁皮压入。（3）残留在板坯表面有部分氧化铁皮未被高压水或侧喷水冲净，则在随后的轧制过程中亦会引起氧化铁皮压入。

6.4.3 整改措施

从减少一次氧化铁皮生成量，给出如下预防措施：

（1）钢坯加热方面的预防措施：1）严格控制钢坯的加热温度和加热时间。加热工应根据加热钢坯、钢种、轧制成品规格以及轧制速度和节奏的不同来控制各种钢种和不同规格的钢坯在加热炉内各段的加热温度和加热时间。例如，在轧制 Q195 等易产生氧化铁皮的钢种时，钢坯头部轧制温度应按中下限控制，也可采用快速加热方式以缩短其钢坯的在炉时间，特别是高温段的在炉时间。在轧机停轧时，应根据停轧时间的长短来适当地降低炉内温度，停轧一段时间开始轧制时，钢坯的加热温度应提前提升到开轧温度。2）合理控制炉内空燃比及气氛。在正常生产中，供入炉内的空气量应根据煤气热值的变化而变化。当煤气质量一般时，供入炉内的煤气和空气量的比率一般应为 1∶2，生产上应根据热值的变化来调整空燃比；炉气中的 SO_2 等气体会在还原性气氛中形成硫化物等使钢坯表面的氧化铁皮难于去除，所以应设法保持炉内的氧化性气氛。在轧机停轧时应降低加热炉内各段的供风量，特别是均热段的供风量，其降低的幅度应比加热段稍大一些，降低的标准以烟温不超过 800℃，风温不超过 500℃为准。做好排水工作，以减少带入煤气中的水分。3）合理控制炉内压强。在正常生产时，加热炉内的炉压应始终保持微正压，压力值约为 5~6Pa；在轧机停轧时，应适当关闭加热炉的烟道闸门，以保持炉膛内的压强始终为正压，且比正常轧制时高出 2~3Pa，不低于 10Pa。

（2）钢坯的化学成分方面的预防措施：钢中的一些合金元素对于钢坯表面

氧化铁皮的生成也有一定影响，碳、硅、镍、铜、硫等会促进钢表面的氧化铁皮的生成：而锰、铝、铬等却可以减缓氧化铁皮的生成。例如，硫与钢发生化学反应生成液态的硫化铁，不但会促进氧化铁皮生成而且还会增加氧化铁皮与金属的接触黏度，从而增加氧化铁皮的消除难度。对此应要求在轧钢的上道工序炼钢过程中设法降低有害化学元素的含量和增加有益化学元素的含量。

（3）轧制生产管理方面的预防措施：为了预防钢坯的表面产生氧化铁皮，轧制过程中应采取以下措施：1）在轧机停轧时，调度人员应准确确定轧机停轧的时间，以便于加热工进行加热停轧保温操作；2）在故障消除或停轧检修完成前，调度人员应提前一段时间通知加热工，以便于其进行加热升温操作；3）加热炉降温一段时间开轧时，应按开轧温度出钢，不得急加热；4）除鳞设备出现故障或者其除鳞能力下降时，应在故障消除后再恢复生产；5）工段长在接到质检反馈的氧化铁皮信息后，应及时对钢坯的加热温度、加热和轧制节奏、除磷点等加以调整，必要时还需对除磷设备加以检查。

另外，欲有效防止一次氧化铁皮压入缺陷，应确保整个轧线的高压水水压正常、过滤网无阻塞、除鳞水喷嘴畅通喷射角度正常、高压除鳞水量充足、适宜的延迟喷射时间、调整喷嘴与钢板表面的距离和喷嘴的密集程度等，充分发挥除磷机组的除磷能力。

6.5　二次氧化铁皮的缺陷形貌及产生原因分析

6.5.1　典型实例检测

图 6-7 所示为热轧带钢表面试样缺陷区域，呈黑色的梭形条带分布，沿轧向有变形，呈梭状或柳叶状，缺陷区域内可看到大量的细小凹坑，用手摸有明显的凹凸感。

图 6-7　带钢黑色氧化铁皮缺陷试样宏观图

图 6-8 为试样缺陷位置扫描电镜不同倍数下的微观形貌图，如图所示，试样缺陷区域内有较多横向突起的条纹，并且存在大量凹坑（见图 6-8(a)）。凹坑区域内有大量的表面疏松组织（见图 6-8(b)），呈现疏松状的氧化铁皮性能。图 6-9 为试样缺陷处扫描电镜图像及能谱分析，经能谱成分分析可知，缺陷处存在 O、Fe 元素，证实该颗粒状组织为氧化铁（见图 6-9）。

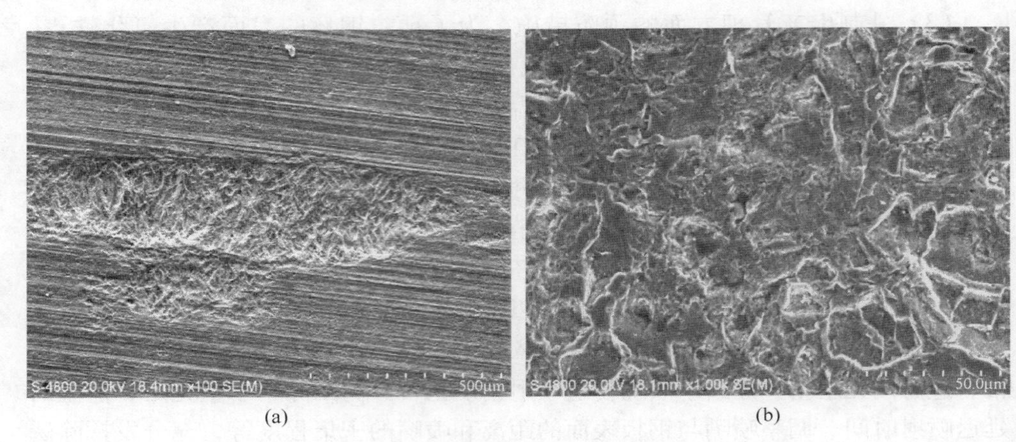

(a)　　(b)

图 6-8　带钢试样缺陷处微观形貌

（a）试样缺陷表面 100×；（b）试样缺陷表面 1000×

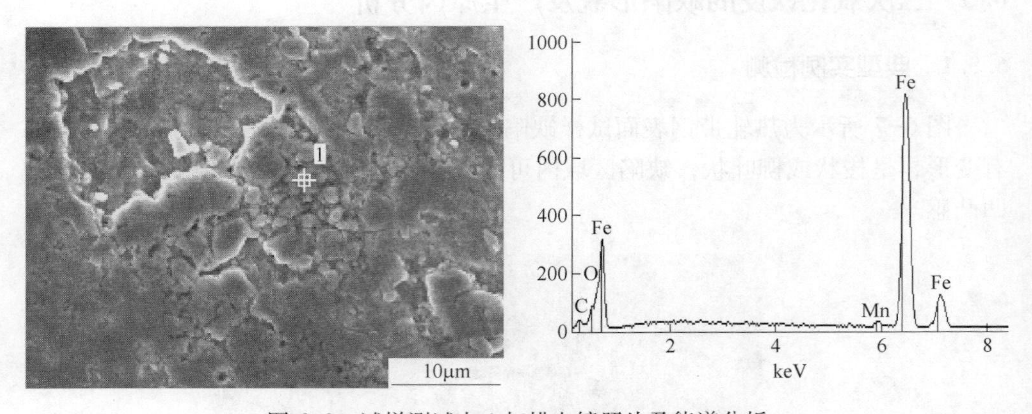

图 6-9　试样测试点 1 扫描电镜照片及能谱分析

6.5.2　原因分析

由上述分析可知，其氧化铁皮压入组织在带钢表面的分布呈现长条、压入状；沿轧制方向带状分布，且此长条状缺陷随轧制方向明显为延伸，故可判断为二次氧化铁皮的压入。二次氧化铁皮在带钢轧制过程中产生于板坯在粗轧及粗轧传输过程中，通常在每个道次或每几个道次采用除鳞机除去二次氧化皮。而导致板坯表面氧化铁皮压入的原因是：热轧钢坯经高压水除去一次鳞后进行粗轧，在粗轧过程中钢坯表面与水和空气接触，产生了二次鳞（即二次氧化铁皮，颜色为红色，鳞层主要成分为 FeO 和赤铁矿 Fe_2O_3 等），其受水平轧制的影响厚度较薄，钢坯与鳞的界面应力小，剥离性差；如果喷射高压水不能完全除去二次鳞而进行精轧，那么残留在钢板表面的氧化铁皮在钢坯表面就会产生压入的缺陷。

6.5.3　整改措施

针对产生二次氧化铁缺陷的原因，采取如下措施：

（1）严格控制粗开轧温度。当温度高时，经过除鳞后的高温钢坯会迅速生成二次氧化铁皮，而且在高温下氧化铁皮呈熔融状，难以去除。由于氧化铁皮的熔点为 1030℃ 左右，为保证有效除鳞，应采取适当措施，以降低带坯表面的温度。

（2）应有效控制除鳞时序，预防高压水除鳞系统故障的产生，并保证足够的水冷能力。

6.6　三次氧化铁皮的缺陷形貌及产生原因分析

6.6.1　典型实例检测

现有冷轧带钢试样如图 6-10 所示，从宏观上观察试样表面发现有长度约为 1.0~2.0mm 的黑色点状密集分布的缺陷，深度严重程度不等。缺陷点沿轧制方向分布，具有一定周期性规律，并形成一定宽度的缺陷带。沿轧向有变形，触摸时无粗糙的感觉，表面凹凸不平，缺陷较为均匀。

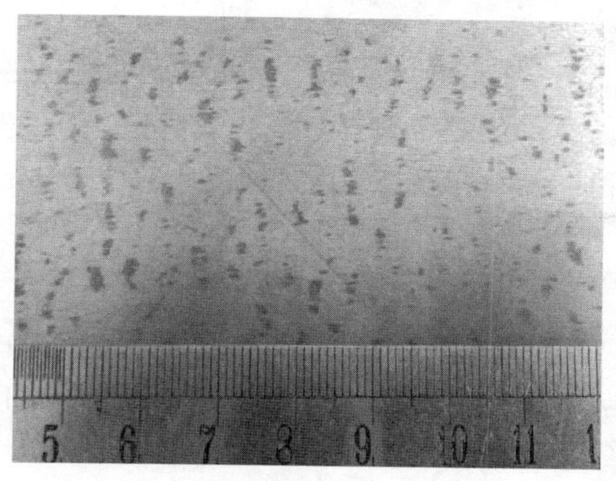

图 6-10　冷轧带钢点状氧化铁皮缺陷试样宏观图

图 6-11 为试样缺陷处微观形貌。由微观形貌可知，试样缺陷区域内有较多横向突起的条纹，并且存在大量凹坑（见图 6-11(a)）和疏松组织（见图 6-11

(b))。图 6-12 是试样缺陷部位的扫描电镜及能谱检测结果，通过能谱分析可判断图 6-11(b) 的疏松组织主要是由 Fe 与 O 组成的氧化铁（见图 6-12)。综合分析氧化铁皮形貌及深浅程度，可判定其为三次氧化铁皮。

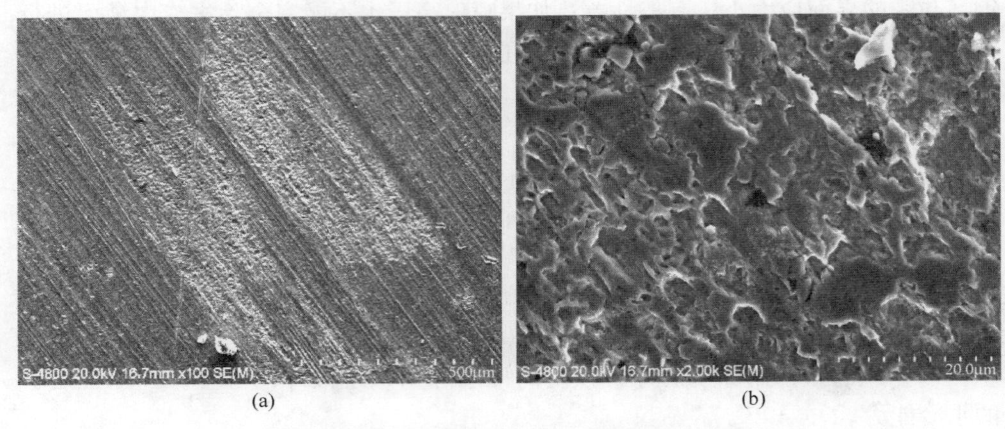

图 6-11　冷轧带钢试样点状缺陷处微观形貌

（a）试样缺陷表面 100×；（b）试样缺陷表面 2000×

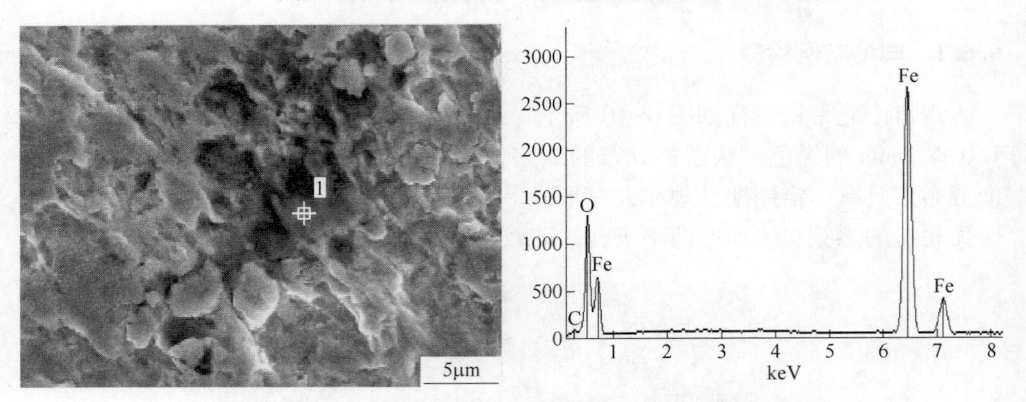

图 6-12　试样测试点 1 扫描电镜照片及能谱分析

6.6.2　原因分析

三次氧化铁皮一般在精轧机架产生，主要成分为 FeO、Fe_3O_4 和 Fe_2O_3。工作时精轧工作辊承受巨大的交变载荷，当达到疲劳极限时，由于辊面老化使得辊面氧化膜产生剥落现象。

因此，三次氧化铁皮主要是辊面氧化膜剥落造成的。一方面，剥落的辊面氧化膜粘附在热轧带钢表面，从而在后续机架工作中被碾入带钢表面致使形成三次氧化铁皮的压入缺陷；另一方面，由于工作辊面氧化膜的剥落，使得辊面变得相当粗糙，在带钢变形区，前后滑的作用使工作辊与热轧带钢产生相对运动，这时辊面凸出的部分对带钢表面产生类似犁沟的作用，而这种作用使沟中露出的新鲜表面在水和大气中氧化形成三次氧化铁皮。在后续机架中变形的咬入初期，沟两侧的氧化铁皮由于先变形而破碎进而落入沟中，与沟中生成的三次氧化铁皮一道，在继续变形过程中被碾入带钢表面而形成氧化铁皮缺陷。

6.6.3 整改措施

根据三次氧化铁皮产生的原因可知，采取如下措施来有效防止三次氧化铁皮的形成：

（1）通过限制中间坯的厚度和提高轧制节奏，缩短带钢在轧机机架间的停留时间，从而减缓氧化铁皮的增长。

（2）开启精轧机组的前三机架间的冷却水，这样不仅可以保证终轧温度，而且还可以减缓氧化铁皮的增长并将其去除。

（3）加强轧机的日常维护，如：控制好冷却水，轧辊冷却均匀可以延长轧机工作辊的寿命，保护辊面，从而提高带钢的表面质量；改善水质，可减缓轧辊的表面腐蚀，提高使用寿命；优化热轧润滑工艺，合理应用氧化抑制剂，做好辊面氧化膜保护及维护工作等。

6.7 红色氧化铁皮缺陷形貌及产生原因分析

6.7.1 典型实例检测

在带钢生产中，红色氧化铁皮缺陷主要存在于含 Si 高的特定钢种上。图 6-13 为冷轧带钢红色氧化铁皮缺陷宏观图。此缺陷表面较平整、较薄、不易擦下去，沿板宽分布比较均匀，呈明显的红色或红褐色特征，一般靠近边部 100mm 内稍重些，卷外部比内部重些，钢板越厚红色越重。这种红锈氧化铁皮与钢的基体结合较为紧密，经酸洗后难以去除，最后导致产品涂漆后出现表面斑点。

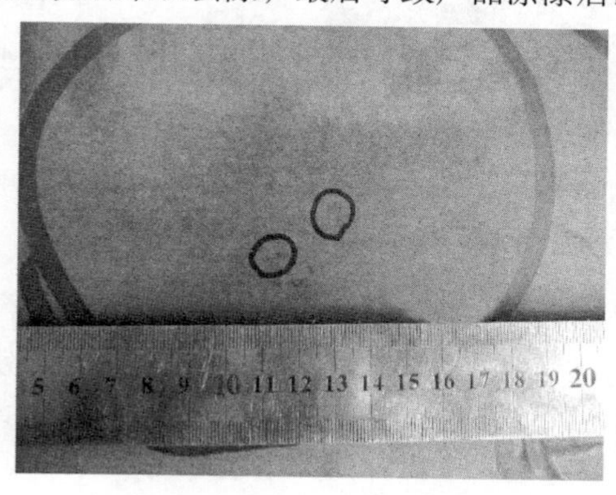

图 6-13 冷轧带钢试样氧化铁皮缺陷宏观图

图 6-14 为红色氧化铁皮缺陷的微观形貌。从图 6-14 可以看到红色氧化铁皮表面状态较为平滑，无明显深度，其主要附着在刚体基体上（见图 6-14(a)），组织仍为疏松状态（见图 6-14(b)）。图 6-15 是试样缺陷部位扫描电镜及能谱检测结果，从图 6-15 的能谱分析可知，缺陷处含有 O、Fe 及 Si 元素，通过微观形貌及能谱可知，缺陷处为含有 Si 元素的氧化铁组织。

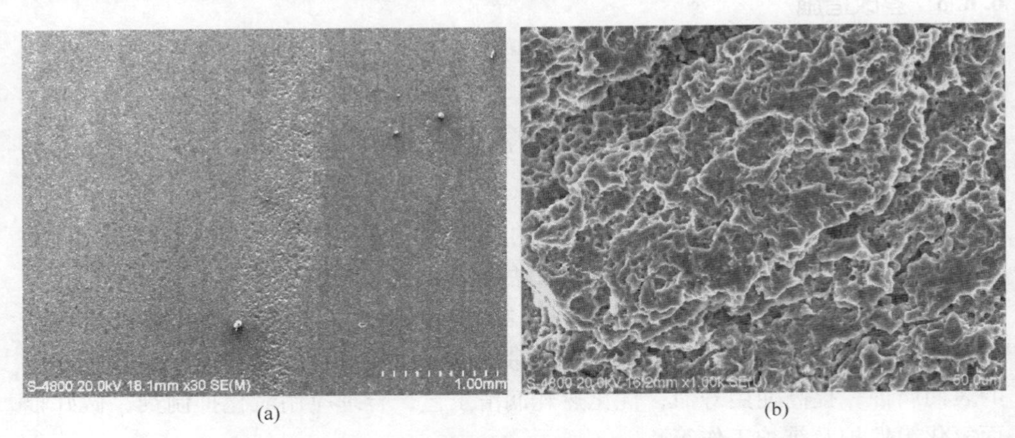

图 6-14　冷轧带钢试样缺陷处微观形貌

（a）试样缺陷表面 30×；（b）试样缺陷表面 1000×

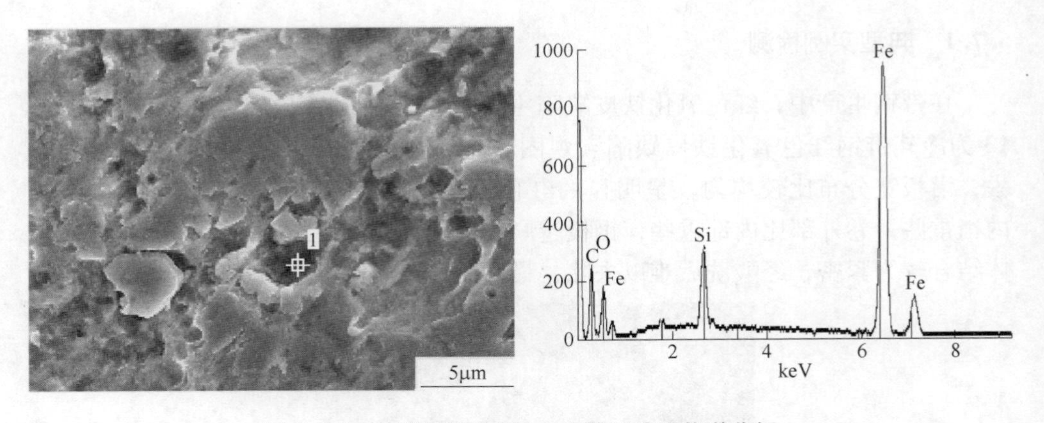

图 6-15　试样测试点 1 扫描电镜照片及能谱分析

6.7.2　原因分析

含 Si 量较高的钢，其氧化铁皮剥离性差，氧化铁皮易残留，导致随后的氧化过程中 Fe_2O_3 比例高，使氧化铁皮呈红色。这是由于，含 Si 在 0.2%以上的钢，由于加热时在氧化铁皮与基底金属界面产生层状的 Fe_2SiO_4($2FeO \cdot SiO_2$)，其为凝固温度 1170℃，在热轧除鳞时界面温度使 Fe_2SiO_4 由液相还原成固相，形成熔融状态后便会以楔形侵入氧化铁皮与钢基中，导致氧化铁皮的剥离性不好。要除掉这种氧化铁皮，需要30~40MPa的压力，目前一般除鳞设备难以达到。因此FeO容易残留下来，致使除鳞不彻底。残留的FeO在后续粗轧、精轧、层冷和卷取过程中继续与空气中的氧反应，生成Fe_3O_4和Fe_2O_3，其中Fe_2O_3比例越高，红色就越深。

6.7.3 整改措施

由于热轧钢板红锈氧化铁皮的产生与该钢中硅含量较高，轧制过程各工序温度控制较高等因素有关，采取了以下技术改进措施。

（1）调整钢种的化学成分：在保证不降低整体力学性能的基础上，降低Si含量，通过调整化学成分，避免生成难以去除的Fe_2SiO_4（$2FeO \cdot SiO_2$）氧化铁皮。

（2）重新制定热轧工艺制度：适当下调热轧各工序的温度制度，如板坯出炉温度、精轧入口温度、终轧温度和卷取温度等，从而降低氧化铁皮的生成量和避免生成红色的Fe_2O_3。

（3）及时清除钢板残留水。精轧机后与1号矫直机前增加氮气或高压风吹扫装置，用来吹扫钢板表面的残留水，减少二次氧化的发生。

（4）提高轧辊的磨削精度。轧辊表面光洁度波动较大，这是因为在磨削时磨床颤动，在轧辊表面形成磨削痕迹，对钢板表面红锈的产生影响很大。

（5）增加冷却水过滤系统。目前使用的冷却水水质差，含氧化铁皮多，对钢板表面实施冷却时，容易在钢板表面产生“红锈”，因此，建议增加一套过滤装置，对冷却水进行过滤后再使用。

7 孔洞缺陷

冷轧钢板由于其表面质量好，尺寸精度高，再加之退火处理，机械性能和工艺性能都优于热轧薄钢板，所以其用途很广，但冷轧板在生产过程中由于生产工艺流程长，精度高，很容易出现孔洞、边裂、起皮、氧化铁压入、凹坑等表面质量问题。其中孔洞缺陷是冷轧薄板中危害最严重的缺陷之一，由于缺陷部位必须切除后才能够使用，大大降低了冷轧钢板的成材率，不仅使冷轧厂下游用户生产效率大为降低，甚至造成质量异议，严重影响企业产品的信誉。

因此，为有效控制冷轧钢板孔洞缺陷出现的几率，作者采用SEM扫描电镜及EDS能谱仪等试验手段，针对冷轧钢板成品中常见的孔洞缺陷进行特征分析，分析讨论其产生的原因和机理，并提出有效的建议、措施及方法，为冷轧钢板生产中该类缺陷问题的解决提供参考依据。

7.1 试验材料及方法

对缺陷的宏观形貌进行观察，并记录其特征。在缺陷较明显处取样，尺寸为10mm×10mm，所取试件能反映出全部缺陷特征，取样时尽量贯穿缺陷处，便于观察其横截面上的缺陷组织形态。将制作好的试样用酒精擦拭干净，并用KQ-50型超声波清洗器进行进一步清洗。用S-4800型扫描电镜（SEM）及其附带的X射线能谱仪分析缺陷处的微观形貌和化学成分。

7.2 孔洞缺陷类型及研究现状

国内外把孔洞缺陷按形成原因及机理可细分为缩孔、气孔、渣孔、砂眼四大类。

（1）缩孔：关于缩孔国内外学者对其研究很深入。缩孔一般出现在铁水最后凝固的地方，是铁水凝固时的体积收缩得不到金属液的及时补充而产生的枝状缩孔。缩孔分为集中缩孔及缩松。

对于缩孔的形成机理，各国铸造研究者自50年代以来在球铁凝固及收缩特性方面作了大量研究。处在液相线温度以上区域时，本身将产生液态体积收缩的部分，可通过浇注系统本身进行后续补充。当铸件表面的温度下降到凝固温度时，浇注系统的内浇道已经凝固，与之连接铁水的连接通道就被断开。随着温度的进一步下降，已凝固了的铸件外表层因固体收缩而使尺寸缩小。随后内部凝固还在继续进行，还会发生凝固收缩。当铸件内外部全部凝固后，在铸件顶部表面往往就会形成缩孔缺陷。

缩孔的影响因素大致有铁水化学成分、碳当量、孕育及球化处理、铸型刚度、浇注温度、铸件本身模数、浇注系统及冒口等多种因素。国内外一般解决的方法有：补贴和冷铁的应用；加压补缩法；调整浇注条件法；铁水成分及球化剂控制法；合理的浇注系统设计及冒口应用等。现在很多国内铸造企业，研究用计算机数值模拟技术来解决曲轴缩孔，这是解决问题的一条捷径，值得推广。

（2）气孔：气孔是球墨铸件比较常见的缺陷。在铸件废品中，气孔缺陷占很大比例，特别是在湿模砂铸造生产中，此类缺陷更为常见，有时会引起成批报废。球墨铸铁更为严重。按产生原因分为两类气孔：析出性气孔与反应性气孔。

1）析出性气孔是铸件金属液在冷却及凝固时，金属液中的气体滞留在铸件内而产生的气孔。其气孔分布特点比较密且集中，形状多呈团球形或其他不规则形状。

2）反应性气孔是金属液内部合金元素之间反应及铸型和金属液之间发生化学反应所生成的气体而形成的气孔。这种气孔通常分布在铸件表面 1～3mm 下，只有铸件表面经过加工后，才在表面显现，所以又称为皮下气孔，其形状多为球形或针状孔洞。反应性气孔分为内部与外部两种形成方式，铁水与铁水中的合金元素反应生成的气孔是内部的，而铁水与铸型或孕育剂等反应生成的气体属外部的。出现的部位一般在曲轴的小头部位，形状多数呈针状，存在于铸件表皮之下，往往热处理打砂后，铸件表面可见。

气孔是在铸件成型过程中形成的，形成的原因比较复杂，有物理作用，也有化学作用，有时还是两者综合作用的产物。有些气孔的形成机理尚无统一认识，因其形成的原因可能是多方面的，国内外普遍认可的主要有氢气、氮气、一氧化碳等学说。

（3）渣孔：渣孔是曲轴铸件孔洞缺陷比较常见的。因它由铁水中或铁水凝固过程中的夹杂物即熔渣形成，所以又称夹渣或渣眼。这种缺陷存在于铸件表面或内部，其孔洞内是非金属夹杂物，形状不规则，颜色因渣质不同而变化，用外观检查、机械加工或探伤手段可发现。渣孔会严重降低铸件的强度、耐磨及疲劳性能。

一般由铁水中的被氧化的夹杂物滞留在铸件内形成。它的形成机理与非金属夹杂物形成有密切关系。国内外对非金属夹杂物形成及影响因素研究比较深入，非金属夹杂物包含初生、二次及次生夹杂物。渣孔的形状不规则，颜色因渣质不同而不同。

1）初生夹杂物的形成。一是夹杂物的偏晶结晶：铁水在熔炼及炉前处理时，常会在结晶过程中最先析出夹杂物，这属于偏晶反应。发生偏晶反应的原因是铁水的浓度由于孕育剂、球化剂等辅料的进入而存在着浓度起伏，金属内部出现形成夹杂物元素的聚集区，该聚集区液相浓度达到一定值时，将会析出初生夹杂物。二是夹杂物的聚合长大：初生夹杂物析出时，虽然尺寸仅有几个微米，但通过它们粒子间的相互不断碰撞及聚合，促其长成速度惊人，致使夹杂物由微小迅速长大。

2）次生夹杂物的形成。次生夹杂物的形成过程比较复杂，更多的与铁水凝固时偏析液相中重新分配的溶质元素有密切关系。由于这种夹杂物是从偏析液相中形成的，它们被保留在凝固区域的液相内，凝固结束时，被挤到初晶晶界上，大多分布在铸件上部或断面中心。

3）二次夹杂物的形成。铁水与大气接触表面形成一层氧化膜。如氧化膜不致密，遭到毁坏，毁坏的表面又会生成新的氧化膜，若未遭到毁坏，能阻挡氧原子继续向内部扩散，氧化过程被终止。表面氧化物在充型过程中卷入铁水内部，由于温降速度很快，未能及时上浮至表面，留在铸件中形成二次氧化夹杂物，它的形成与化学成分、铁水液流的状态有关。

金属过滤技术是在浇注系统中放置过滤片，对进入型腔的铁水通过过滤片滤去夹杂物的方法。此方法是解决渣孔最普遍的方法，此项技术在1970年才刚刚开发。目前铸造厂多采用泡沫陶瓷过滤片，因它可以滤去铁水中直径特别微小的夹杂物，远比直孔陶瓷过滤片效果好。

（4）砂眼：砂眼是曲轴孔洞类缺陷的另外一种缺陷，一般存在于铸件表面，肉眼能看到，影响铸件的强度、耐磨性等，因此在要求的铸件品质标准中，砂眼也是不允许存在的。

砂眼是在铸件内部或表面残留有多余砂粒而形成的孔眼。它是曲轴铸件较常见的铸造缺陷，其形成原因多数为砂型或芯砂抗铁水冲刷强度低，被铁水冲刷下来的砂块或粒混在铁水中，当铁水凝固时，没有及时浮入横浇道或冒口顶端而留在铸件内部或表面。曲轴砂眼产生的位置多数在铸件的表面。曲轴砂眼与湿型砂的特性有密切的关系，曲轴砂眼的解决重点是湿型砂质量的控制。

如何解决曲轴孔洞缺陷，一直是国内生产及研究的重点。值得注意的是，必须根据其生产方式不同，采取相对应的措施来控制其缺陷的发生。

7.3　夹杂引起的孔洞缺陷

在实际生产中造成孔洞缺陷的原因以夹杂为主。这是在炼钢工艺过程中，由于某些部位处理不当，产生卷渣现象，再加上钢水流动性差，夹杂物来不及上浮，存留在铸坯中，在冷轧过程中由于局部区域延伸性较差形成孔洞缺陷。夹杂引起的孔洞特征表现为：孔洞撕裂状韧窝状断口，或呈月牙形，孔洞单个出现或者成串出现，边缘无明显的机械擦伤；在钢板的正面、反面，其形貌、尺寸差异不大，是正常拉裂的孔洞。按照夹杂的成分可将其分为3类：（1）含Ti元素的夹杂。（2）含Na、K、Ca、Si、Al等元素的复合夹杂。（3）Al_2O_3夹杂。

7.3.1 夹杂物影响钢板质量的作用机理

夹杂物对钢质量的危害，主要是影响到钢的疲劳寿命和韧性，从而进一步影响到设备的安全性及稳定性。夹杂物对钢质量的影响主要从以下三个方面分析：

（1）钢中每类夹杂物的热膨胀系数各不相同，大多数情况下夹杂物的膨胀系数比奥氏体要小。因此，在后续冷却过程中会产生不同于基体的张应力和压应力而导致破坏的出现。即使在夹杂物的热膨胀系数与钢基体相差不大的情况下，残余应力的分布没有多大的危害，但是会导致夹杂物与基体分离，产生自由表面。因为压入或挤出的缺陷更易于存在于自由表面，这种自由表面比存在正常压缩应力的夹杂物-基体界面对滚动接触疲劳裂纹的形成更敏感。

（2）夹杂物大都是脆性的，由此会产生裂纹而导致钢中应力集中并发展。即使存在单一的不破碎夹杂物，也可能导致机械性能的不均匀从而改变局部的应力分布，进一步影响钢的疲劳寿命。

（3）几乎所有的非金属夹杂物与钢都存在弱的结合界面。在钢的变形处理过程中沿塑性应变方向上，夹杂物存在的界面处会产生不变形张力，这将导致孔洞的形成进而影响钢的质量和性能。和钢相比，氧化铝和铝酸钙在钢的变形温度下屈服强度更大，从而更易形成孔洞。在超过5GPa的接触压力作用下，滚动接触疲劳测试表明：相对和基体一起变形的硅酸盐夹杂出现寿命减低。

7.3.2 夹杂物的数量、尺寸及分布对轴承钢质量的影响

钢的寿命会随着夹杂物数量增加和尺寸增大而降低；相反夹杂物如果都很细小且能够分散分布，对钢的疲劳寿命提高有很大帮助。钢的旋转弯曲疲劳极限随着夹杂物尺寸的增大而降低，且裂纹萌生都对应有一个最小的临界夹杂物尺寸。Nagao等采用极值统计法计算了夹杂物的尺寸后，研究滚动接触疲劳寿命与最大夹杂物尺寸间的关系时发现：不考虑夹杂物的类型，夹杂物尺寸的增加会导致滚动接触疲劳寿命的降低。

夹杂物的形状各不相同，有方块状、圆球状、条形状、链状、不规则形状等。对于硬而脆的氧化物夹杂，由于它容易划伤金属基体并引起应力集中，孔洞出现于夹杂物和基体界面结合力降低的位置。对于细长的硫化物，孔洞出现于颗粒断裂成小的碎片，细长的硫化物对断裂性能也有重要的影响。

同一个夹杂物，它到钢表面的距离不同，其对钢的危害程度也不同。裂纹源一般出现在钢受到的最大切应力处（距离表面约0.35~0.55mm），夹杂物距离这

个位置越远，越可以减小其对钢的危害。

钢的生产过程中产生夹杂物是不可避免的，控制夹杂物的分布越来越重要，因为它主要决定着在关键部位大夹杂物存在的可能性。小尺寸的夹杂物对裂纹的形成作用不大，但会加速裂纹的扩展。断裂经常由大的夹杂物引起，然后在小的夹杂物周围出现孔洞并长大。夹杂物尺寸对轴承钢疲劳寿命的影响表现为一种非线性关系，如图 7-1 所示。如果夹杂物数量多但是尺寸细小，轴承钢的疲劳寿命也可以很高，而少量的大尺寸夹杂物则会明显降低轴承钢的疲劳寿命。一般认为，大尺寸夹杂物（>5μm）对轴承钢的疲劳寿命会有严重的危害，小尺寸夹杂物（≤3μm）的危害较小。

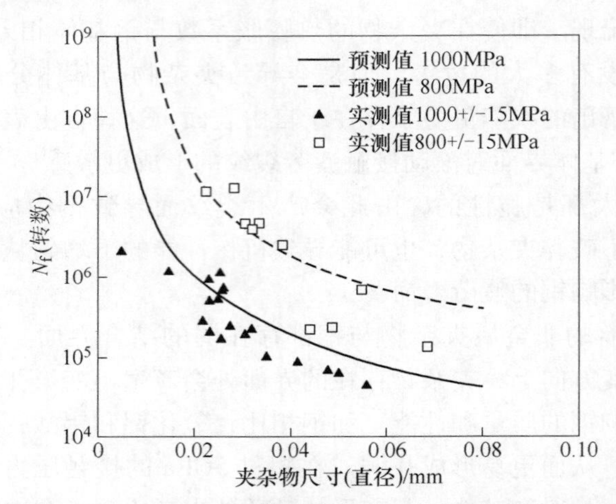

图 7-1　模型预测和实验室研究的夹杂物尺寸对滚动轴承寿命的影响

7.3.3　含 Ti 元素夹杂引起的孔洞缺陷

7.3.3.1　钛夹杂研究

钢中钛夹杂主要包括 TiN 或 $Ti(C_xN_{1-x})$，多呈菱形或方形，其形貌特征如图 7-2 所示。图 7-2(a) 是金相试样上的钛夹杂，图 7-2(b) 是电解萃取的钛夹杂。一般认为钢中的钛夹杂主要是 TiN 或 $Ti(C_xN_{1-x})$ 夹杂。TiN 是面心立方结构，熔点 2930℃，该夹杂在明场下呈亮黄色。通常呈规则几何形状并为橘黄色，比较容易识别。TiN 中的 N 能被 C 置换形成碳氮化物 $Ti(C_xN_{1-x})$，它的色彩为黄玫瑰或玫瑰紫色，其颜色随着碳含量的变化而变化。随着碳含量的升高，碳氮化钛的颜色加深，其硬度也升高。

TiN 与钢液湿润性差，1550℃时接触角为 93°～132°，不易被钢液湿润，但与各种不同的渣有良好的湿润性。碳氮化钛夹杂随着 C 摩尔比增加，与钢液的润湿性变好。钛夹杂的硬度比 Al_2O_3 夹杂的硬度大，严重影响帘线钢的疲劳寿命，尤

(a)

(b)

图 7-2 钛夹杂的形貌特征

（a）金相试样上的钛夹杂；（b）电解萃取的钛夹杂

其是在氧化物夹杂稀少时，其危害性更为明显。如图 7-3 所示，TiN 夹杂尺寸比氧化物夹杂大，但其危害性比氧化物夹杂大。

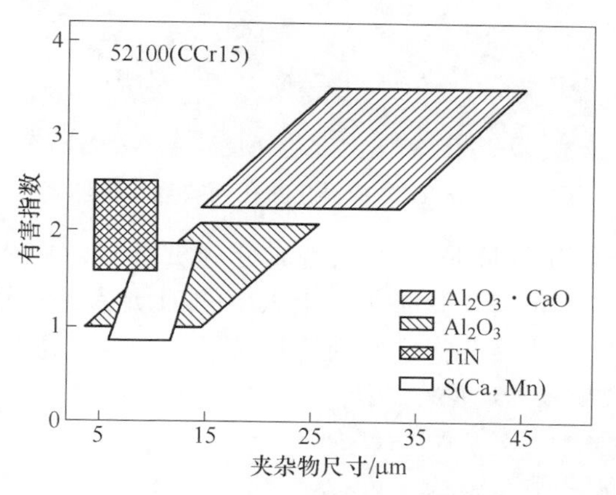

图 7-3 夹杂物的有害指数比较

钛夹杂的控制是生产钢板的主要任务之一。帘线钢在凝固过程中析出的钛夹杂在热处理过程中不容易固溶，会在随后的加热及热轧过程中保留下来，从而对钢材的加工性能、产品的韧性以及疲劳性能都会产生很大的危害。因此，钛夹杂物的存在是钢板在生产过程中破断的主要原因之一。

为了使钢产品获得理想的品质，国内外钢铁企业都在想办法尽可能提高钢的纯净度，控制元素偏析，减少钢中夹杂物，尤其是以钛夹杂为代表的非氧化物脆性夹杂物。为了控制帘线钢中的钛夹杂，目前存在两种意见：有人认为，在目前钢液中氮含量不能明显降低的情况下，控制钢液中钛含量是较为有效的手段；也有学者认为，要把钢液中的钛含量控制到较低水平，是很不实惠的，因为通常的做法是选择价格昂贵的低钛合金，因而降低钢液中的氮含量也许更容易和经济。总而言之，为了降低钛夹杂对帘线钢性能的影响，必须尽量控制钢中的 Ti 和 N 含量在较低水平，同时控制凝固偏析使其分布弥散化。

7.3.3.2　典型实例检测及原因分析

含 Ti 元素的夹杂，一般认为这类夹杂属大包渣下至中包再卷入结晶器所致。由图 7-4 含 Ti 元素夹杂引起的孔洞缺陷宏观形貌可知，孔洞在一定的宽度范围内沿轧制方向分布，孔洞大小不一，较大孔洞周围伴随数个小孔洞，分布无规律。

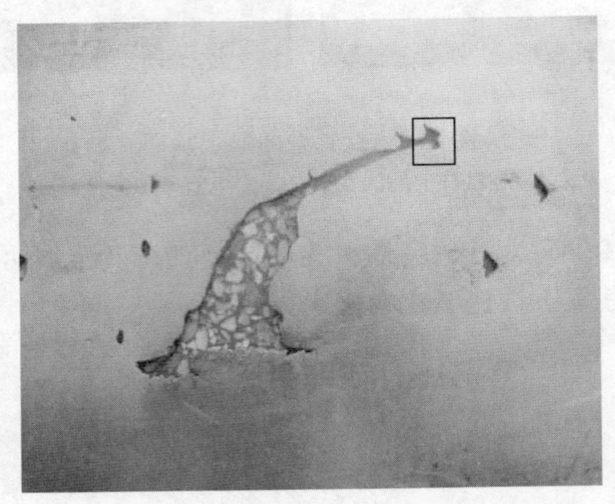

图 7-4　含 Ti 夹杂引起的孔洞缺陷宏观形貌

由图 7-5 孔洞缺陷 SEM 形貌及能谱成分分析可知，夹杂的主要成分为 Ti、O，其中还有 Si、Al、Mg 等。这是由于钢水中的 Ti 元素，极易与钢水中的 N、C 形成氮化钛、碳化钛。该夹杂物呈规则的几何形状，熔点高，塑性很差，与硅铝

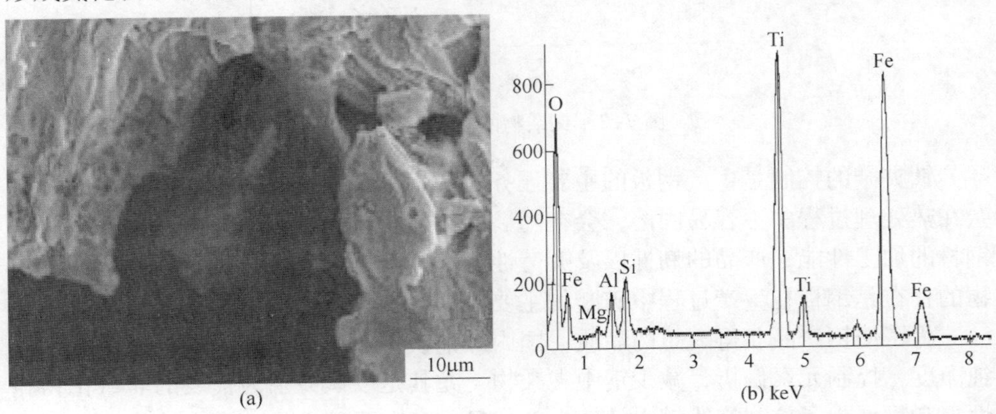

图 7-5　含 Ti 夹杂孔洞缺陷微观分析

（a）试样缺陷部位 SEM 形貌；（b）试样缺陷部位能谱分析

酸盐夹杂物结合形成复合氧化物。由于 Ti 化物夹杂塑性差，硬度高，在冷轧过程中，因轧制减薄，在部分区域与金属基体的交界面开裂，最终形成孔洞缺陷。在生产节奏紧张的情况下采用减少大包余量、降低中包液位的方法，这是导致高 Ti 渣卷入结晶器的主要原因。

7.3.4 复合夹杂引起的孔洞缺陷

7.3.4.1 复合夹杂物研究

在有异常夹杂的“孔洞”缺陷中，许多夹杂为含 Al、Si、Ca 或 Na 复合夹杂物，从其成分可知这种复合夹杂是中包保护渣或是结晶器保护渣卷入连铸坯造成；此外在有异常夹杂的“孔洞”中，还有一部分的缺陷部位检验到 Ti 元素含量的夹杂，从其成分可以看出这类夹杂主要是大包渣下至中包再进入连铸坯所至。所以这类富含 Ti、Al、Si、Ca 或 Na 大型复合夹杂的连铸坯是由于生产过程中连铸工序的异常操作导致的。大包渣、中包保护渣、结晶器保护渣等渣类在浇注过程中被卷进钢中，使基板中存在含 Ti、Al、Si、Ca 或 Na 等的夹渣类复合夹杂。因为夹渣类复合夹杂没有塑性，在热轧或冷连轧轧制延伸过程中不能够随基板同步延伸而形成“孔洞”缺陷。严重时渣类夹杂在轧制延伸过程中掉出重复压入钢板中，形成一连串“孔洞”缺陷。

7.3.4.2 典型实例及原因分析

图 7-6 是复合夹杂引起的孔洞缺陷的宏观形貌，如图 7-6 所示。钢板表面断断续续呈现点状或团状裂口，缺陷部分钢质较为疏松，貌似蜂窝。对这类孔洞周围进行扫描电镜分析和能谱分析。图 7-7 是复合夹杂引起的孔洞缺陷 SEM 形貌及能谱分析。由图 7-7(a) SEM 形貌可知，该孔洞缺陷分布无规律，孔洞形状也无规则。由图 7-7(b) 能谱分析可知，在孔洞附近含有大量的 Si、Al、Ca、K、Na 和少量的 Mg 和 S 等元素。该类夹杂物形状不规则，尺寸不一，在电镜下观察其形貌呈簇状分布。这类夹杂是炼钢中十分常见的夹杂物，属于铝酸钙、硅酸盐、硅铝酸盐的复合夹杂，K、Na 是保护渣成分，说明这种点状夹杂物与保护渣有关。

该类夹杂物来源是中间包和结晶器保护渣卷入钢水中来不及上浮而滞留在钢中的外来夹杂物。硅酸盐、硅铝酸盐夹杂物属于半塑性夹杂物，其塑性较好，但是其容易包裹脆性夹杂物。铝酸钙夹杂不易变形，这些复合性夹杂在与钢基体交界面处产生裂纹，由于裂纹垂直于钢板的轧制方向，随着钢板的轧制，不能同步变形，在对铸坯轧制过程中，一部分缺陷破裂后被均匀整合，另外一部分破裂后被互相挤压在一起，最终在裂纹处产生孔洞缺陷。

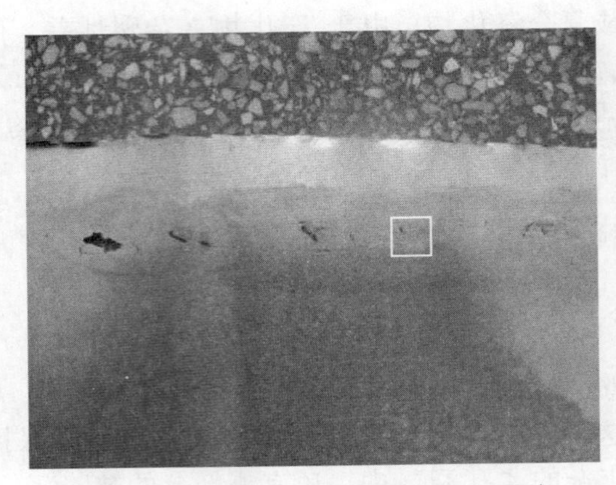

图 7-6 复合夹杂孔洞缺陷的宏观形貌

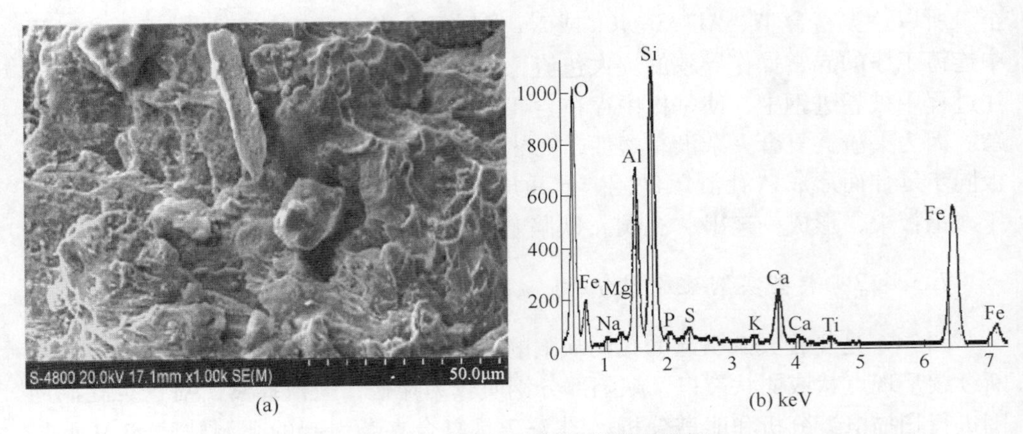

(a) (b) keV

图 7-7 复合夹杂孔洞缺陷微观分析

(a) 试样缺陷部位 SEM 形貌；(b) 试样缺陷部位能谱分析

7.3.5 Al_2O_3 夹杂引起的孔洞缺陷

硬且脆的氧化物夹杂危害次于 Ti(C, N)。当钢中球状 CaO 的质量百分比超过 20%时，该球状 CaO 对钢的机械性能特别有害。Al_2O_3 夹杂在负荷作用下从基体上剥落从而导致钢基体周围出现应力集中产生裂纹。被硅酸盐包裹的氧化铝夹杂周围不容易出现孔洞。如果在使用前热等静压处理钢样将 Al_2O_3 周围的孔洞封闭，其疲劳寿命会急剧提高。

轴承钢中常用铝作为脱氧剂加入，铝在钢中易被氧化成球状的 Al_2O_3 夹杂物。Al_2O_3 夹杂与钢中或耐火材料中的 Si、Mg 或 Ca 结合后形成硅酸盐类、球状氧化物类夹杂，如硅铝酸盐、镁铝尖晶石、钙铝酸盐及钙铝镁尖晶石复合夹杂物。相对来说，球状氧化物类夹杂物尺寸较大，且多以球状形式存在，加工是既不易变形，也不容易破碎，危害很大，严重影响钢的寿命。

图 7-8 是 Al_2O_3 夹杂引起的孔洞缺陷的宏观形貌，由图 7-8 可知缺陷部位呈现很多裂纹，有的裂纹已经穿透钢板，有的呈鱼鳞状压印到钢板表面。

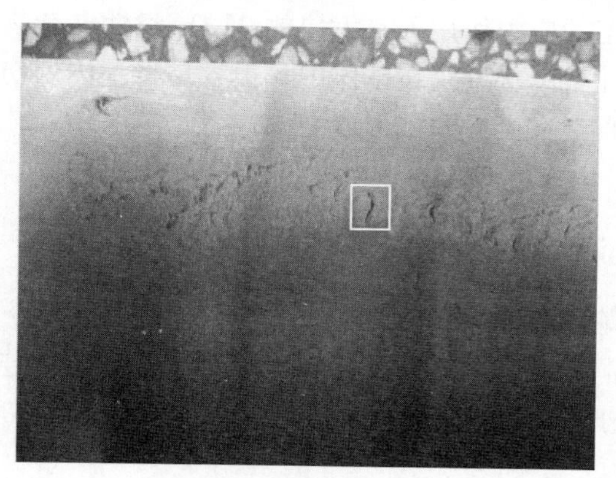

图 7-8 Al_2O_3 夹杂引起的孔洞缺陷宏观形貌

图 7-9 是 Al_2O_3 夹杂引起的孔洞缺陷 SEM 形貌及能谱分析。由图 7-9(a) 缺陷部位的微观形貌可知，在缺陷部位存在大量的颗粒状夹杂物，该夹杂物颗粒尺寸不一，呈球形分布在缺陷周围。由图 7-9(b) 缺陷部位的能谱分析可知，缺陷位置颗粒状夹杂物由 O 及 Al 元素组成，可以推知该颗粒状夹杂为 Al_2O_3 类夹杂。这类 Al_2O_3 夹杂属于脆性不变形的内生夹杂物，也是常见的氧化夹杂物中对钢质量影响最大的一类。

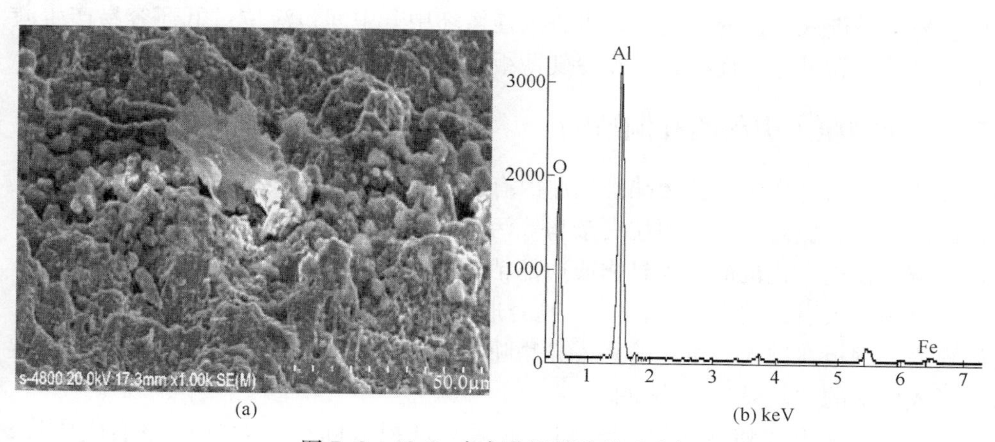

图 7-9 Al_2O_3 夹杂孔洞缺陷微观分析

（a）试样缺陷部位 SEM 形貌；（b）试样缺陷部位能谱分析

产生该 Al_2O_3 夹杂的主要原因是钢水中脱氧产物。通常冶炼过程中采用的脱氧元素中，Al 的脱氧能力最强，其脱氧产物熔点高，易形成细的固体颗粒，易于上浮，故常用来做终脱氧剂。另外产生 Al_2O_3 夹杂的原因还有水口结瘤物卷入钢水，以及敞浇时钢水的 Al 元素与空气中的氧、炉渣、耐火材料中的氧化物发生化学反应，生成 Al_2O_3 又重新混入钢水。由于该类夹杂物与基体的热变形能力差异较大，在热加工的应力作用下，大块的 Al_2O_3 脆性夹杂物变形破碎成具有尖锐棱角的夹杂物，并呈链状分布在基体中，很容易将基体划伤，并在夹杂物周围产生应力集中场，直至在交界面处形成裂纹或者空隙，随着轧制的进行，最终产生孔洞缺陷。

7.3.6　夹杂引起孔洞缺陷的整改措施

夹杂类孔洞缺陷的生成几率与成品规格有密切关系，冷轧钢板成品规格越薄，夹杂引起的孔洞出现的概率越大。针对连铸工艺异常的连铸坯和两包次间的衔接坯，尽量不用于生产冷轧薄板，特别是不能用于生产厚度小于 1.0mm 的冷轧板和镀锌板。

另外避免夹杂引起孔洞缺陷所采取的措施有几个方面，首先是保证钢水在包内的流动性，在连铸过程中，必须保证全程保护浇铸，避免大包敞浇或减少敞浇时间，要缩短换包时间；其次，控制包内钢水的过热度，保证钢液中的夹杂物聚集长大、上浮；再次，在生产过程中减少拉速的变化，防止中间包水口堵塞，避免结晶器液位波动引起卷渣和其他夹杂；另外，在浇注过程中避免出现捅水口、换渣、冲棒等异常操作行为，降低冷轧板孔洞缺陷率；最后，严格控制中间包钢液量大于等于 20t，不允许采用低液位控制，虽然低液位控制能够提高生产效率，但容易造成进入中包的大包渣，再进入连铸坯中，中间包液位过低还容易产生漩涡使保护渣卷进连铸坯中，导致冷轧薄板产生带异常夹杂的“孔洞”缺陷。

7.4　异物压入引起的孔洞缺陷

通常导致异物压入孔洞缺陷的原因有：夹送辊等辅辊表面材质脱落轧入钢板表面；厂房、炉衬、涂料颗粒夹杂物等污物落在带钢或者轧辊表面随后被压入带钢；钢卷在进入轧机前夹入异物或边部粘附异物进轧机后被轧入。

异物压入引起的孔洞缺陷，一般会形成两种孔洞缺陷，一种是“坑状”孔洞缺陷。钢板在进入轧机之前夹入异物随后被压入基体，在之后的轧制过程中就会形成成串的“坑状”孔洞缺陷。

另外一种为“疤状”孔洞缺陷。疤块与基板之间往往存在摩擦痕或压痕，疤块金相组织与基板完全不同，有些成分也不一样，说明疤块是外来异物，在轧制过程中被压进基板而对冷轧薄板造成损伤而形成缺陷。异物可以是结晶器冷钢、连铸坯切割渣、轧辊掉肉、热轧卷修复时的切割渣等异物，在轧制热轧或冷连轧过程中会压进基板而形成带疤块的“孔洞”缺陷，若是这些异物压伤钢板后又掉出来，就形成坑状“孔洞”，掉出来的异物会重复压到钢板上，形成串状“孔洞”或小坑缺陷。这类“孔洞”缺陷的显著特点是在缺陷部位存在与钢板基体宏观形貌完全不同的疤块，或者是有疤块存在过的痕迹。

7.4.1　异物压入引起的“坑状”孔洞缺陷

图 7-10 是异物压入引起的“坑状”孔洞缺陷宏观形貌与微观形貌图。

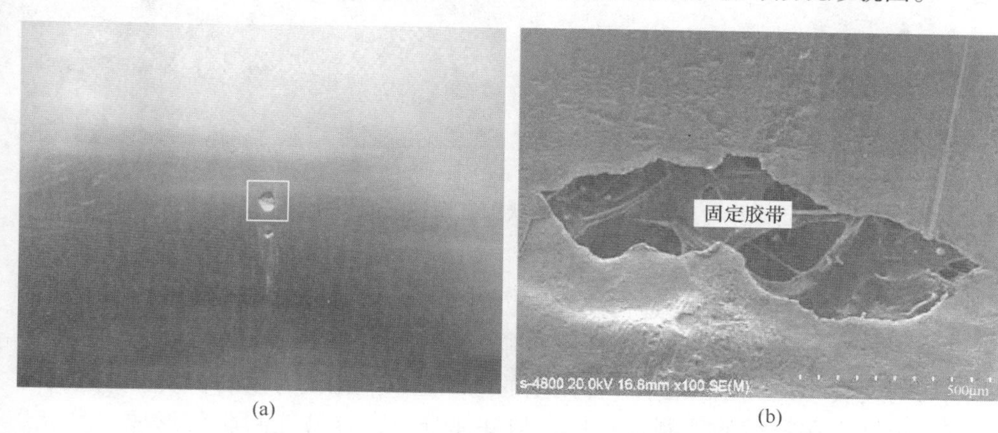

(a)　(b)

图 7-10　异物压入引起的“坑状”孔洞缺陷的宏观形貌与微观形貌
(a) 缺陷试样的宏观形貌；(b) 缺陷试样的微观形貌

这类孔洞（称“坑状”缺陷）是由外来异物压入所致，如图 7-10(a) 宏观形貌所示，异物压入的缺陷特征呈星点状分布于钢板表面，缺陷的尺寸小，但是此类缺陷爆发频率很高；并且通过对宏观形貌观察发现，在孔洞边缘有明显的机械擦痕或者压痕；如图 7-10(b) 缺陷试样微观形貌所示，未穿透的孔洞底部有明显的金属光泽的小坑，断口形貌相对光滑，穿孔的孔洞在钢板正、反面孔洞尺寸不同，反面尺寸较小。

该类缺陷沿轧制方向无明显延伸，无夹杂存在，无氧化特征。这种情况主要是钢板在进入轧机之前夹入异物随后被压入基体，如果这些异物压入钢板后又掉出来，重复压到钢板上，就会形成串状的孔洞或“坑状”缺陷。

7.4.2　异物压入引起的“疤状”孔洞缺陷

图 7-11 是焊接瘤压入引起的“疤状”孔洞缺陷的宏观形貌与微观形貌图。由图 7-11(a) 宏观形貌图发现，在缺陷底部呈凸起条纹，颜色与基体一致，缺陷周围没有明显的机械划伤。由图 7-11(b) 缺陷试样的微观形貌发现，焊接瘤压入引起的缺陷在缺陷底部存在大量的微裂纹，并且伴有大量簇集状氧化铁颗粒，且呈现出疏松状形态。

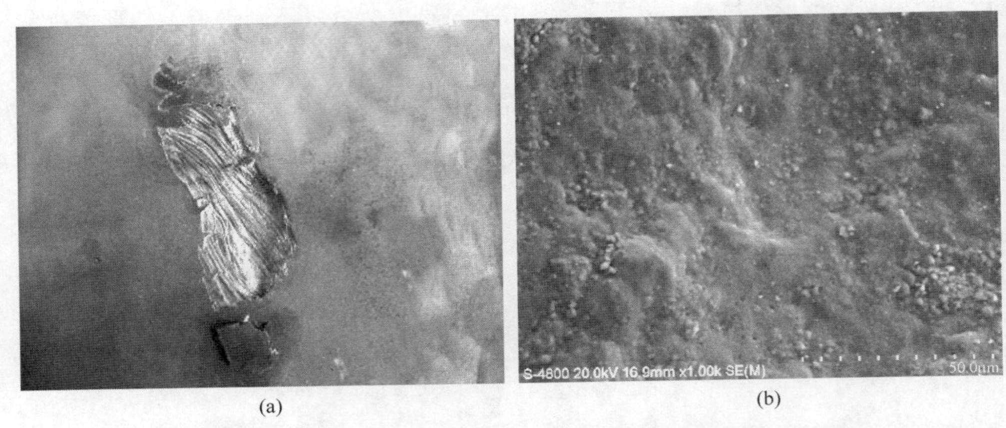

(a)　　(b)

图 7-11　焊接瘤压入引起的“疤状”孔洞缺陷的宏观形貌与微观形貌

（a）缺陷试样的宏观形貌；（b）缺陷试样的微观形貌

造成该缺陷主要是由于连铸坯火焰切割过程中熔融金属冷却产生的切割瘤或者毛刺未清除干净而粘在铸坯表面，在随后的轧制过程中被压入造成。另外由于火焰切割过氧，所以熔融钢水冷却产生的毛刺是以氧化铁为主的物质，并且具有一定的强度，在随后的轧制过程中，与基体分离，容易轧制脱落形成“坑状”缺陷。在冷轧过程中，就会衍生成如图 7-12 所示的形貌，孔洞形状无规则，断口周围无夹杂。

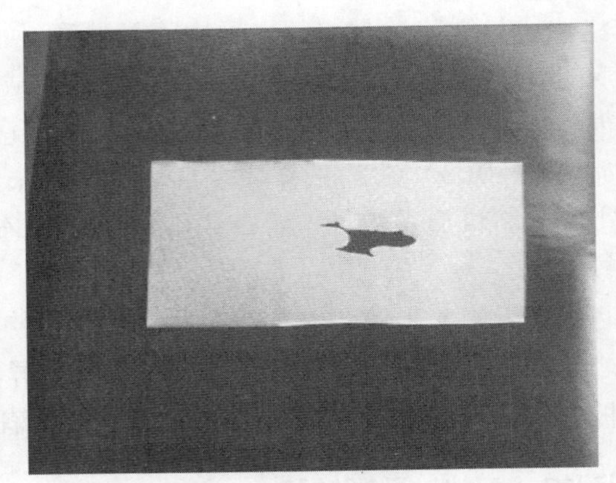

图 7-12　焊接瘤压入冷轧后的衍生形貌

7.4.3　异物压入引起孔洞缺陷的整改措施

针对异物压入引起的“坑状”缺陷和“疤状”缺陷，在生产过程中要及时清理轧辊或输送辊辊道表面凸起物，应加强辊道表面检查，对于辊道、活套辊、夹送辊、助卷辊等除按运行周期更换外，还应随时检查，发现隐患及时处理，保证接触带钢表面设备正常运转；焊接之前要进行预热，以保证达到焊接温度；焊接后要即时消除应力；对异常卷使用火焰枪进行修复后，要对其残渣清理干净，防止在后续工序中压入带钢在冷轧过程中形成“孔洞”缺陷；要定期对助卷皮带的张紧力进行确认调整，定期清理助卷辊表面的油污及杂物等措施。

7.5 轧辊异常引起的孔洞缺陷

7.5.1 轧辊异常现象

轧辊异常引起的孔洞缺陷是非材质原因导致的机械损伤类缺陷。轧辊异常主要表现在轧辊辊面掉肉或者轧辊表面粘附异物。如果存在异物牢固地粘附在轧辊上或者轧辊表面已经损伤，就会在钢板上形成有相等间隔距离周期性的没有夹杂物和疤块的损伤缺陷，轧制变形较大时就会拉穿而形成孔洞缺陷，严重时会拉断钢板造成断带。一般在冷轧过程中，轧制较薄规程的钢板时对轧辊的表面质量要求很高。板材表面的光洁度除了取决于乳化液的润滑之外，轧辊表面质量的影响也是不容忽视的。

7.5.2 典型实例检测及原因分析

图 7-13 是轧辊表面粘附异物引起的孔洞缺陷的宏观形貌，其孔洞缺陷特征为在缺陷钢板表面存在等间隔距离周期性的孔洞缺陷，距离边部均匀一致，孔洞缺陷处呈金属亮白色，在缺陷的周围存在机械划伤。

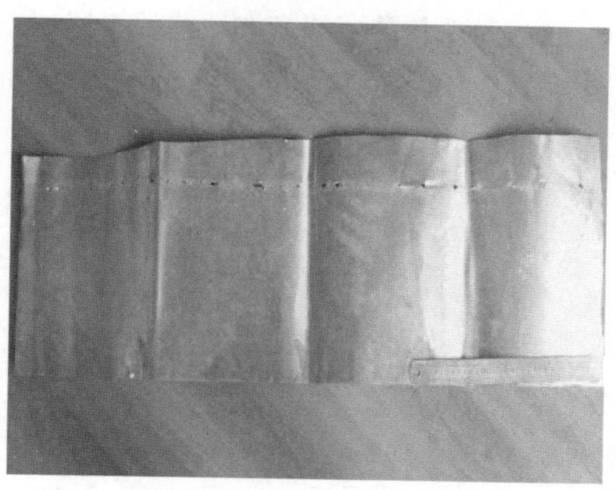

图 7-13 轧辊异常引起的孔洞缺陷宏观形貌

图 7-14 是孔洞缺陷处扫描电镜图像及能谱分析图像，由 SEM 扫描电镜及能谱分析的图像可知，孔洞周围没有发现夹杂形貌，也没有氧化质点，因此，可以排除夹杂引起的缺陷。轧辊的材质、表面粗糙度及表面缺陷是影响板材表面质量的主要因素，轧辊的表面存在缺陷往往会与冷轧薄板表面缺陷一一对应。由于轧

辊本身硬度低，会出现软点，使钢板表面产生辊印。当轧辊表面粗糙度很大时，来料越软，板材与轧辊的摩擦就越严重，随着时间的延长，摩擦产生的异物粘附在轧辊上，压入薄板中，形成周期性的孔洞缺陷。

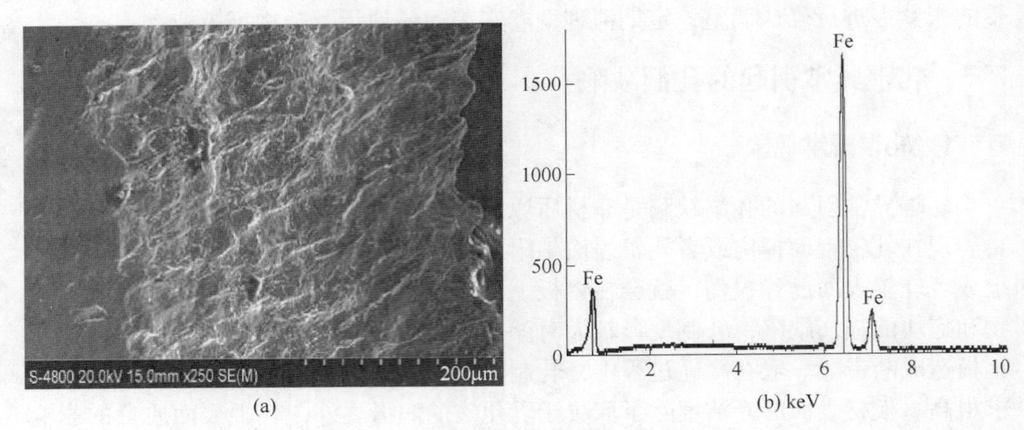

图 7-14　轧辊异常孔洞缺陷微观形貌

（a）试样缺陷部位 SEM 形貌；（b）试样缺陷部位能谱分析

7.5.3　整改措施

导致此类缺陷在实际生产过程中出现的几率很少，只要及时清理轧辊或输送辊辊道表面的突起物，对辊道表面进行定期检查，发现隐患及时处理，就可以避免该缺陷产生；另外，酸洗和平整前要把带有缺陷的头尾切干净，防止其损伤轧辊后再损伤无缺陷的带钢表面。

8 线状缺陷

钢板表面缺陷形态各异，但根据缺陷形状特征分类可以分为以下几大类：

（1）点缺陷。这种缺陷一般以点状形式在电工钢表面出现。有的以单点形式发生，有的在相对集中的区域内连续的发生，有些点缺陷具有周期性，例如辊印（见图 8-1(a)）、粘辊等，有些却毫无规律性如点锈、垃圾印等。

（2）线缺陷。这种缺陷一般以线条形式在电工钢表面出现。有的连续发生，也有的间断发生有纵向的例如划伤（见图 8-1(b)）、划痕等，也有横向的例如横条印。

（3）条纹缺陷。这种缺陷一般以各种条纹的形式在电工钢表面出现。有些具有规则性，如震动纹等（见图 8-1(c)），也有些无规则花纹，如平整皱纹等。

（4）面积性。这种缺陷（见图 8-1(d)）一般在电工钢表面局部区域内成片出现。具有一定的面积范围。

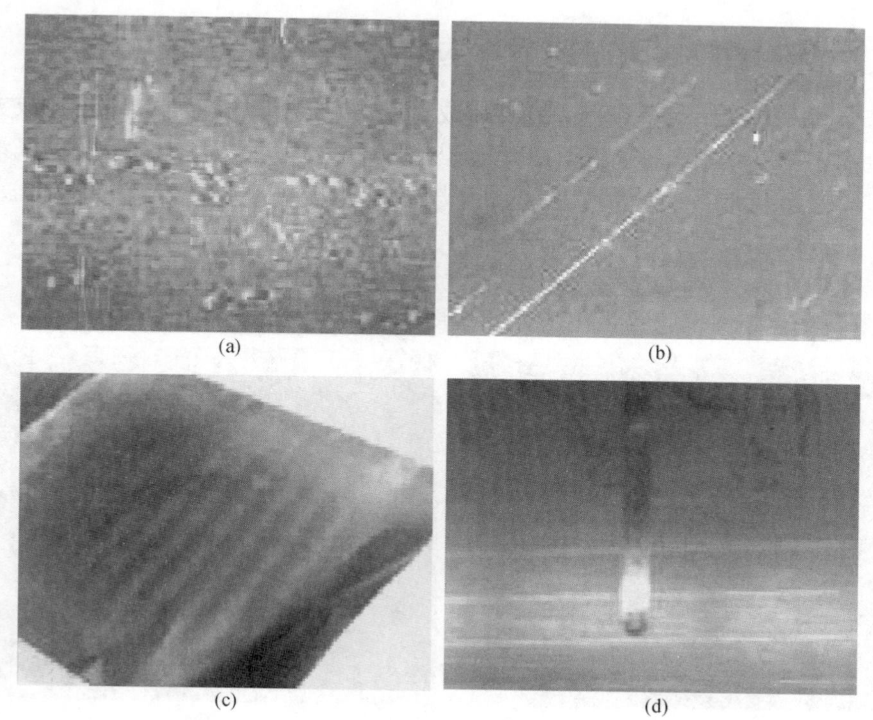

图 8-1　钢板的表面缺陷

（a）点状辊印缺陷；（b）线状划伤缺陷；（c）条纹状震动纹缺陷；（d）面积性锈斑缺陷

线状缺陷是冷轧薄板最常见的缺陷之一，有亮色和暗色两种，也叫做“亮线”、“黑线”，两种缺陷往往在带钢表面交叉出现。很多因素会导致冷轧薄板出现线状缺陷，因而线状缺陷的产生原因需要具体问题具体分析。这种缺陷通常沿轧制方向延伸，呈线状或条带状，严重影响带钢表面的美观与光洁度，进而限制了产品的销售与使用。笔者从缺陷的特征分析入手，对冷轧板中出现的线状缺陷产生的原因进行了探讨，并尝试提出一些解决办法。

8.1　试验材料及方法

在冷轧板的典型缺陷部位取样，如果冷轧板为镀锌板，为避免钢板表面的镀锌层影响缺陷的分析，选用18%的盐酸加缓蚀剂（3.5g/200mL 六次甲基四胺）将其表面镀锌层去除。操作过程中应注意酸洗时间以及力度的控制，如果酸洗力度控制不当则可能导致表面镀层不能去除，或者将表面镀层下的夹杂物清洗掉，进而影响准确判定缺陷来源。经去除镀锌层的冷轧板缺陷处通常呈黑色，形貌变化不明显，然后用酒精将其擦拭干净后用超声波清洗。用扫描电镜（SEM）及其附带的能谱仪对制备完成的试样进行微观分析，分析缺陷处的微观形貌和化学成分。

8.2　气泡引起的线状缺陷

气泡是铸坯上的常见缺陷，在轧制成材后气泡常常以表面重皮、翘皮或夹杂簇的形式存在。对冷轧板而言，在钢卷退火后，板卷表面或皮下被捕捉的气泡经压延形成气室膨胀后而形成铅笔状气泡缺陷。

8.2.1　典型实例检测

图8-2是气泡引起线状缺陷的宏观形貌图像与微观形貌图像。

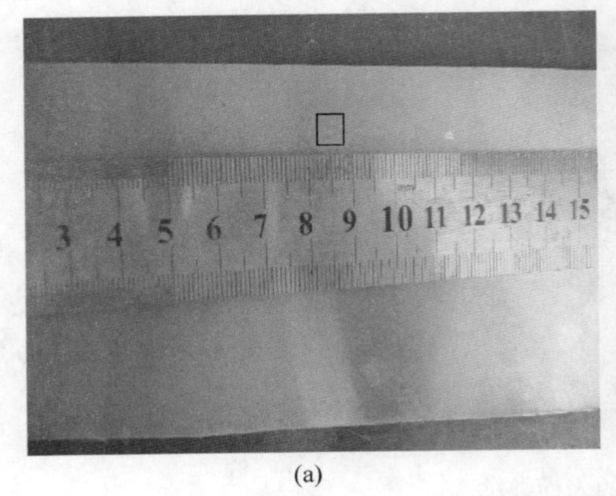

(a)

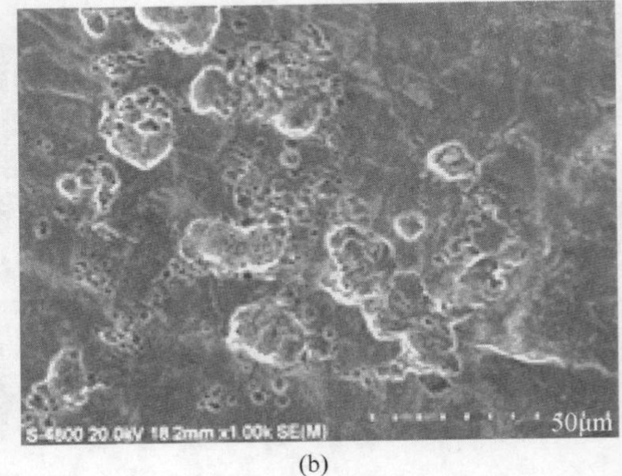

(b)

图8-2　气泡引起的线状缺陷的宏观与微观形貌

如图 8-2(a) 宏观形貌所示，钢板表面存在明显的细长条状缺陷，缺陷区域呈线条状沿轧向延伸，中间部分表层已经脱落，边部有起皮现象，在板面还能发现少量呈鼓包状未压破气泡；图 8-2(b) 是气泡引起的线状缺陷的微观形貌图像，如图所示，试样线状缺陷处在电镜下可以观察到明显的蜂窝状形貌，缺陷试样位置可以观察到鼓包现象。

8.2.2　原因分析

根据缺陷宏观形貌分析及通过扫描电镜对缺陷部位的微观分析可以看出，线状缺陷部位形态呈明显的蜂窝状，这些特征说明原缺陷区域存在气体，此线状缺陷的根源在于炼钢或连铸过程中在铸坯上形成的表面或皮下气泡。热轧后部分不能焊合的气泡，继续沿加工方向扩展，由于钢带表面有氧化铁皮覆盖；从外观无法看出内在缺陷，然而通过酸洗后带钢表面将出现麻点、裂纹等缺陷，冷轧时导致线状缺陷、起皮、分层等现象。

8.2.3　整改措施

钢水脱氧情况对形成冷轧带钢表面气泡有重要影响，有气孔的铸坯经热加工后，虽有部分气泡焊合，但仍会有大量的气泡缺陷保留下来。常见的导致气泡产生的因素还包括：钢液过热度大、二次氧化、保护渣的水分超标、结晶器上水口漏水等。防止和减少皮下气泡就要保证炼钢时脱氧充分，制定合理的钢包、中间包烘烤制度，减少钢水在空气中的裸露时间。同时在浇铸过程中要优化结晶器流场，优化结晶器浸入式水口的结构，包括流钢口的尺寸和形状、水口插入深度等，来减少气泡俘获率。

8.3　划伤引起的线状缺陷

8.3.1　热轧划伤在冷轧过程中引起的线状缺陷

划伤是指在生产过程中，由于设备磨损或坏死，在带钢表面划出有规律的条痕状缺陷。热轧带钢表面划伤问题是热轧生产过程中的常见缺陷。带钢划伤缺陷既影响热轧线产能释放，又增加了轧线改判率，给热连轧生产线物流带来压力。影响带钢表面划伤的因素较多，主要由辊道、活套、精轧出口过渡板、卷取助卷辊、卸卷小车托辊等设备造成，因此，消除热轧划伤缺陷，成为热轧线迫切需解决的问题。

8.3.1.1　典型实例检测

图 8-3 是钢板去锌后线状缺陷的宏观形貌，由图可以看出，板材去锌后下端存在明显的线状缺陷。图 8-4 是试样线状缺陷的扫描电镜图像及能谱分析，通过

试样缺陷位置处的 SEM 形貌和能谱分析图可以看出，试样缺陷部位存在颗粒状物质，轮廓清晰，呈疏松的碎块状并且有一定的深度，有压入痕迹，由能谱可知，颗粒状物质由 O 及 Fe 元素组成，由此可知线状缺陷处为氧化铁形貌。

图 8-3　去锌后线状缺陷的宏观形貌

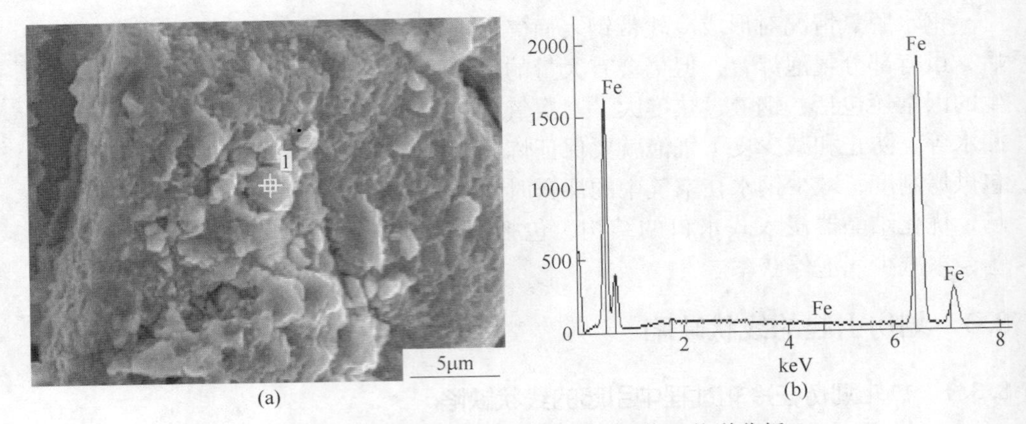

图 8-4　试样线状缺陷的扫描电镜图像及能谱分析

(a) 线状缺陷的 SEM 形貌；(b) 线状缺陷的能谱分析图

8.3.1.2　原因分析

通过扫描电镜和能谱仪对所取试样缺陷部位的检测，发现缺陷处有大量氧化铁的存在，这是由于缺陷处压入钢板的氧化铁皮在冷轧酸洗阶段不易去除所致，又因氧化铁皮塑性极差无法跟随基体变形而产生，导致了缺陷内部呈疏松的碎块状，且缺陷处轮廓清晰、规则且有一定深度，综合分析该缺陷为高温机械划伤所致。

热轧原料在轧制过程中，由于轧钢工序工作辊道、侧导板、护板等设备有尖角导致热轧原料板的划伤，或者为精轧后卫板划伤和层冷辊道划伤。热划伤呈暗线，由于产生划伤后还要进行压合、轧制，在热连轧开卷检查中很难发现，具有很强的隐蔽性。划伤缺陷处的合金化速度比正常部位快，从镀锌量所占基体反应面积（比表面积）方面分析，缺陷处的比表面积应比正常部位大，相对形成的合金多。并且缺陷处锌液冷却慢，这也造成了合金的过度增长。这些“过剩”的合金一直生长到超过正常部位的锌层量，而且锌铁合金为金属间化合物，硬度大，不易被气刀完全吹扫掉，因此从表面看来就形成了条状凸起。

8.3.1.3 整改措施

为了防止热轧划伤，在热轧生产过程中应建立健全管理机制，检查运输辊道的运转情况，及时排除故障，并且检查与带钢接触的工作辊道、侧导板、护板、卫板等设备，确保其表面光滑无棱角。

8.3.2 冷擦伤引起的线状缺陷

一般“冷擦划伤”界定为热轧终轧之后的擦划伤，冷擦划伤呈亮线，在酸洗开卷检查中较易发现。冷轧划伤引起的线状缺陷，有一定的特征，该缺陷上没有其他异物，有垂直于轧向的细小裂纹，为划伤过程中的撕裂裂口，且往往集中在一个冷轧轧制批次中。

8.3.2.1 典型实例检测

图 8-5 是钢板冷擦划伤线状缺陷的宏观形貌。图 8-6 是试样线状缺陷的扫描电镜图像及能谱分析。通过扫描电镜下的 SEM 形貌发现，如图 8-6(a) 所示，该细线缺陷形成了明显的沟槽，划痕缺陷深度较浅，无氧化膜特征，为带钢表面的机械损伤。由于线状缺陷呈亮色，划痕周围组织比较完整且与基体颜色相同，无氧化膜覆盖，沟槽周围没有明显的氧化原点，无明显氧化特征。由能谱成分分

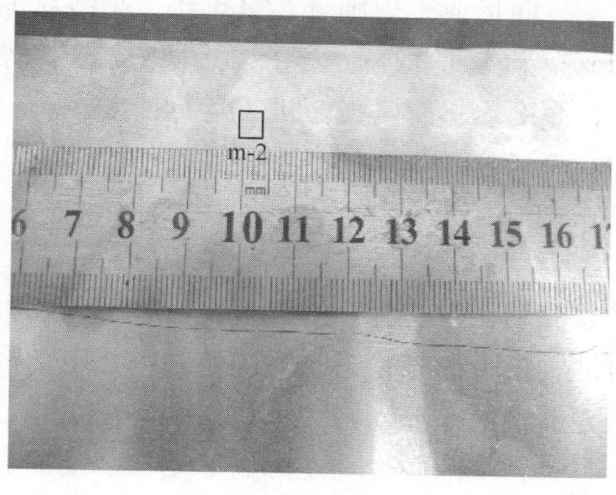

图 8-5 冷擦划伤线状缺陷的宏观形貌

析发现，如图 8-6(b) 所示，该缺陷位置主要元素是铁，还有少量的碳元素。这也准确说明该缺陷处无夹杂物存在。综上这些现象说明，该缺陷不是在热轧过程中造成的，而是为典型的冷擦划伤缺陷。

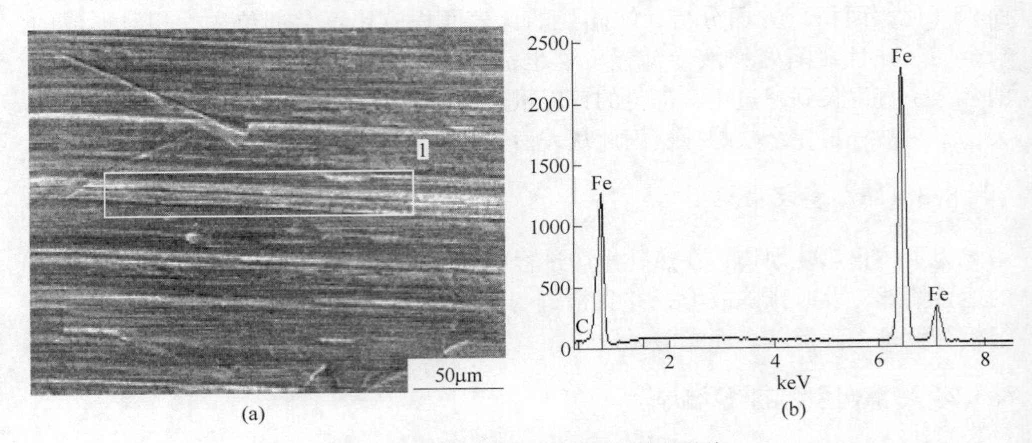

图 8-6　冷擦划伤线状缺陷的微观形貌

(a) 冷擦划伤线状缺陷的 SEM 形貌；(b) 冷擦划伤线状缺陷的能谱分析图

8.3.2.2　原因分析

冷擦划伤的根源是带钢接触物有局部小凸起，表面粗糙不光洁。一般钢卷在开卷或卷取时都可能产生错层擦划伤，这是由于钢卷层间摩擦状态与张力的匹配不合理产生层错打滑，严重时导致带钢表面擦划伤。例如：卷取时，由于助卷不紧，因而在后续的卷取过程中，钢卷内圈会“再次收紧”而产生层间打滑；套筒打滑、内圈张力不够未卷紧也会产生同样问题。此外，在带钢精整过程中，由于带钢间相互搓动、带钢与机组接触面的相对滑动或与带钢相接触的面有尖锐异物而造成的沿机组运动方向形成不规则分布呈点状、短线状的划痕。这种划痕重者造成钢卷（板）判废，轻者造成降级。冷轧精整机组带钢擦伤的形成与平整工序的卷取张力及来料厚度、机组张力、机组运行速度、矫直辊调节以及切边质量有关。

8.3.2.3　整改措施

为防止钢板的线状擦划伤，在生产过程中要及时清理轧辊或输送辊辊道表面的凸起物，要定期对助卷皮带的张紧力进行确认调整，定期清理助卷辊表面的油污及杂物，还可以通过优化平整机组开卷机的带钢单位张力，卷取机的卷取张力，重分卷机组的开卷张力，减少冷轧卷的卷取划伤缺陷。

为解决精整机组的擦伤问题采取以下措施：（1）保证圆盘剪的剪切质量和

矫直机的调节量；（2）保证张力值控制在合理的大小；（3）保证平整来料卷取质量；（4）优化机组运行速度；（5）生产时，为避免在开卷机和入口夹送辊间形成小活套，机组停机前，将开卷机压辊压下。

8.4 夹杂引起的线状缺陷

夹杂是指有一些非金属物嵌在钢材的外表面上，很多都以块状或者条状的形态分布，颜色一般是以浅黄色和深红色为主。产生的原因主要是在加热过程中炉顶或炉的上端溅出的煤渣、煤灰落到钢表面上，没及时清理掉，在轧制时又被轧入轧件的表面；钢板表面原来的非金属夹杂物没有及时清理掉也被轧入钢材表面。

由夹杂引起的线状缺陷通常在颜色上呈现出黑色条带状，而目前关于“黑线”的形成机理比较清楚，主要与连铸工序有关。在生产过程中连铸工序的异常操作，可能会导致大包渣、中间包保护渣、结晶器保护渣等渣类物质在浇注过程中卷进钢中，因为夹渣类复合夹杂塑性极差，在热轧或冷连轧轧制过程中被轧碎压伸延长形成条形缺陷。严重时渣类夹杂在轧制过程中掉出重复压入钢板中，还会形成一连串“孔洞”缺陷。

8.4.1 典型实例检测

图 8-7 是由夹杂引起钢板表面线状缺陷的宏观形貌图，如图所示，钢板表面可以明显观察到线状缺陷，该线状缺陷呈黑色条状形貌。

图 8-7 试样线状缺陷的宏观形貌

图 8-8 是试样线状缺陷的扫描电镜图像及能谱分析，通过试样缺陷位置处的 SEM 形貌和能谱分析图可以看出其内部存在的大量夹杂物，主要元素为铁、氧、碳、铝、钙等元素，并含少量的钠、镁、硅等元素，夹杂物尺寸较大，发现大量超过 100μm 的大型夹杂。

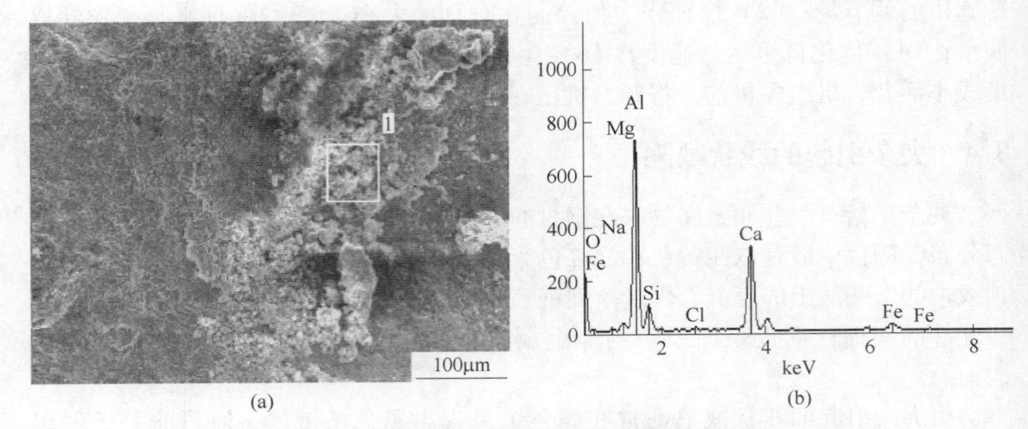

(a)　　(b)

图 8-8　试样线状缺陷的扫描电镜图像及能谱分析

(a) 试样线状缺陷的 SEM 形貌；(b) 缺陷位置的能谱分析图

8.4.2　原因分析

在生产过程中连铸工序的异常操作可能会导致大包渣、中间包保护渣、结晶器保护渣等渣类物质在浇注过程中卷进钢中：含钠、钾、钙、硅、铝等元素的复合夹杂，是由于中间包和结晶器保护渣卷入钢水所致；个别含高钛元素的夹杂，是由于大包渣下至中包再卷入结晶器所致；含高镁元素的夹杂，与中包耐火层卷入铸坯有关；含硫元素较高的夹杂，与钢水中的脱硫不净有关；而试样中的铝的氧化物夹杂来源于钢水的脱氧产物，水口结瘤物卷入铸坯或者是敞浇时钢水产生二次氧化形成的。通过成分分析可得出该试样夹杂物主要为硅酸盐类及氧化铝夹杂，条带状缺陷中的簇集状颗粒成分与结晶器保护渣成分相似，且为连铸卷渣产生的复合夹杂，故推断造成缺陷成分主要原因是连铸过程中的保护渣卷入造成。

8.4.3　整改措施

提高钢质量必须通过控制内生夹杂物和减小外来夹杂物两个方面进行控制。钢水在钢包中应尽可能脱氧以减少钢中夹杂物；同时钢包到中间包、中间包钢液面和中间包到结晶器应进行全保护浇注，在钢包到中间包和中间包到结晶器间要防止吸气卷渣；合理的中间包结构不仅可以最大程度防止吸气卷渣而且可使钢水混合均匀更好的去除夹杂物。针对保护渣卷入现象应注意优化连铸过程，尽量减少敞浇时间；对于连铸工艺异常的连铸坯和两包次间的衔接坯，尽量不用于生产冷轧薄板，特别是不能用于生产厚度小于 1.0mm 的冷轧板和镀锌板；采用电磁搅拌来调整浸渍喷嘴周围的附着物厚度、添加稀土元素、调整最终冷轧机架的工作辊粗糙度和压下率等措施。

8.5　氧化铁皮压入引起的线状缺陷

冷轧板压入氧化铁皮是指钢板表面粘附着的一层鱼鳞状、细条状、块状、点状的棕色或灰黑色物质，当其脱落时会形成凹坑。其形成的原因主要是原料热轧板存在氧化铁皮压入，酸洗时没有洗净，在冷轧过程中压入钢板形成条带状缺陷。

8.5.1　典型实例检测及原因分析

图 8-9 是由氧化铁皮压入引起钢板表面线状缺陷的宏观形貌图。从试样的宏观形貌可以明显看出该缺陷处沿轧向呈条带状分布，颜色较钢板发暗，用手摸没有明显的凹凸感。本章已经介绍了多种引起钢板表面线状缺陷的原因，气泡引起的线状缺陷一般在 SEM 图像中会观察到蜂窝状形貌，由夹杂引起的线状缺陷通过能谱检测会检测到夹杂成分，划伤引起的线状缺陷会在板材生产及板材位置上存在一定规律性。因此，此次检测采用排除法，以此来找出线状缺陷产生的原因。

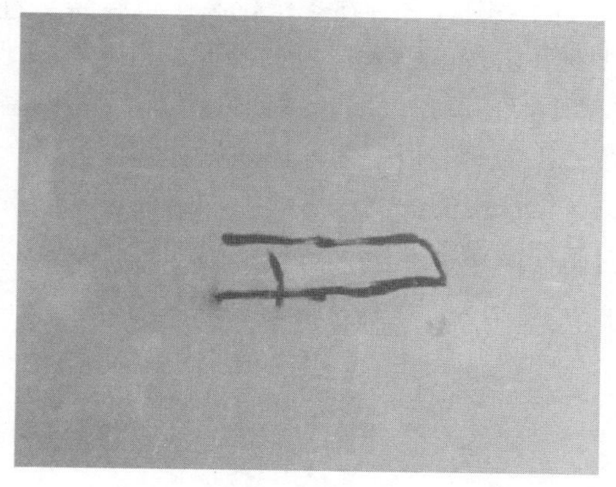

图 8-9　试样线状缺陷的宏观形貌

图 8-10 是试样线状缺陷的扫描电镜图像及能谱分析，通过扫描电镜下的 SEM 形貌（如图 8-10(a) 所示），未发现由气泡引起的韧窝状组织，也没有明显夹杂元素存在，且试样缺陷位置分布有一定量的微小凹坑，凹坑内有大量清晰可见的疏松状颗粒组织。通过扫描电镜能谱成分分析（如图 8-10(b) 所示）可知，缺陷位置处主要含有铁和氧，还有少量的碳元素，经成分分析发现其为铁及氧化铁。因此，综合分析该钢板条带状缺陷形成原因为：由于轧制前除鳞不净，导致氧化铁皮压入，经热轧后的钢板在进入冷轧前的酸洗阶段对氧化铁皮未洗净而引起的表面缺陷。

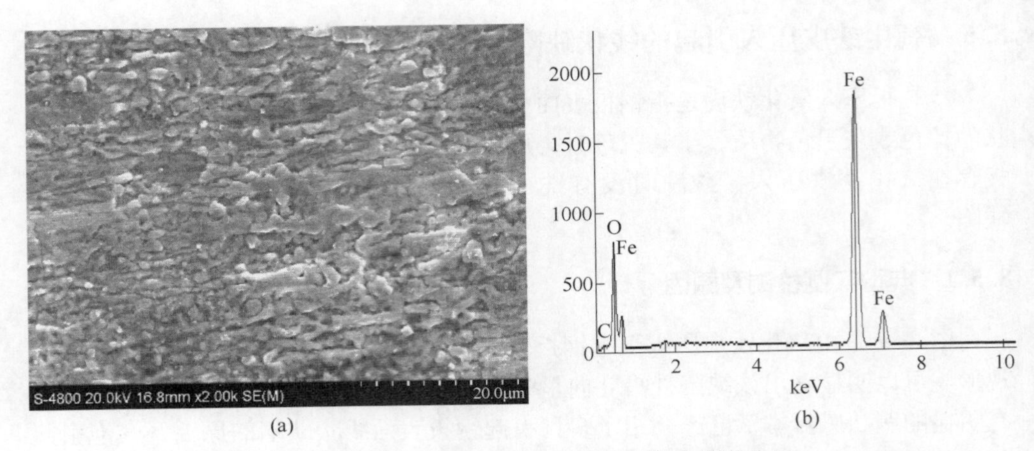

(a)　　(b)

图 8-10　试样线状缺陷的扫描电镜图像及能谱分析

（a）试样线状缺陷的 SEM 形貌；（b）缺陷位置的能谱分析图

8.5.2　整改措施

减少氧化铁皮压入的关键点之一在于优化高压水除鳞装置。对整个轧线的除鳞系统进行排查，减少氧化铁皮压入造成的缺陷，并且要确保高压水水压正常、除鳞水喷嘴畅通、过滤网无阻塞、合适的喷射角度、足够的高压除鳞水水量和适宜的延迟喷射时间等；在生产过程中保证铸坯温度的情况下，缩短铸坯在加热炉中的停留时间，减少氧化铁皮的产生。同时应当保证冷轧酸洗阶段酸洗溶液进酸槽的温度和酸槽的大循环流量以及酸洗区域喷嘴的通顺来获得更好的酸洗效果。

9 分层缺陷

近年来，面对国内钢铁行业的产能过剩，钢铁生产企业利润的日益缩减，对钢板质量问题提出了更高的要求。然而，在钢板生产过程当中常常会出现一些内部缺陷，会对钢板的生产率及质量产生不利影响，其中分层缺陷日益引起生产企业的关注。分层亦称夹层、离层，这种内部缺陷影响了钢板的力学性能，尤其是厚度方向恶化现象严重；载荷能力降低，容易发生应力集中，造成微裂纹缺陷，进一步发生台阶式层状开裂；分层缺陷增强氢脆敏感性，出现应力疲劳，严重影响钢板质量及生产率的提高。

分层缺陷的成因及整改措施一直是钢铁生产企业关注的问题，研究发现钢板内的带状组织、非金属夹杂物、折叠、异常组织等均能引起钢材的分层。作者从分层缺陷形成原因入手，对分层缺陷进行分类与探讨，并提出了一些解决办法。

9.1 试验材料及方法

在钢板典型分层缺陷形貌处，取尺寸为10mm×10mm的试样，试样中应有典型的分层缺陷形貌，便于进行缺陷位置的组织形貌观察及能谱检测。用KQ-50型超声波清洗器对制作好的试样进行清洗。用配备X射线能谱仪装置（EDS）的S-4800型电子扫描电镜（SEM）对分层缺陷进行成分分析及微观形貌观察。对缺陷试样的截面进行磨制、抛光，如需进一步观察组织形态需用体积分数为4%的硝酸酒精溶液进行腐蚀。用Axiovert 200mat蔡司显微镜对缺陷试样的抛光态及腐蚀态进行显微组织观察。

9.2 钢板分层缺陷及形成原因

分层缺陷是低合金高强度钢板中较常见的缺陷之一，它是指钢板内部沿轧制方向产生不同于基体的物质或裂纹，使钢板沿厚度方向的力学性能恶化，发生层状撕裂。如何有效控制低合金高强度中厚板，尤其是控轧控冷中厚板的分层缺陷已引起国内外学者的广泛关注。国内外相关研究成果表明，成分偏析、夹杂物、带状组织、疏松等组织缺陷呈平行于钢板表面的片状结构，降低厚度方向的力学性能，都可能造成钢板的分层缺陷，以下将从连铸坯的初始缺陷以及夹杂物两大方面加以详细叙述。

9.2.1 连铸坯的初始缺陷

9.2.1.1 中心线裂纹和中心疏松

（1）二冷水量的影响。由于二冷区铸坯表面温度变化滞后于拉速和水量的变化，因而拉速变化时铸坯表面温度波动较大，尤其在换中间罐前，铸机拉速急剧地由高向低转变，二冷水量也急剧地由大到小变化，导致二冷区冷却强度不足，使铸坯温度偏高，坯壳厚度减薄，抵抗因钢液静压力引起的变形能力也随之减弱，易产生内裂和中心偏析等缺陷，而严重的中心偏析将引起板材分层缺陷。图 9-1 是正常的铸坯凝固过程纵向断面示意图。

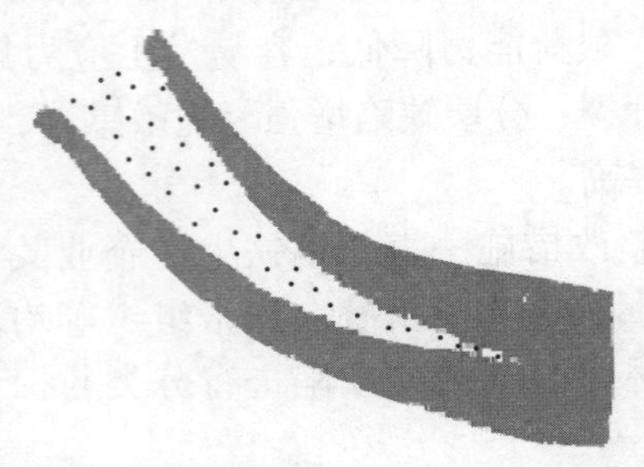

图 9-1 正常情况下铸坯凝固过程纵向断面示意图

如图 9-2 为铸坯凝固过程纵向断面示意图。当换中间罐前拉速急剧降低时，如二冷水控制不合理，铸坯内部凝固就会出现一个拐点，如图 9-2(a) 所示 A、B 两点，此两点处相对于后面已明显凸起。进入正常浇注后，铸坯再以相同的机理凝固，则形成图 9-2(b) 所示的铸坯凝固末端的缩孔。可看出在 A、B 两点造成铸坯搭桥，在 C 点形成缩孔，也就是中心线裂纹或中心疏松，轧制后就可能出现分层缺陷。

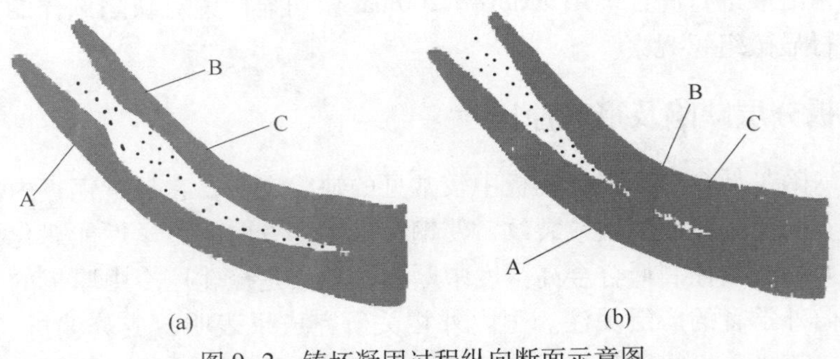

图 9-2 铸坯凝固过程纵向断面示意图

（a）换罐时；（b）换罐后

（2）铸机扇形段辊子特别是在凝固终点辊子的开口度和弧度超标，是引起铸坯中心裂纹、中心疏松或中心缩孔的主要因素。

（3）硫、磷含量对中心裂纹的影响。S、P 含量高，会促进中心裂纹的发生。因为钢水在凝固过程中 S、P 等杂质不断液相富集，并在树枝晶间形成低熔点液膜，使得晶间的高温强度和延性下降，如果晶间存在的应力及其所诱发的应变超过临界值时，就会出现裂纹。

（4）供钢节奏影响。供钢节奏不均衡，也会诱发中心裂纹。因为如果各炉之间钢水温度波动大，使得拉速频繁变化，导致凝固末端位置的频繁变化，最终凝固末端附近凝固前沿"搭桥"的概率相应增加。

9.2.1.2 中心偏析

连铸坯中心偏析是指位于铸坯中心部位的碳、磷、硫、锰等元素集聚变化而使含量突然升高（成分出格）的偏析出现。

（1）C、Mn 的偏析使得铸坯轧后冷却出现马氏体或贝氏体组织，产生对氢脆裂纹的敏感性，使钢中的氢向中心偏析带附近的中心疏松聚积。

（2）S 的偏析在偏析中心区形成粗大的沉淀物，如 MnS 也加速了中心裂纹的扩展。对大方坯来说，在轧制前进行加热时，疏松部位会氧化，不管之后压下量多大都不能使它轧合，而只能使它轧裂。

（3）碳的偏析，铸锭中的粗大枝晶在轧制时沿变形方向被拉长，并逐渐与变形方向一致，从而形成碳及合金元素的贫化带与富化带彼此交替堆叠的带状区。轧后缓冷条件下，先在碳及合金元素贫化带析出先共析铁素体，导致多余的碳排到两侧的富化带，最终形成以铁素体为主的带；而碳及合金元素富化带在其后形成以珠光体为主的带，因而形成了以铁素体为主的带与以珠光体为主的带彼此交替的带状组织，如图 9-3 所示。成分偏析越严重形成的带状组织也越严重。

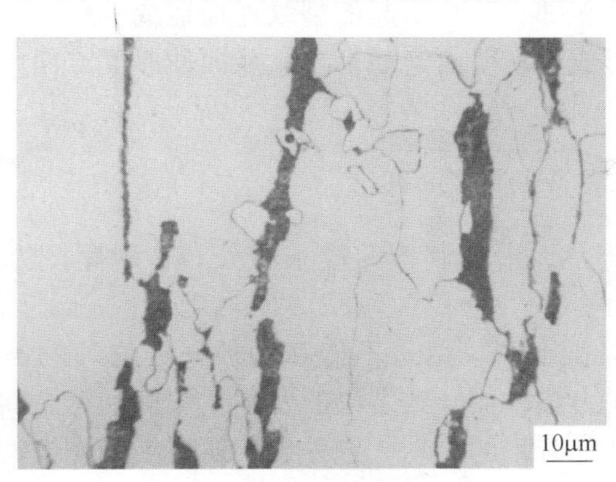

图 9-3 珠光体带状组织

（4）氢的偏析，氢气可被偏析和疏松捕集，夹杂物中也能存储一定量的氢。

当轧制时，缺陷部位被压缩，使缺陷部位饱和的氢对基体施加压力而产生局部应力，在冷却的过程中，相变的同时，氢的溶解度下降，使得钢中其过饱和度不断增加，当压力大于基体强度时，便会产生氢裂纹，从而导致轧制不合。

9.2.2　夹杂物的影响

9.2.2.1　塑性夹杂物的影响

钢中 MnS 类塑性夹杂物的存在是产生分层的主要原因。MnS 多呈薄膜形或扇形，以共晶形式分布在晶粒边界，呈均质硫化物。它是在用铝完全脱氧但又无过多的其他合金元素的镇静钢中出现的。这种钢的含氧量是低的，或者说这时钢液对硫有高的固溶度和高的硫氧比，因而硫化物相是在钢锭最后凝固的部分最晚析出的。

在轧制过程中，MnS 夹杂物随着钢板的变形由球状变为椭圆状，最后变为片状。一方面由于硫化物和铁素体界面之间只是简单的机械结合，而不是物理冶金结合，界面间结合力很低，所以微小的应变就使硫化物和基体脱离，在界面上形成空洞。空洞的长大一般发生在主应变的方向。随着变形的进行，空洞长大、汇合，直至深入基体形成裂纹。

另一方面，由于硫化物夹杂和基体的热膨胀系数有很大差异，在轧后冷却过程中产生的收缩效应不同，使得部分条状硫化物的尖端与基体界面处出现了小的空洞。再者，由于硫化物夹杂为塑性夹杂物，在应力作用下，硫化物夹杂内部由于平面滑移产生了长而窄的滑移带，这些滑移带上的位错被阻塞在夹杂物和基体的界面处，结果造成基体与界面处产生应力集中，导致夹杂物与基体界面处首先产生空洞。随着应力的逐渐增加，空洞互相连通形成微裂纹，微裂纹进一步扩展，促使同一平面内相邻夹杂物引起的裂纹连通造成平台。与此同时，相邻平面内裂纹间通过剪切形成剪切壁而连通平台，从而使厚度方向上的力学性能相对于长度方向明显恶化。

9.2.2.2　脆性夹杂物的影响

（1）被轧裂成碎片，沿轧制方向成条状分布，对厚度方向的力学性能有一定的影响。

（2）不变形或轻微变形，由于不能和钢板一样均匀的伸长，在夹杂物和钢的界面上就会产生应力集中而导致裂纹的发生。它们和钢之间产生的裂纹一般垂直于钢的流动方向，随着钢的流动，这种裂纹便在夹杂物与钢的界面上形成一个锥形间隙，其大小取决于夹杂物的塑性、轧制温度、变形速率等。由于钢中的横向压缩应力垂直于钢的流动方向，锥形间隙可能被填满，只留下裂纹。当夹杂物有一定的塑性变形能力时，由于钢与夹杂物界面上已经开裂的裂纹被粘合之前，夹杂物的外层沿钢的流动方向伸长，结果出现鱼尾状夹杂物，并在钢和夹杂物之间形成间隙。

9.3 带状组织引起的分层缺陷

9.3.1 典型实例检测

图 9-4(a) 为分层缺陷的微观形貌，该分层缺陷是典型的由于带状组织引起的。由图 9-4(a) 可知，试样断口处具有层状断裂特征，断口呈暗灰色且无金属光泽，缺陷部位形态呈明显的朽木状。图 9-4(b) 为试样表面的显微组织形貌，断口周围出现了铁素体与珠光体偏析带。

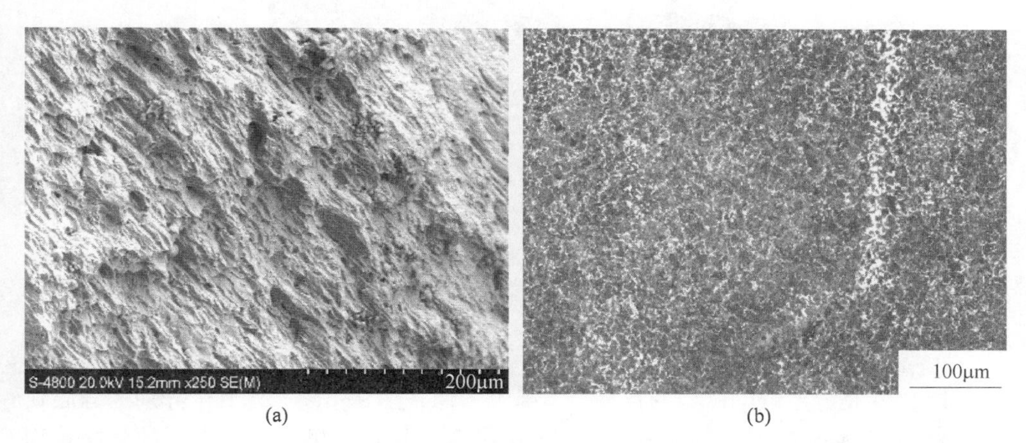

(a) (b)

图 9-4 带状组织引起分层缺陷的微观形貌及显微组织形貌
(a) 微观形貌；(b) 显微组织形貌

9.3.2 原因分析

带状组织的产生主要是由于合金元素在铸坯凝固过程中发生偏析作用，使得在奥氏体相变过程中，过饱和的 C 原子发生再配分现象，造成碳的贫化带及富化带。经轧制缓冷后，在碳的贫化带跟富化带对应处形成铁素体偏析带与珠光体偏析带，由于带状组织的出现使组织脆化，随着钢板厚度方向上的应力不断增强，在两相界面处产生分层缺陷。

9.3.3 整改措施

为了减少由于成分偏析而引起的带状组织，以解决分层缺陷，现场采用了如下措施：(1) 浇铸时采取较低温度，有利于钢液快速凝固，适当降低偏析；同时结晶器保护渣采用无碳型。(2) 适当降低轧后冷却速度，控制晶粒大小，使形成理想的片状珠光体及断续分布的铁素体组织，以保证钢的性能均匀性。

（3）加热炉保证加热时间，使得内外温度均匀，使钢内成分充分扩散，尽量减少成分偏析。

9.4　保护渣引起的分层缺陷

9.4.1　典型实例检测

图 9-5 为钢板缺陷处的微观形貌，由图 9-5 可知，在电镜状态下观察发现钢板分层缺陷明显，分层处与基体之间有明显分层，并且在缺陷处形成裂缝。

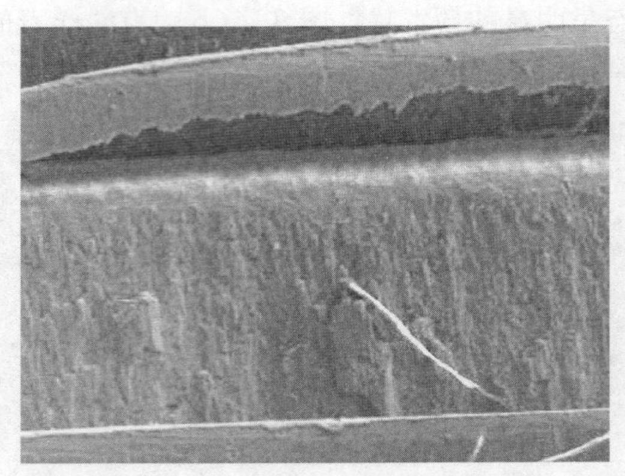

图 9-5　保护渣引起分层缺陷的微观形貌

图 9-6 是分层缺陷试样的扫描电镜检测图像，图 9-6(a)、(b) 分别为分层缺陷部位的 SEM 形貌及 EDS 分析。分层缺陷处为深黑色，里面集聚大量的疏松状物质，含有 Al、Si、Ca、Mn、O 以及 Na 元素，由此可知集聚物是以 Al_2O_3、SiO_2、CaO、MnO 及少量含 Na 元素为主的复合夹杂物，其成分与保护渣成分一致。

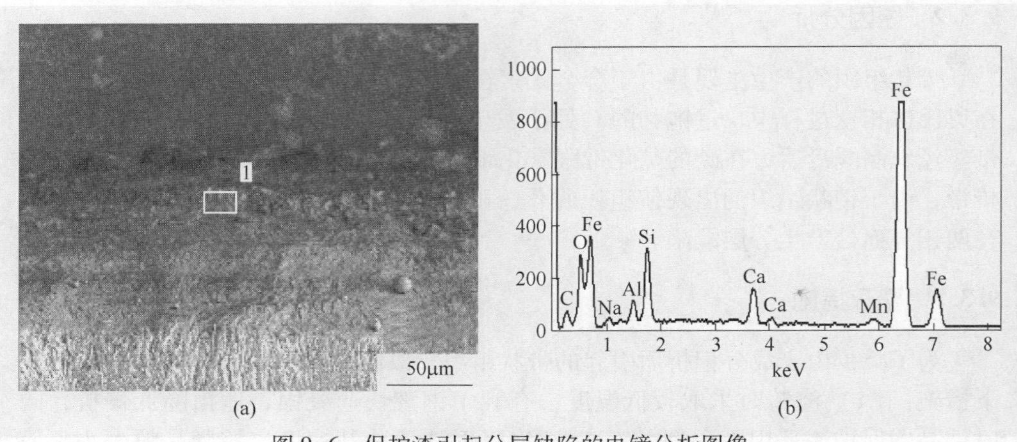

图 9-6　保护渣引起分层缺陷的电镜分析图像

（a）SEM 形貌；（b）EDS 分析

9.4.2 原因分析

由于保护渣的熔点及密度相对较低，当炼钢时的浇注速度过快或浇注温度过高时，漂浮在钢液表面的保护渣会进入钢液当中，形成夹渣，致使钢板最后凝固处聚集大量的脆性夹杂物与塑性夹杂物。夹杂物的存在破坏了钢板基体的连续性以及晶粒之间的结合力，降低了钢板的抗疲劳性能。钢板在轧制过程中被夹杂物隔开的各部分不能协调一致变形，各部分相互合并及扩展，使其周围发生应力集中，产生裂缝，发生边部开裂，最终造成分层缺陷。

9.4.3 整改措施

为了解决由于保护渣卷入造成的分层，首先，在生产过程中减少拉速及温度的变化，防止中间包水口堵塞，避免结晶器液位波动引起卷渣和其他夹杂；其次，在浇注过程中进行全程保护，特别是加大对结晶器的保护力度，改善结晶器保护渣润滑和传热性能，防止吸气卷渣；最后，从保护渣成分的选取到出钢挡渣这整个工艺应加大管理力度，适当调整助溶剂与合金元素的分数，定期对挡渣设备进行检查与维修。

9.5 硫化物引起的分层缺陷

9.5.1 典型实例检测

图 9-7 为硫化物引起分层缺陷的微观形貌。如图 9-7 可见，试样分层缺陷明显，缺陷位置存在于试样的表层，分层深度较浅，分层处与基体连接疏松，裂纹处呈深灰色。

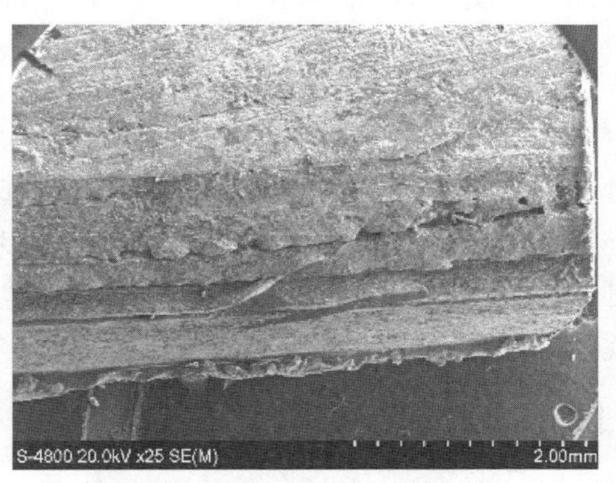

图 9-7 硫化物引起分层缺陷的微观形貌

图 9-8 为硫化物引起分层缺陷的电镜检测结果，由图 9-8(a) 电镜 SEM 图像及图 9-8(b) 能谱检测可知：分布在缺陷处的夹杂物没有明显的棱角，多数呈

圆球状或椭球状，尺寸一般都在 10μm 以上，夹杂物所含元素有：O、Al、Si、S、Ca、Fe。

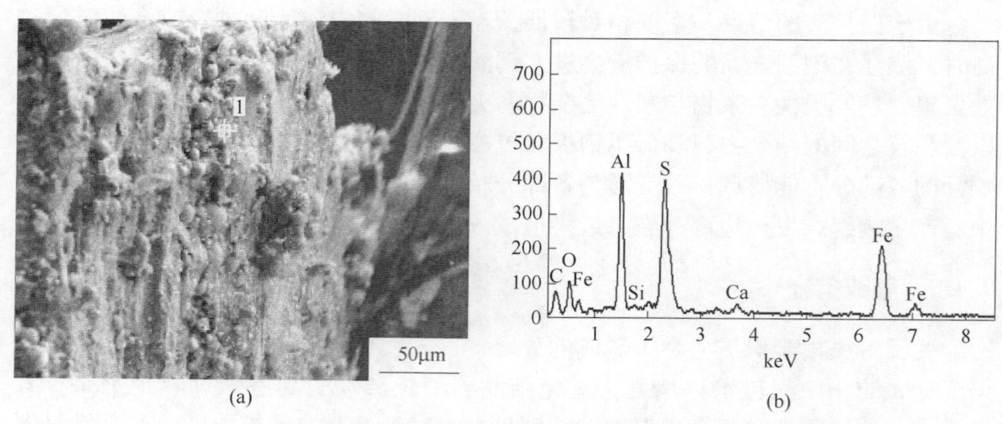

(a)　　(b)

图 9-8　硫化物引起分层缺陷的电镜检测图像

（a）SEM 形貌；（b）EDS 分析

9.5.2　原因分析

硫化物具有较高的延展性，在轧制过程中容易沿轧制方向变形，由最初的圆球状向椭球状甚至条状变形。硫化物造成分层缺陷，受数量与尺寸的影响，一般在分层缺陷处可以观察到数量较大，尺寸较长的硫化物。硫化物与基体是结合力相对较弱的机械结合。当硫化物周围产生应力疲劳时，硫化物与基体会在很短时间内分离，产生空洞，成为微裂纹的发源地。在轧制过程当中，塑性硫化物在轧制压力下会随之变形，产生与硫化物尺寸有关的细长状滑移带，由于滑移带上位错的阻塞，夹杂物会在应力集中的基体处更早的发生开裂现象，产生空洞，空洞相互汇合成微裂纹，同一平面内的微裂纹互相连通，造成了分层缺陷。

9.5.3　整改措施

解决此类分层缺陷的主要措施如下：（1）优化脱硫手段，在变质剂当中添加适量的钛和钙，使硫含量降低及硫化物尺寸减小。（2）采用连铸代替模铸技术，连铸使铸坯冷却速度快，抑制硫元素偏析，使钢的性能更稳定。（3）炼钢过程当中，在不断搅拌的同时保证充足的吹氩时间，使得夹杂物上浮。

9.6　异常组织引起的分层缺陷

9.6.1　典型实例检测

图 9-9 是典型异常组织引起的分层试样的宏观形貌。由图 9-9 可以看出，试样表面存在严重的分层缺陷，部分分层表皮已经脱落。

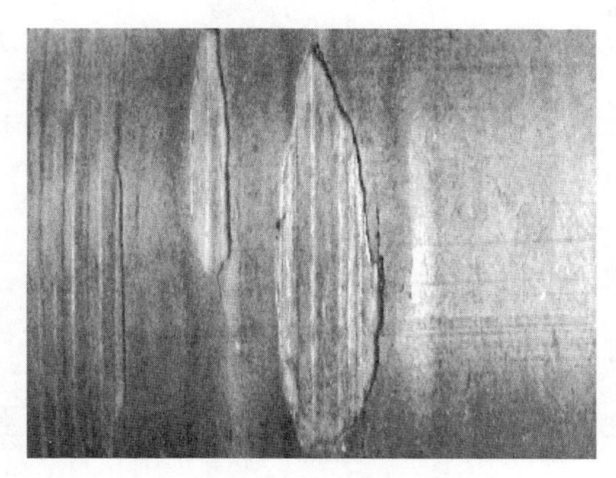

图 9-9 异常组织引起分层缺陷的宏观形貌

图 9-10(a)、(b) 分别为表层脱落分层缺陷处横截面显微组织形貌以及表层未脱落位置的横截面显微组织形貌。由图 9-10(a) 与 (b) 可知，二者显微组织明显不同，图 9-10(a) 表层脱落处为铁素体及珠光体，图 9-10(b) 表层未脱落位置除了铁素体及珠光体以外，还分布有硬度大、耐磨性好的条状马氏体组织。

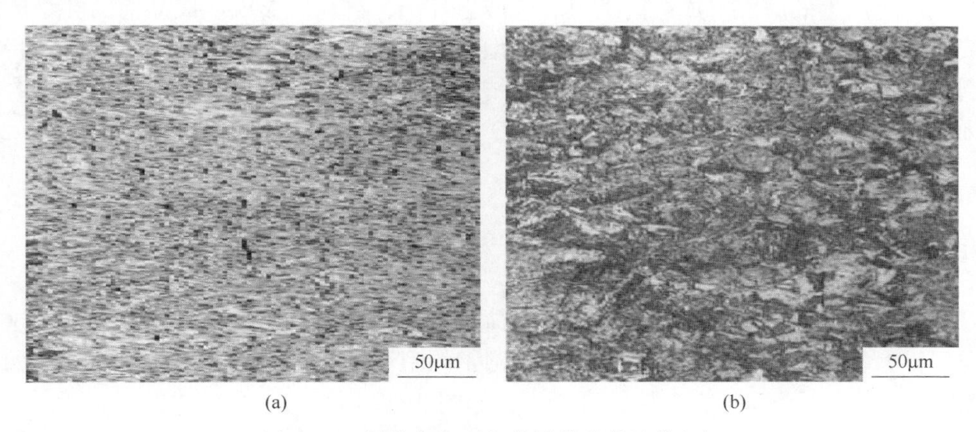

(a) (b)

图 9-10 异常组织引起分层缺陷的显微组织

(a) 表层脱落分层缺陷处显微组织形貌；(b) 表层未脱落位置的显微组织形貌

9.6.2 原因分析

在淬火冷却过程中，冷却速度较慢，板材内部未得到有效的淬硬深度，淬火力度不够。当基体表面区域温度达到 M_s-M_f 区时，奥氏体发生相变，形成马氏体组织，而内部由于淬火介质散失速度的减慢，在一定深度内发生了非马氏体转变，最后淬火工件只有很薄的马氏体组织。在加工过程当中，表面承受较大的外部载荷，此时基体表面与内部的组织不一致，很薄的外表面脆性相马氏体由于抗塑性变形能力差与异常的内部组织不能协调一致的变形，并对内部组织的变形起阻碍作用，容易在二者的分界面处产生应力集中发生微裂纹，从而形成分层缺陷。

9.6.3 整改措施

为了解决由于淬火力度不够，得不到有效的淬硬深度而引起分层缺陷的主要措施包括：设计合理的钢种成分，适当提高锰含量，使得 M_s 升高；选取合适的淬火冷却介质，采用盐水冷却，提高冷却速度。

9.7 折叠引起的分层缺陷

9.7.1 折叠缺陷的定义

折叠呈直线状，外形与裂纹相似，有的呈锯齿状，沿着轧制方向连续或间断地出现在钢材全长或局部，深浅不一，在横断面上一般呈折角。折叠缺陷是一种在钢材表面形成各种角度的折线。这种缺陷往往很长，几乎通向整个产品的纵向。在横向酸蚀试样上，折叠表现为与钢材表面斜交的裂缝，附近有较严重的脱碳现象，缝内常夹有氧化物鳞。

折叠产生的原因有成品前某道轧件产生耳子，再轧后形成。成品前的孔型磨损严重或轧件产生严重擦伤而造成。孔型偏差或导卫板偏差使轧件产生台阶，特别是异型材更容易引起折叠。原料表面精整不良，有尖锐棱角，或深宽比不符合标准，或原料留有裂缝。

9.7.2 折叠缺陷形式

9.7.2.1 简单断面型材

简单断面型材是指横断面形状比较简单的一类型钢，如圆钢、方钢等。在这类型材上的折叠通常是直线形式存在。圆钢的隐性折叠需要酸洗后才能看到，如图 9-11 所示，普通折叠直接就可看见，如图 9-12 所示。

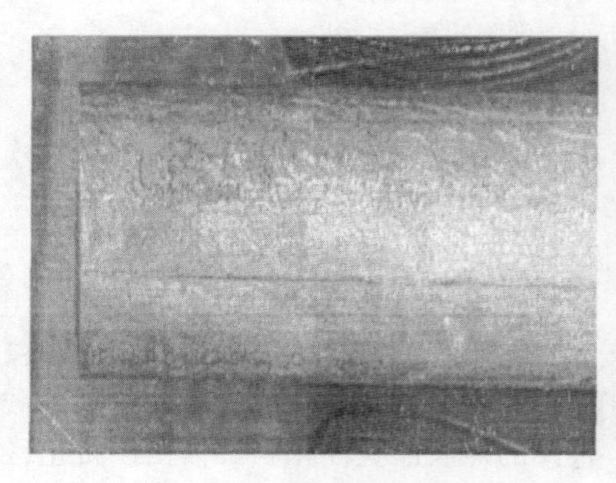

图 9-11 圆钢隐性折叠缺陷（酸洗后）

图 9-12 圆钢折叠缺陷

9.7.2.2　复杂断面型材

复杂断面型材是指横断面比较复杂的一类型钢。如工字钢、型钢等。这一类产品的折叠缺陷通常出现在腿部或者腰部，如图 9-13 所示。

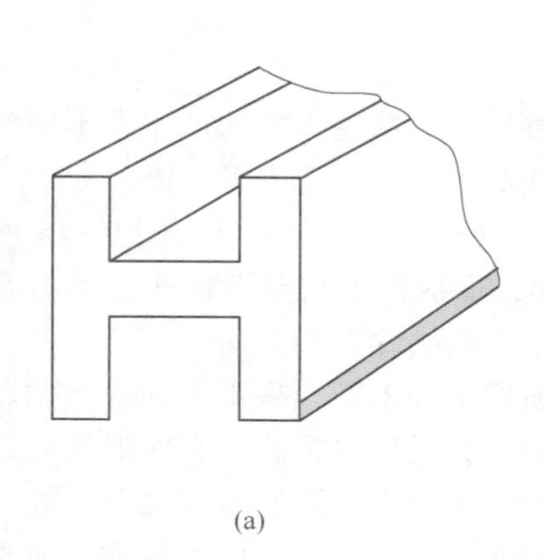
(a)

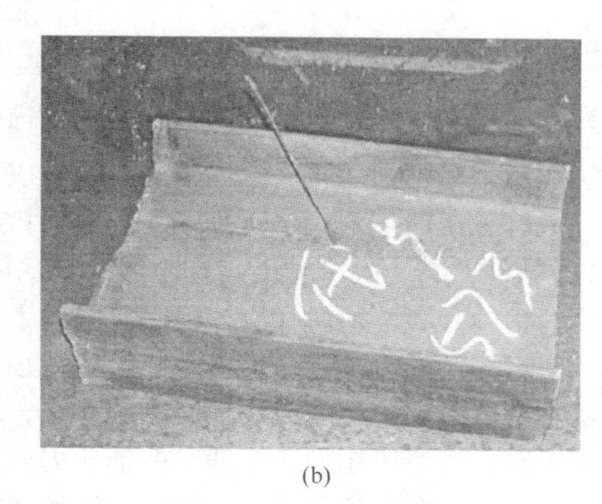
(b)

图 9-13　折叠缺陷示意图
（a）H 型钢；（b）工字钢

沿轧制方向与钢坯表面有一定倾斜角度，近似裂纹的缺陷。折叠是因孔型设计不当或轧机调整不当，在孔型开口处过充满而形成耳子，再经轧制将耳子压入轧件本体内，但不能与本体焊合而成的，其深度取决于耳子的高度。

9.7.2.3　中厚钢板

折叠是中厚板生产中常见的一种钢板表面缺陷，它是钢坯的某些初始缺陷在后续轧制过程中承受过压轧制形成的，或者是钢坯在加热炉进行过程中及在轧制过程中被刮伤所致，或者是轧制时钢板边部金属流动不均匀、板坯边部不适当变形引起的材料重叠区，如图 9-14 所示。

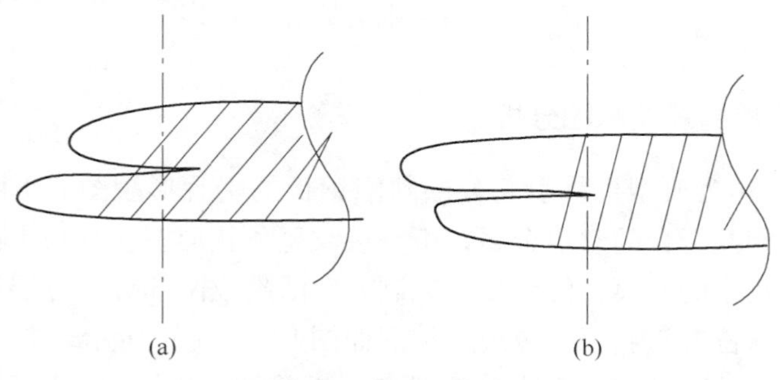
(a)　(b)

图 9-14　钢板边部折叠示意图
（a）“包边”下包上；（b）“包边”两边包

中板折叠缺陷可造成的非计划品比例提高，造成原品种合格率的大幅度下降，同时损失了成材率，增加成本，而且极大地影响了专用板原品种合格率及合同的及时兑现。要解决中板折叠问题，需研究坯料的加热、轧制过程人手对折叠缺陷进行了系统研究。

9.7.2.4 锻材

在锻材的生产过程中，锻件经常会出现一些折叠，这些折叠的产生，不但降低了产品合格率，而且一旦误判或漏检而成为成品，有可能造成很大损失。

锻材采用的下料设备是剪床，下料时在切口处易出现毛刺（如图 9-15 所示)，这种毛刺在锻造时很容易叠到锻件基体中，形成锻造折叠。预防此类折叠产生的措施是，下料时控制坯料毛刺的产生或下料后去除毛刺。

锻材采用的锻造制坯设备是空气锤，根据所锻工件不同，采用平砧或型砧制坯。若制坯形状不合理或制坯时控制不当，锻造时容易形成折叠。有些锻件锻造前需折弯，折弯所用设备一般是曲柄压力机。若毛坯折弯过渡处圆角太小（如图 9-15 所示)，在合模锻造时，圆角过渡处就很容易产生折叠。采取的措施是适当加大折弯模过渡处圆角。合模锻造设备采用摩擦压力机，多数情况下用单模腔锻造，在合模锻造阶段，最容易产生折叠。产生图 9-15 所示折叠的原因是由于锻造时坯料所放位置不当。

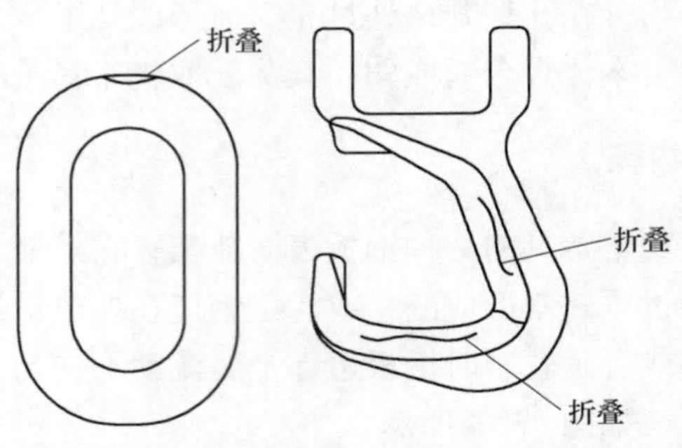

图 9-15 锻件折叠缺陷示意图

9.7.3 典型实例检测及原因分析

图 9-16(a) 为典型折叠引起分层缺陷钢板的宏观形貌图。由图可以看出钢板表面局部有相互折合的双层金属，折叠裂纹呈条状形态，且与表面倾斜一定角度，形成深度较小的凹痕，使钢板沿轧制方向断裂成两部分，分层缺陷断口平起规整，且分层部位容易剥落。微观形貌图如图 9-16(b) 所示。通过图 9-16(b) 扫描电镜对折叠缺陷部位的微观分析可知，折叠裂纹周围存在明显的氧化质点，这些氧化质点主要是高温加热时折叠裂纹所形成的产物氧化铁。

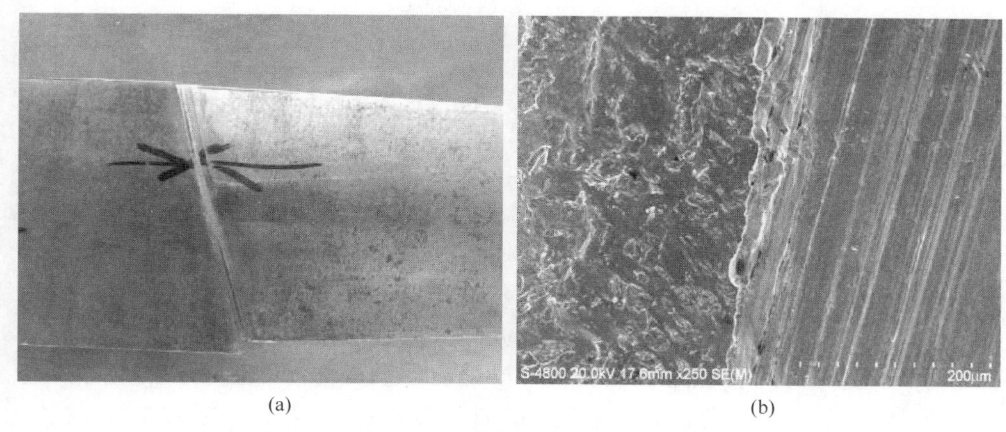

(a) (b)

图 9-16 折叠引起分层缺陷的宏观形貌及微观形貌
（a）宏观形貌；（b）微观形貌

9.7.4 整改措施

为了解决折叠引起的分层，采取了如下措施：（1）注重坯料的选取与检测，严格确保坯料质量；（2）辊道载荷分布均匀，选取合适的立轧压下量，控制轧机辊缝的大小；（3）尽量实现各工序稳定生产，避免出现轧件跑偏；（4）定期检查轧机辊道的运行情况，及时清理轧后污垢，防止“死辊”现象。

10　焊管冷弯开裂缺陷

焊管被广泛应用于石油、天然气输送管道以及各种管制工业产品当中，其优异的抗疲劳特性成为生产中重要的考虑因素。随着焊管需求的不断增加，一些焊管缺陷问题也给厂家及用户带来不必要的麻烦，其中焊管冷弯开裂缺陷在生产过程中十分普遍。冷弯性能是检验板材力学性能的重要指标，主要考察钢材如造船、桥梁、建筑、压力容器等在常温下冷加工弯曲时产生塑性变形的能力。在实际生产中，焊管发生冷弯开裂通常涉及板材基体与焊缝两方面问题，影响冷弯性能的因素包括钢的化学成分、纯净度、夹杂物种类、数量、尺寸以及组织结构、轧钢工艺等多种因素，然而，目前针对焊管冷弯开裂缺陷的研究报道大多集中在某一种类上，对其原因种类的归纳叙述鲜见报道，给厂家及用户理论的借鉴带来不便。

因此，为了改善冷弯开裂缺陷，同时提供给厂家及用户综合的理论指导，作者通过对开裂缺陷区域的微观形貌、组织结构、力学性能等一系列微观研究，针对炼钢厂、热轧板厂和冷轧板厂产生缺陷的原因进行分析，并制定相关解决措施，希望对指导现场实际工业生产有一定的实用价值。

10.1　试验材料及方法

通过对几种缺陷的宏观形貌进行观察，并记录其特征。采用 DK-7732B 型电火花数控线切割机床，在试样冷弯断口典型区域截取 10mm×10mm 金相试样（取样时尽量贯穿缺陷处，便于观察其横截面上的缺陷组织形态），用砂纸依次进行5道打磨后在 DMP-4A 自动金相试样研磨抛光机上抛光，用体积分数为 4%硝酸酒精溶液腐蚀后，用无水酒精清洗，然后在 Neophot Ⅲ型光学显微镜下观察热轧带钢的显微组织，利用 S-4800 场发射扫描电子显微镜（SEM）及其附带的能谱仪对试样断口形貌观察及成分分析。

10.2　焊管简介

10.2.1　无缝焊管原始材料的生产

无缝钢管是由管坯或者坯料经过冷轧或者热轧工艺进行生产的，因此，所谓的无缝钢管的原始材料就是管坯。一般情况下，通常是采用实心的圆钢作为生产无缝钢管的坯料。管坯的生产工艺流程大致为，从矿石中提炼出铁元素，将提炼出来的铁元素放入炼钢的炉子中，然后按照一定的生产工艺熔炼，熔炼以后的金属放入铸模中，等待冷凝，冷凝之后形成钢锭，将制好的钢锭轧制成圆钢，就形成了生产无缝钢管的管坯。管坯的生产是经过一系列比较复杂的工艺而制成的，无缝钢管的质量好坏与管坯是否合格有很重要的关系，因此控制好管坯的质量是生产无缝钢管的先决条件。

另外，管道运输被广泛应用于石油、天然气、煤浆等的输送中，管道运输已经是运输业的五大支柱之一。随着石油、天然气逐渐向海洋、寒冷及边远地区发展，要求焊管在满足安全可靠的前提下，能够输送高压力并含有腐蚀性的介质，因此对焊接钢管也提出了越来越高的要求。目前在国际油气长输管道建设中，广泛采用直缝埋弧焊接钢管和螺旋埋弧焊接钢管联合使用建设油气管道可靠而经济。

10.2.2 直缝埋弧焊接钢管

小口径焊管机组的成型方法众多，最早是导板成型法和对辊成型法（含边缘弯曲法、中心弯曲法和圆周弯曲法），70 年代末引入了排辊成型法。进入 80 年代，为了提高产品质量、扩大产品规格范围，先后开发出众多新的成型法，立辊成型法（VRF 法）、直线式排辊成型法、组装式成型法以及复合成型法等。

中径焊管机组最早也是采用对辊成型法，但自 70 年代出现了排辊成型法后，排辊成型法已成为中径焊管机组的主流。中径焊管机组的排辊成型法主要有三种工艺：全排辊成型法、半排辊成型法和直缘式排辊成型法。

所谓大口径直缝埋弧焊接钢管是指直径大于 426mm 或 508mm 的直缝埋弧焊接钢管。大口径直缝埋弧焊接钢管的成型方法主要有 UOE、JCOE、PFP、RBE 成型等。现对 JCOE 成型方法介绍如下：

JCOE 直缝埋弧焊接钢管生产工艺流程为（图 10-1）；钢板超声波探伤→ 铣边→ 预弯边→ 成型→ 合缝预焊→ 内焊→ 外焊→ 超声波探伤→ X 射线探伤→ 扩径→ 水压试验→ 平头倒角→ 超声波探伤→ X 射线探伤→ 管端磁粉探伤→ 称重测长→ 防腐和涂层→ 标记出厂。在直缝焊管生产工艺中，关键的部分是成型、焊接和扩径。

大口径直缝埋弧焊接钢管相对螺旋埋弧焊接钢管的优势在于以下几个方面：

（1）残余应力小。直缝埋弧焊接钢管在成型过程中回弹小，经过焊后扩径以后，焊管残余应力的大小和方向得到调整。由于残余应力比较小，所以不易受到腐蚀性介质的腐蚀，可以满足更恶劣条件下的使用。

（2）在焊管长度相同条件下，直缝埋弧焊接钢管焊缝长度比螺旋焊接钢管小。所以在相同焊接条件下直缝埋弧焊接钢管出现缺陷的概率低。

（3）直缝埋弧焊接钢管的成型质量比螺旋焊接钢管好。在经过扩径后其几何尺寸、椭圆度可以得到精确的控制。

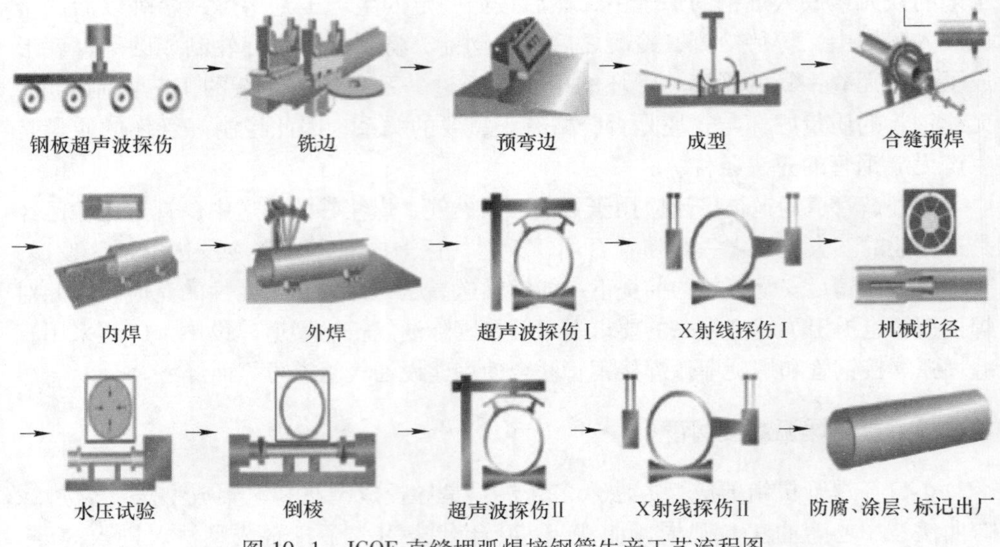

图 10-1　JCOE 直缝埋弧焊接钢管生产工艺流程图

10.2.3　螺旋焊管

螺旋焊管生产工艺顺序稍有差别，典型的螺旋焊管生产检验工艺流程如图10-2所示。

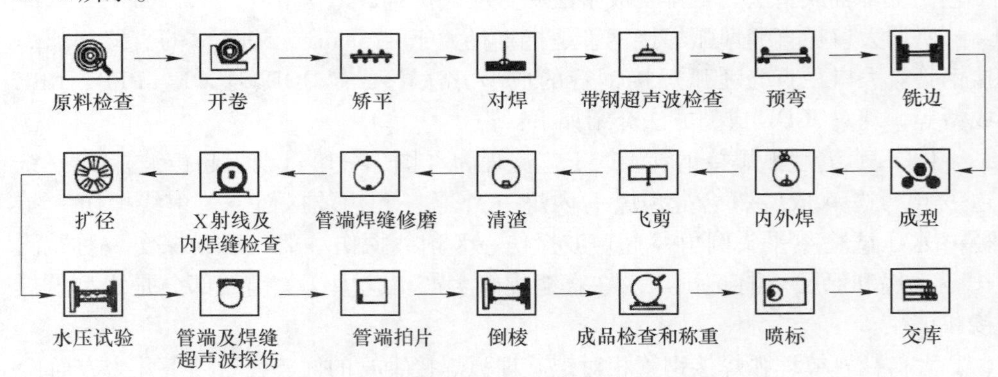

图 10-2　螺旋焊管生产检验工艺流程图

螺旋焊管生产方式比较灵活，可以用不同宽度的钢带生产同一直径的钢管，也可以使用一种宽度的钢带生产不同直径的钢管。其生产特点主要有：

（1）优点：1）可以采用宽度比较小的钢板生产大直径的钢管，钢管长度可按照要求大小随意切割。2）同种成型工作宽度的一种设备可生产不同规格型号的钢管，只需要调整成型器即可。3）管径、圆度都可以精确控制。4）可以实现整卷卷板连续生产，后摆式机组不用停车，设备全部机械化。5）螺旋焊管生产设备整体重量轻，相对其他同类钢管生产设备投资少，成本低。

（2）缺点：1）焊接控制出现问题时钢管产生缺陷的概率较大。2）生产过程中会受到原材料质量的影响。3）机组生产效率低。

10.3 非金属夹杂引起的焊管冷弯开裂缺陷

10.3.1 非金属夹杂概述

随着现代工程技术的发展，对钢的各个方面要求更为严格，对钢的洁净度要求越来越高。非金属夹杂物，指钢中一些没有金属特性的物质，比如：氧化物、硫化物等，这些物质是单独的形成在钢中，夹杂物的存在降低了钢的连续性，并且使金属的组织变得不均匀，所以，夹杂物特性的测定是评价钢质量的重要指标，在一些高质量的钢铁厂中，被列为常规检测项目之一。

根据夹杂物的组成，形态和性质，非金属夹杂物可分为 4 类：A 类，硫化物类；B 类，氧化铝类；C 类，硅酸盐类；D 类，球状氧化物类。不同的类型，颜色形态也不一样。A 类的硫化物为灰颜色的，成条状的。B 类的氧化铝为黑色并且顺着形变，成行排列，而且每排中至少三颗。C 类的硅酸盐，颜色是深灰色，也是条状。D 类的球状氧化物，颜色是深灰色。

钢中 D 类球状氧化物主要是冶炼和浇注的过程中形成的，而焊管中的球状氧化物夹杂除了原钢中的原始夹杂外，在焊管的生产过程中也会形成氧化物夹杂，因为焊管的生产过程是一个复杂的过程，包括穿孔、轧制、退火处理等，在这些过程中也不能避免氧化物夹杂的生成，所以焊管中的 D 类球状氧化物夹杂在钢管中多多少少是一定会存在的。

10.3.2 非金属夹杂的评定

在对开裂钢管的研究分析中，非金属夹杂的检测是必不可少的，通常来讲少量的氧化物夹杂不会对钢管的性能产生严重影响，但是如果球状氧化物夹杂超过一定的标准后就会对钢的性能产生影响，因此在分析焊管开裂的原因时，非金属的检验也是极其重要的。

对于非金属夹杂的评定方法，采用对非金属夹杂进行评级，以评级的大小来判定夹杂的情况好坏，按照 GB/T 10561—2005 规定且根据技术要求进行等级评定。

球状氧化物（D 类）评级标准中，分为 6 个等级，依次为 0.5 级、1 级、1.5 级、2 级、2.5 级、3 级，级数越高证明夹杂越严重。这 6 个等级是从夹杂物的数量上评判的，对于夹杂大小的评级，根据球状氧化物夹杂直径大小主要分为两种，粗系和细系，粗系为 8~13μm，细系为 3~8μm。在硫化物夹杂（A 类）评级标准中，也是分为 6 个等级，依次为 0.5 级、1 级、1.5 级、2 级、2.5 级、3 级，同样的级数越高证明硫化物的夹杂越严重。与 D 类相同，此 6 个等级是表示硫化物夹杂数量的多少，而表示硫化物夹杂大小的分为粗系和细系两种，粗系为宽度大于4~12μm，细系宽度为2~4μm。

10.3.3　硅酸盐类夹杂引起的焊管冷弯开裂缺陷

10.3.3.1　典型实例检测

图10-3为焊管冷弯开裂的宏观形貌。由图可知，焊管脊部位置出现长达100mm的裂纹，并且裂纹在焊板厚度方向上有一定深度。

图10-3　硅酸盐类引起冷弯开裂的宏观形貌

图10-4为焊管冷弯开裂缺陷处的扫描电镜检测结果，图10-4(a)及(b)分别为缺陷区域SEM形貌及EDS。由图10-4(a)及(b)可知，焊管开裂缺陷处存在颗粒状夹杂物，夹杂物尺寸长达70~150μm，开裂区域成分主要由C、O、Fe、Mn、Al、Si等元素组成，由此可知，焊管开裂缺陷处颗粒状夹杂主要是硅酸盐类复合夹杂。

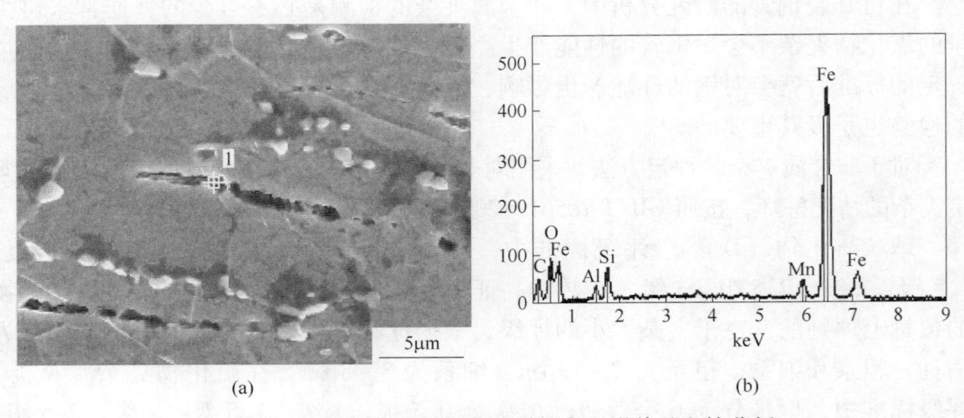

图10-4　硅酸盐类引起冷弯开裂的宏观形貌及电镜分析

(a) SEM形貌；(b) EDS分析

图 10-5 是冷弯直缝焊管开裂断面金相组织，如图所示，金相组织由铁素体和珠光体组成，在板厚两侧四分之一处出现多条沿轧制方向的异常条带状物质，该物质与轧制方向平行，一部分穿晶而过，一部分沿晶穿过。异常条带状物质长度在 100~1000μm 之间，宽度在 1~3μm 之间，条带两端呈锐角状态，其尺寸较大，对照国标可知，该 C 类夹杂已经大于 3 级。

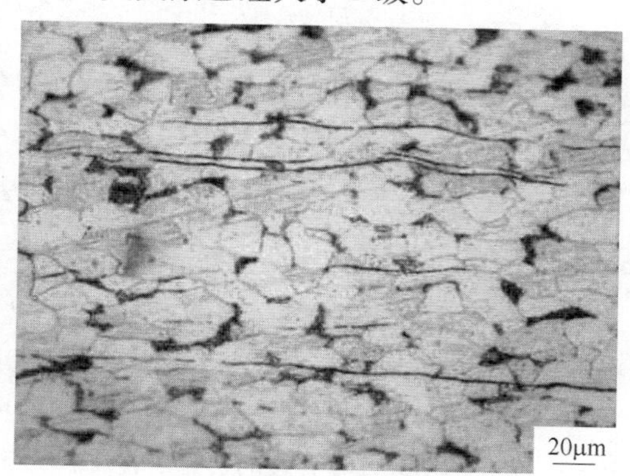

图 10-5 硅酸盐类引起冷弯开裂的显微组织

10.3.3.2 原因分析

冷弯变形时，由于夹杂物和基体的塑性韧性相差较大，使得夹杂物与基体不能同时变形，位错堆积在晶界附近，内应力集中，容易在夹杂物与周围基体结合处出现裂纹源。另外，由于夹杂物尺寸及形状的不同，使得其板材产生各向异性，板材的横向延性受到影响。大尺寸夹杂物的存在，破坏了基体的连续性，降低了晶粒间的结合力及热塑性，使得各组织在基体中不协调变形，降低了材料的延展性。在后续变形中，断裂裂纹从夹杂物与基体结合处萌生及扩展，发生开裂。

10.3.3.3 整改措施

为了改善硅酸盐类夹杂物引起的焊管开裂缺陷，首先要改善吹氩操作工艺，减少钢液中尺寸较大的硅酸盐夹杂；其次，保障良好的中间包工艺，提高中间包钢水中夹杂物的去除率。

10.3.4 硫化物引起的焊管冷弯开裂缺陷

10.3.4.1 典型实例检测

图 10-6 硫化物引起冷弯开裂的宏观形貌及显微组织。图 10-6(a) 是焊管发生冷弯开裂缺陷的基体。图 10-6(b) 是开裂缺陷处的显微组织。由图可知，该

金相组织由正常的铁素体与珠光体组成，缺陷处没有晶粒粗大现象以及晶界氧化的痕迹，显微组织中出现了条带状夹杂物，其尺寸大小不等，较大的在 20~150μm 左右。

(a)　(b)

图 10-6　硫化物引起冷弯开裂的宏观形貌及显微组织

（a）宏观形貌；（b）显微组织

图 10-7(a) 及（b）为开裂缺陷处 SEM 形貌及 EDS 能谱分析，由图可知，焊管开裂缺陷处明显能观察到夹杂物形貌，通过能谱分析可知，该缺陷处含有 S、Mn、Fe 等元素，由此可知该复合夹杂物由 MnS、FeS 等硫化物组成。

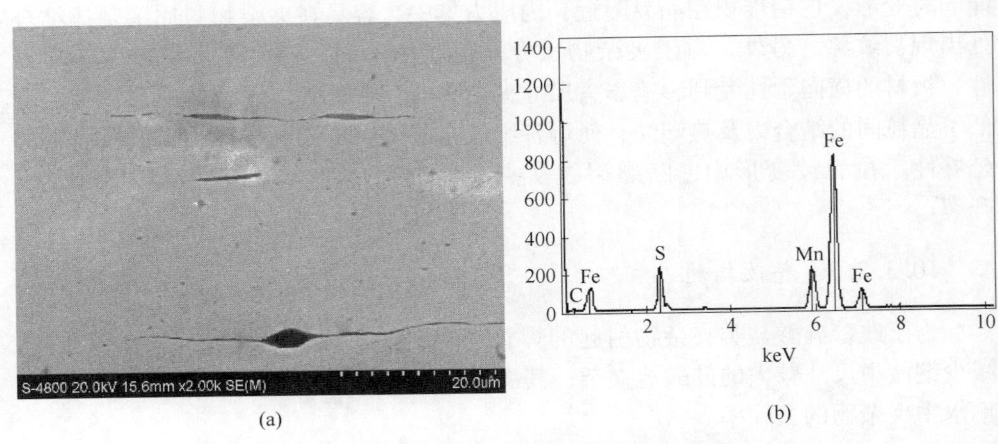

(a)　(b)

图 10-7　硫化物引起冷弯开裂的电镜分析图

（a）SEM 形貌；（b）EDS

10.3.4.2　原因分析

塑性硫化物在轧制过程中高温形变指数接近 1，在轧制过程中与基体同时延伸变形，被轧制成条带状。条带状硫化物造成了基体的各向异性，受到焊接后热胀冷缩的影响，在热膨胀系数不同的夹杂物与基体接触面处会萌生微裂纹。另外，冷弯过程中，条带状硫化物与基体接触面为空洞的萌生提供了场所，随着冷弯程度加大，微裂纹与空洞会不断扩展长大，其横截面具体断裂过程如图 10-8 所示。由于夹杂物本身不对称，容易在基体周围产生弹性畸变能，使得内应力增大。冷弯成型时，夹杂物附近所有的主应力为拉应力，容易造成夹杂物本身破碎。在应力集中的影响下，由于夹杂物与基体结合较弱，在塑性变形时，夹杂物与基体剥离发生明显的冷弯开裂现象，最终导致夹杂物与基体接触面处的断裂。

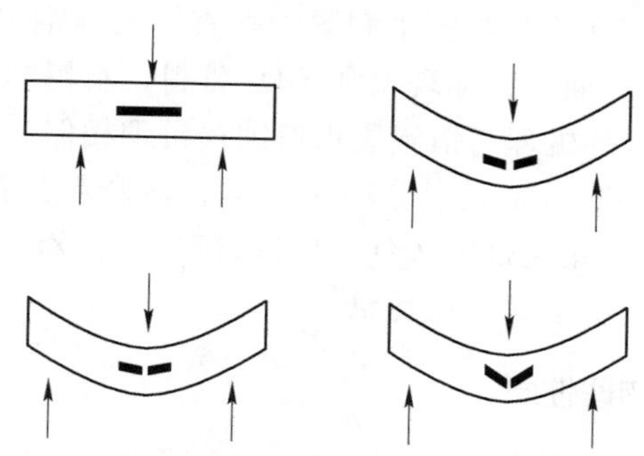

图 10-8　硫化物引起冷弯开裂的电镜分析及横截面断裂流程图

10.3.4.3　整改措施

针对硫化物夹杂，生产中要从硫化物的数量、形状及性质上改善。优化脱硫工艺，采用合成渣法脱硫时，要进行充分的吹氩搅拌，必要时可以考虑铁水预脱硫；同时夹杂物的尺寸与板材厚度与压缩比有关，较厚的板材应采用较大的压缩比，以此来改变硫化物在基体中的分布形状；加入适量的钛元素，当焊管冷弯变形时，破碎状钛的硫化物对基体的应力集中有所改善。

10.4　锆系耐材脱落引起的焊管冷弯开裂缺陷

10.4.1　铝碳-锆碳复合浸入式水口

为了解决铝碳质水口的下列问题：不耐侵蚀而导致在渣线部位形成“缩颈现象”甚至断裂，水口内壁容易被钢水脱氧产物 Al_2O_3 等沉积而堵塞水口。并且由于新连铸技术的采用，浇铸温度高，拉速高，保护渣黏度较低，因而保护渣对浸入式水口的侵蚀加剧，铝碳质水口已不能满足这些苛刻条件。为了解决上述问题，20 世纪 80 年代日本从材质上开发出一种 Al_2O_3-C/ZrO_2-C 复合浸入式水口：本体主要采用 Al_2O_3-C 质、渣线部位采用 ZrO_2-C 质复合材料。这是由于氧化锆具有优良的化学稳定性，难以被以 CaO-Al_2O_3-SiO_2 系连铸保护渣侵蚀，高温下

溶入渣中的 ZrO_2 增强了熔渣的黏度，而未被溶解的氧化锆颗粒又增强了渣的表观黏度。从而降低了保护渣对氧化锆—石墨渣线层的侵蚀，提高了水口的耐蚀性。

10.4.2　铝碳-锆碳复合浸入式水口损毁机理

在渣线部位，渣侵入到试样和钢水之间熔解出 ZrO_2 等骨料，耐渣性强的石墨残留在表面。由于石墨易与钢水润湿，所以渣-钢界面上升，呈现材料表面与钢水接触的状态。此时石墨又溶解于钢水中，使材料表面再次露出 ZrO_2 骨料。ZrO_2 骨料容易与渣润湿而不易与钢水润湿，则渣侵入到钢水-耐火材料界面熔出氧化物。像这样渣-钢界面的移动现象和 ZrO_2 骨料、石墨的熔出行为连续交替进行，产生局部蚀损，这种机理与铝碳质水口蚀损机理相似。另外使用以 CaO 作稳定剂的 ZrO_2 原料中的 Zr、Ca 元素分布不均匀，从颗粒外部产生脱离稳定化现象，而使用以 Y_2O_3 作为稳定剂的 ZrO_2 原料，在受热后 Zr、Y 元素在颗粒内几乎是均匀分布的，不易产生不稳定化现象。

10.4.3　二氧化锆的物理性质

二氧化锆（ZrO_2）主要来源于锆英石（$ZrO_2 \cdot SiO_2$）。其具有耐高温、耐化学腐蚀、抗氧化、耐磨、热膨胀系数大及热容和导热系数小等特性。这些特性决定了它是一个非常理想的高温耐火材料、研磨材料和高温隔热材料。二氧化锆还具有马氏体相变的特性，这是二氧化锆被用来提高陶瓷材料的韧性和耐火材料热震稳定性的重要依据。高纯的二氧化锆为白色粉末，密度为 5.49g/cm^3，熔点为 2725℃。在不同温度下，二氧化锆以三种同质异形体存在，即单斜晶系（m-ZrO_2）、四方晶系（t-ZrO_2）、立方晶系（c-ZrO_2），如图 10-9 所示。三种晶型的密度分别为 5.65g/cm^3、6.10g/cm^3、6.27g/cm^3。单斜二氧化锆不能直接用来制造制品，在温度发生变化时一会产生相结构的转变，这是一个可逆的相变过程。常温下，只能是单斜相，当用锆盐煅烧，达到 650℃时，出现稳定的四方相，继续升高时四方相逐步转变为单斜相，再继续升温 830℃时，ZrO_2 又开始向四方相转变，至 1200℃时，完全转变为四方相，温度升至 2300℃时转变为立方相；当温度降低时，逐步转化为四方相，到室温时，变为稳定的单斜相。单斜二氧化锆在 830~1200℃时的转变较为复杂，会产生滞后现象。正是这种滞后现象，为二氧化锆在陶瓷及耐火材料应用提供一个重要性能。在转变过程中，会产生相应的体积变化，当温度升高时，由单斜相向四方相转变时，会使体积收缩 5%，而当温度降低由四方相向单斜相转变时会使体积膨胀 8%，存在的三种相结构，其热膨胀是不一样的。

图 10-10 显示了纯单斜相、部分稳定以及全稳定 ZrO_2 的热膨胀曲线。

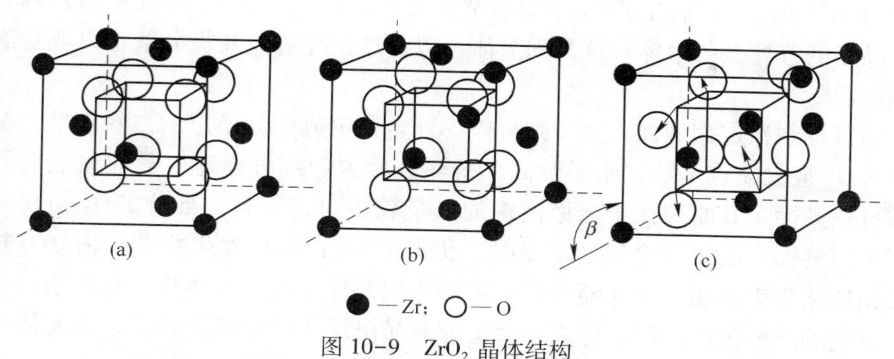

图 10-9 ZrO_2 晶体结构
（a）立方相；（b）四方相；（c）单斜相

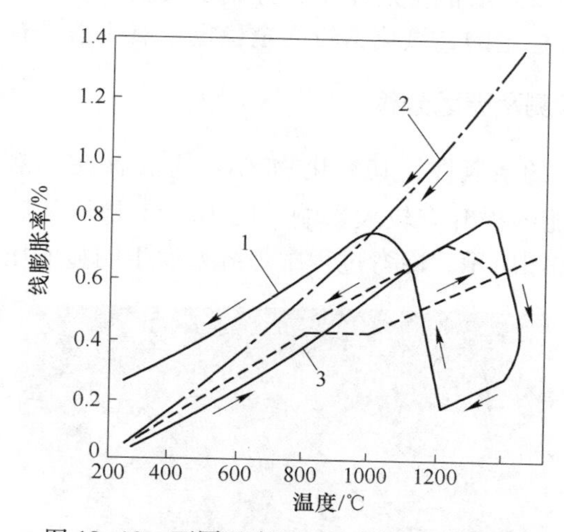

图 10-10 不同温度下 ZrO_2 的热膨胀特性
1—未稳定 ZrO_2；2—全稳定 ZrO_2；3—部分稳定 ZrO_2

由图 10-10 可以看出，纯单斜相 ZrO_2 的线膨胀系数虽然较小，但其热膨胀具有显著的各向异性，而且还存在相变的问题。立方 ZrO_2 的线膨胀系数最大，并且随着温度的增加而增加。

10.4.4 二氧化锆的晶型稳定

ZrO_2 中添加某些氧化物作为稳定剂，使其与 ZrO_2 形成固溶体和复合体，改变晶体内部结构，形成亚稳的四方相和立方相，使其由单一的单斜相转变成双晶结构的四方相和立方相。这种固溶体在常温下保持原有的四方相和立方相，甚至在高温下，也不会发生相转变。在对二氧化锆进行晶型稳定化处理时，常用的稳定添加剂有 CaO、MgO、Y_2O_3、CeO_2 及其他稀土氧化物。这些氧化物的阳离子

半径与 Zr^{4+} 相近，它们在 ZrO_2 中的溶解度很大，可以和 ZrO_2 形成单斜、四方和立方晶型的置换型固溶体，这种固溶体可以通过快冷避免共析分解，以亚稳态保持到室温。

通过控制稳定剂的加入量，则可以得到全稳定或部分稳定的二氧化锆。全稳定的 ZrO_2 最大缺点是线膨胀系数高，抗热震性差。部分稳定二氧化锆能有效改善其抗热震性。其原理在于当稳定剂加入量较少时，只有一部分 ZrO_2 与稳定剂生成了固溶体，由高温冷却到常温时，仍有一部分 ZrO_2 发生相变，由立方相或四方相转化为单斜相，并伴随发生一定的体积变化。由于此体积变化较小，并且由稳定剂的加入量所控制，所以不会造成制品烧结体的破坏。相反，由此体积变化可在制品烧结体内产生一定量的显微裂纹，这种显微裂纹在材料受到热应力作用时，能起到吸收裂纹扩展能量的作用，抑制了裂纹的扩展，提高了材料的抗热震能力。因此，部分稳定的二氧化锆较之全稳定二氧化锆具有更广泛的用途。

10.4.5　典型实例检测及原因分析

锆元素具有较强的亲氧性，其氧化物 ZrO_2 主要存在于锆英石当中，适量的 ZrO_2 对耐火材料性能的提升有较大影响。图 10-11 是从某厂生产的焊管上截取的基体缺陷部位。如图所示，冷弯过程中焊缝处发生明显的压扁开裂缺陷。

图 10-11　锆系氧化物异常引起冷弯开裂的宏观形貌

如图 10-12(a) 及 (b) 所示，开裂缺陷处有大量的夹杂物存在，夹杂物大多数呈颗粒状集聚在断口处，并且其尺寸较大，一般大于 100μm。复合夹杂物中，源于中间包水口的 Zr 元素含量较大，O、Si、Al、Ca 等作为脆性夹杂物的组成元素，其氧化物与水口材质锆英石发生反应，导致锆英石分解，生成低熔点液相进入钢水。另外，ZrO_2 的稳定剂 CaO 与钢水中的夹杂物，如 Al_2O_3、SiO_2 等反应而脱溶，致使氧化锆失稳分解，变成单斜相小颗粒进入钢水。锆系耐材的脱落，程度严重的引起轧制孔洞，使得焊管板材韧性降低，在夹杂物周围产生应力集中，由于较差的抵抗能力，导致边部分层，致使在压扁过程中出现开裂缺陷。

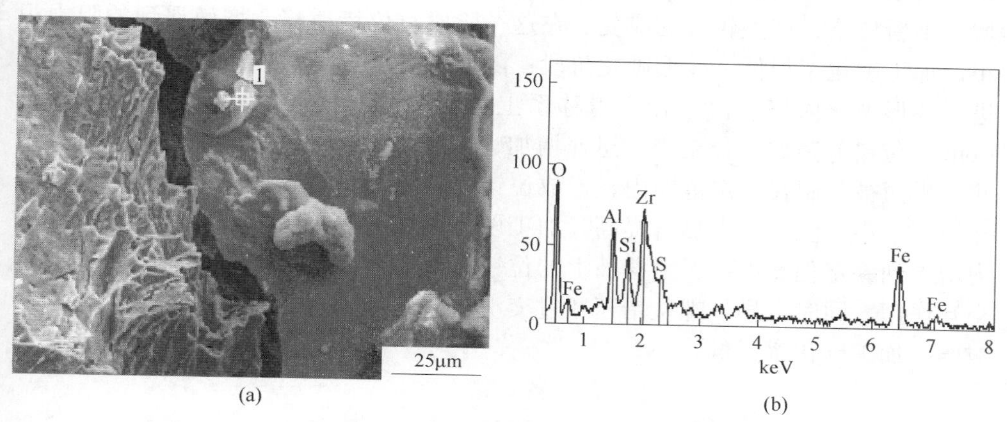

(a) (b)

图 10-12 锆系氧化物异常引起冷弯开裂的电镜分析

(a) SEM 形貌；(b) EDS 分析

10.4.6 整改措施

针对锆系耐材脱落引起的开裂缺陷，可以从如下方面进行改进：(1) 浇钢前，选用抗氧化性能和烘烤性能较优越的水口材料，合理控制水口的烘烤时间及温度；(2) 根据不同钢种，选用质量优良的浸入式水口，增强水口渣线的抗侵蚀能力；(3) 浇钢过程中，根据渣线侵蚀情况，及时变换渣线，侵蚀严重时，合理缩短浇注周期，保证浇注工作的正常运行。

10.5 加工硬化程度过高引起的焊管冷弯开裂缺陷

10.5.1 加工硬化及加工硬化曲线

金属及合金在冷加工情况下，即低于再结晶温度以下变形时，会发生强度和硬度上升，塑性和韧性下降的现象，这就是加工硬化。金属材料的加工硬化曲线是形变过程中宏观应力与应变关系的表征。由于晶界的存在，多晶体的加工硬化曲线与单晶体不同。

10.5.1.1 单晶体的加工硬化曲线

单晶体的加工硬化曲线通常出现三个阶段。但是，由于晶体结构类型、晶体取向、杂质含量以及形变条件的不同，各阶段的长短不同，甚至某一阶段不出现。

（1）面心立方晶体。面心立方晶体的加工硬化曲线明显呈现三个阶段，如图 10-13 所示，易滑移阶段：晶体中只有一组滑移系启动，在平行滑移面上位错移动很少受到其他位错干扰，可移动相当大的距离，并可能达到晶体表面，增殖出新位错，产生较大的应变。在这一阶段，位错滑移、增殖遇到的阻力很小，加工硬化率很低。线形硬化阶段：随着次滑移和多滑移系启动，加工硬化进入线形硬化阶段。由于相交滑移系上位错的交互使用，形成割阶、Lomer-Cottren 位错等障碍，位错密度迅速增加，形成塞积群或缠结，位错不能越过这些障碍而被限制在一定范围内，形成位错胞状组织。随着形变量增加，胞的尺寸不断减小，流变应力显著提高，加工硬化率很大。抛物线硬化阶段：流变应力增大到一定程度以后，滑移面上的位错借交滑移而绕过障碍，避免与其发生交互作用。同时，异号螺位错还通过交滑移彼此抵消，从而使一部分硬化作用减弱，加工硬化率降低。

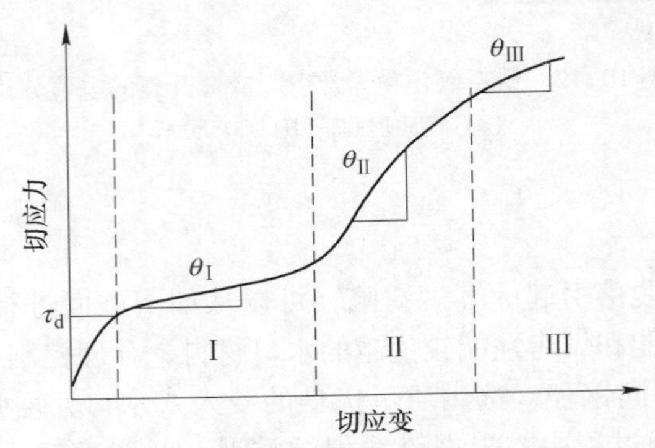

图 10-13　单晶体的切应力-切应变曲线

（2）体心立方晶体。在一定纯度、温度、取向和应变速率条件下，体心立方晶体才产生有明显三阶段的加工硬化曲线。室温和低温形变时，体心立方晶体的位错结构和面心立方晶体相似。在体心立方晶体的加工硬化曲线上常有明显的屈服点存在，这与位错和微量间隙杂质原子交互作用有关。只有在纯度相当高的情况下，屈服才会消除。在低温时，滑移形变越来越困难，孪生形变占有重要地位，相应的在加工硬化曲线上出现锯齿状。

由于体心立方晶体自身的结构特点，在低温时位错运动克服较大的派纳力：高温时易克服这一阻力，因而屈服强度较低。另外，间隙杂质原子对屈服应力产生显著影响。

（3）密排六方晶体。密排六方晶体和面心立方晶体的密排方式非常接近，塑性形变使堆垛顺序改变，形成堆垛层错。虽然在一定的取向、温度和其他实验条件下，密排六方晶体的加工硬化曲线也有三个阶段，但并不典型。它的第Ⅰ阶段通常很长，远远超过某些面心立方晶体和体心立方晶体，以至于第Ⅱ阶段还没来得及充分发展就已经断裂。

10.5.1.2 多晶体的加工硬化曲线

实际上，绝大部分金属材料是多晶体。当外力作用于多晶体时，取向不同的各晶粒所受应力不同，而作用在各晶粒滑移系上的分切应力也因取向不同相差很大，各晶粒不同时开始塑性形变。当处于不利取向的晶粒还没开始滑移时，处于有利取向的晶粒已经滑移，而且不同取向晶粒的滑移系取向也不同，故滑移不可能从一个晶粒直接延伸到另一个晶粒中。但是，由于每个晶粒都处于其他晶粒的包围中，形变必然与邻近晶粒相互协调配合，否则，形变难以进行，甚至不能保持晶粒间变形的连续性。随着多滑移的进行，大量位错塞积在不动位错前，成为决定加工硬化率的主要因素。

与单晶体相比，多晶体的加工硬化曲线不出现第Ⅰ阶段，而整条曲线更陡，加工硬化率更高。此外，由于邻近晶界区滑移的复杂性，多晶体的加工硬化还与晶粒大小有关。在形变开始阶段尤为明显，达到某种程度后，细晶材料和粗晶材料逐渐一致。

10.5.2 加工硬化机理

一般，纯金属强度都很低。加工硬化可以提高材料的强度，但这并不是任何条件下都适用，因为这以牺牲部分塑性和韧性为代价，有一定局限性。

金属材料中产生加工硬化的主要机制有位错强化、晶界强化、第二相粒子强化和应变诱发相变强化等。实际上，强化并不是由单一机制所决定，多数情况下是几种机制综合作用的结果。

10.5.2.1 位错强化

晶体塑性形变时，位错的增殖、运动、受阻以及挣脱障碍的情况决定不同晶体结构金属材料加工硬化的特点。在变形过程中，位错的数目会大量增加。如在充分退火后的金属中，位错密度范围为 $10^6 \sim 10^8 cm^{-2}$，而经过塑性变形之后，位错密度可达 $10^{11} \sim 10^{12} cm^{-2}$。这说明，在变形过程中应不断有新位错产生，即晶体存在增殖位错的位错源。但 Bhuler 和 Shcwenk 总结了塑性变形对一些金属位错密度的影响，结果却发现，20%以内的塑性变形并不显著增加晶体的位错密度。

晶体中的位错由相变和塑性形变引起，位密度越高，形变的阻力越强。割阶、位错偶极、小位错圈和空位都是位错继续运动的阻力。晶体的滑移实际上是源源不断的位错沿着滑移面的运动，当滑移面上的位错和林位错发生弹性交互作用时，通过位错反应形成新的位错线，弹性能随之降低。在多滑移时，由于各滑移面相交，因而在不同滑移面上运动着的位错也就必然相遇，发生相互交割。此外，在滑移面上运动着的位错还要与晶体中原有的以不同角度穿透滑移面的位错相交割。位错交割的结果是一方面增加了位错线的长度，另一方面还可能形成一种难以运动的固定割阶，成为后续位错运动的障碍，造成位错缠结，这是多滑移加工硬化效果较大的主要原因。

位错运动时，除发生交割外，还可能产生塞积。在切应力作用下，Frank-Read 位错源所产生的大量位错沿滑移面运动，如果遇上障碍物（固定位错、晶界等），领先位错会在障碍物前被阻止，后续位错被堵塞起来，结果形成位错的平面塞积群，并在障碍物前引起高度的应力集中。位错的塞积群会对位错源产生作用力，塞积位错越多，反作用力越大，直到这种作用力与外加切应力相等时，位错源就会停止发射位错，只有进一步增加外力，位错源才会重新开动。这进一步说明了，对位错运动的阻碍能够提高材料的强度。位错运动也是晶界与第二相粒子强化的主要原因。

10.5.2.2　晶界强化

晶界是位错运动的最大障碍之一，是位错塞积的场所。晶界两侧的原子排列取向不同，一个晶粒中的滑移带不能穿过晶界延伸到相邻晶粒，产生滑移形变必须启动自身的位错源。在外应力的作用下，可能使晶界上的位错进入晶内，即晶界向晶内发射位错。所以，晶界是多晶体材料塑性形变的重要位错源，尤其在缺少 Frank-Read 源的情况所起的作用更大。晶界的主要作用是阻碍位错运动。晶粒越细，晶界越多，阻碍位错滑移的作用越大，屈服强度越高。

晶界强化分为直接和间接强化。直接强化涉及晶界与滑移位错的交互作用，包括三方面：首先，晶界具有短程应力场，阻碍位错进入或穿过晶界。其次，滑移位错穿过晶界时，柏氏矢量发生变化，形成晶界位错。若形成的晶界位错没有从滑移带与晶界相交处移开，将引起反向应力，阻碍继续滑移，形成沿晶界的位错塞积。最后，滑移位错进入晶界，分解成晶界位错，或与晶界位错发生位错反应。

间接强化由晶界存在的潜在强化效应引起：一是次滑移引起强化。晶界的存在引起弹性应变不匹配和塑性应变不匹配两种效应，在晶界附近引起多滑移。由于弹性应变不匹配效应在主滑移前引起次滑移，对随后的主滑移构成林位错加工硬化机制。塑性应变不匹配易激发晶界位错源使之放出位错而导致晶界附近迅速加工硬化。二是晶粒之间取向差引起强化。相邻晶粒取向不同，引起两者主滑移系取向因子出现差异。在外力作用下，某一晶粒开始滑移时，相邻晶粒内的主滑移系难以同时启动，说明晶界的存在使运动位错组态受到破坏，引起强化。

晶粒中往往还存在亚晶粒，有些亚晶界由界面能较低的小角度晶界组成。在一些退火合金中，亚晶对材料产生显著的影响。

10.5.2.3 第二相粒子强化

大多数实际应用的高强度合金都含有第二相粒子，强化效果最强的是第二相质点尺寸较小、高度弥散分布在基体中。这些第二相粒子往往是金属间化合物，碳化物和氮化物，且比基体硬得多。多相合金的塑性形变取决于基体的性质，也取决于第二相粒子本身的塑性、加工硬化性质、尺寸大小、形状、数量和分布，还包括两相之间的晶体学匹配情况、界面能、界面结合等。

运动位错与不可变形粒子相遇时，受到粒子的阻挡，位错线按 Orowan 机制围绕它发生弯曲。随着外应力增加，位错线受阻部分弯曲更剧烈在粒子两侧相遇，正负号位错彼此抵消，形成包围粒子的位错环留下，位错线的其余部分越过粒子继续运动。如图 10-14 所示，显然，位错按这种方式运动受到的阻力很大，而且每个位错经过粒子时都要留下一个位错环，这个环对位错源产生反向应力。因此，继续形变时必须增加应力以克服此反向应力，流变应力迅速提高。减小粒子尺寸或增加体积分数都能提高粒子强化效应。

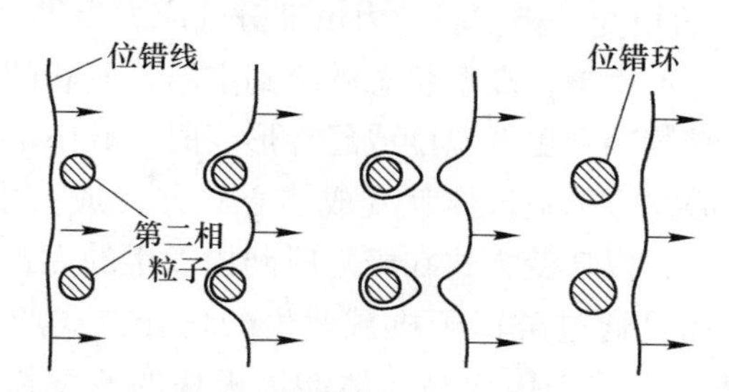

图 10-14 位错绕过第二相粒子示意图

位错切过可变形第二相粒子时将和基体一起形变，如图 10-15 所示，强化作用主要取决于粒子本身的性质及其与基体间的关系，机制很复杂，且因合金而异。主要有以下几方面的作用：

（1）粒子结构往往与基体不同，当位错切过粒子时，必然造成滑移面上原子排列的错配，要增加做功。（2）若粒子是有序结构，位错切过粒子时将在滑移面上产生反向畴界，反向畴界能高于粒子与基体间的界面能。（3）每个位错切过粒子都形成宽度为 b 的表面台阶，即增加了粒子与基体间的界面面积，这需要相应的能量。（4）粒子周围的弹性应力场与位错发生交互作用，对位错运动有阻碍作用。（5）粒子的弹性模量与基体不同引起位错能量与线张力变化，若粒子的弹性模量高于基体，位错运动就要受阻。在这些因素的综合作用下，合金强度得以提高。增大可变形微粒尺寸或体积分数都能提高强度。

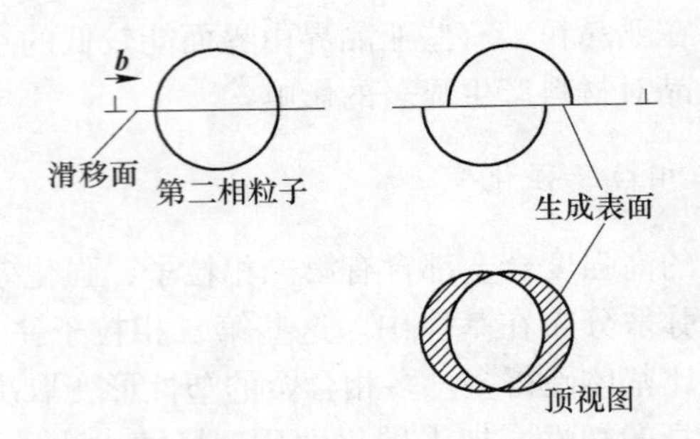

图 10-15　位错切过第二相粒子示意图

10.5.2.4　应变诱发相变强化

马氏体相变实际上是一种没有扩散的、点阵畸变式的组织转变，它的切变分量和最终的形状变化应当足以使转变过程中动力学及形态受应变能控制。马氏体相变分为热诱发马氏体相变和应变诱发马氏体相变。热诱发马氏体相变是冷却过程中自发的相变，相变驱动力来自冷却时的自由能变化，应变诱发马氏体相变是在 M_s 和 M_d 之间发生的相变，相变驱动力由部分外应力提供。

常用的 304 奥氏体不锈钢自高温状态骤冷到室温，所获的基体组织大多都是亚稳定的奥氏体。当继续冷到更低温度或经冷形变时，其中部分奥氏体会发生马氏体转变，这时候面心立方的奥氏体就变成体心立方（或密排六方）的马氏体，并与原奥氏体保持共格，以切变方式在极短时间内发生的无扩散性相变，即相变不需要原子的扩散，而是通过类似于机械孪生的切变方式产生的。新相（马氏体）和母相（奥氏体）共格，因而马氏体能以极快的速度长大，一般在很快的时间内完成相变。

不锈钢中的马氏体一般有两种形态：一种是体心立方结构，是有磁性的 α 马氏体；另一种是密排六方结构，是无磁性的 ε 马氏体相。α 马氏体在一定范围内的形成量随冷变形量增加和变形温度的降低而增多；对 Ni-Cr 奥氏体不锈钢通过深冷加工可以形成密排六方的 ε 马氏体以及体心立方的 α 马氏体。马氏体的形成对不锈钢的力学性能和冷成形有重要的影响。由于马氏体硬而脆，使钢材的塑性降低，强度提高（屈服强度上升得更明显），从而增大了变形阻力和产品开裂的可能性。如亚稳奥氏体不锈钢 1Cr18Ni9Ti 室温冷加工中发生应变诱发 $\gamma \rightarrow \alpha$ 马氏体转变，强度明显提高。

由于发生马氏体相变时基体要产生均匀的切变，由此可以想到，如外加应力（或应变）则将有助于马氏体的形成。例如，当奥氏体处在 M_s 点温度以上时不会产生马氏体，如进行冷加工，则就有可能发生加工诱导马氏体相变。

10.5.3 典型实例检测及原因分析

冷弯加工过程中，焊管常常会由于母材板料的选取以及加工程度问题而出现开裂缺陷。图 10-16(a) 是母材为冷硬板的焊管，由于加工硬化程度过高，而导致开裂缺陷的宏观形貌图。图 10-16(b) 为冷硬板显微镜下的金相组织。如图所示，该冷硬板显微组织中大量的纤维组织发生变形，晶粒沿变形方向被拉长，晶粒内部存在由于冷加工硬化程度过高而引起的滑移带。

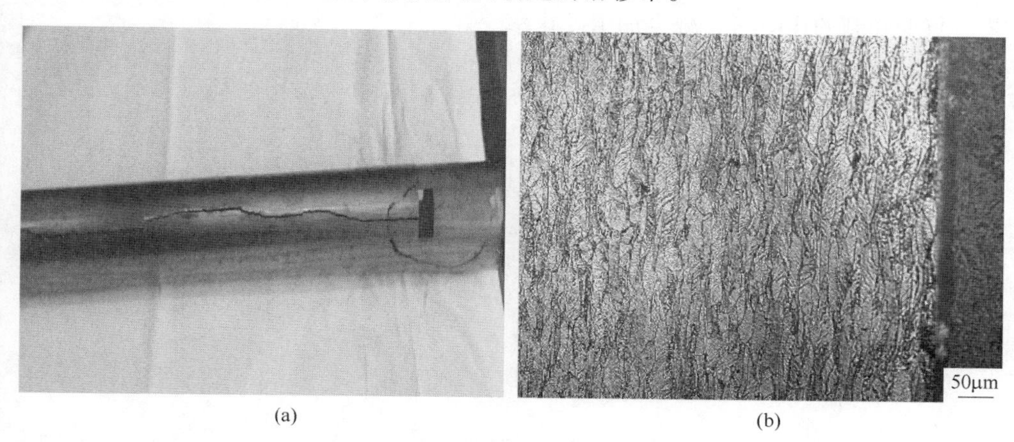

图 10-16 加工硬化程度过高引起冷弯开裂的宏观形貌及显微组织
(a) 宏观形貌；(b) 显微组织

图 10-17 是焊管冷弯开裂处电镜下的断口形貌及能谱分析，由图 10-17 得知，断口区域成分主要由 Fe 元素组成，断口位置存在大量韧窝以及类似排骨状的滑移带，钢板中心部位沿晶界存在撕裂形貌，有明显的撕裂棱，部分变形晶粒

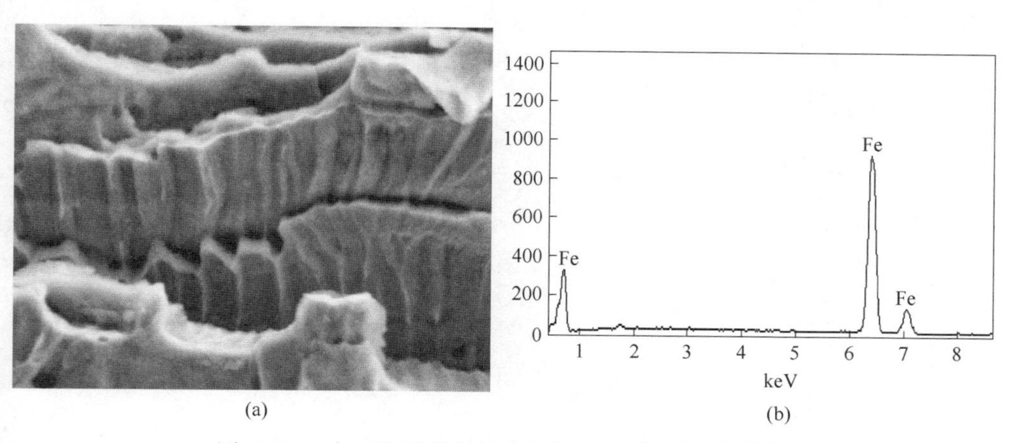

图 10-17 加工硬化程度过高引起冷弯开裂的电镜分析
(a) SEM 形貌；(b) EDS 分析

中可以清晰地看到大量晶内剪切带，呈密排的条纹状近似平行分布。行内一般规定加工硬化率不能超过60%，而此种焊管的加工硬化率已经超过70%，当加工硬化率过高时，原子间不易进行滑移，局部产生应力集中，此时晶界被拉长，沿晶界的滑移带在剪切力的作用下出现微裂纹的扩展，冷弯过程中，断裂行为沿微裂纹扩展，最终导致冷弯焊管的开裂。

解决由于加工硬化程度过高引起的焊管冷弯开裂缺陷的主要措施包括：通过再结晶退火消除加工硬化；加热温度不宜选的过高，避免晶粒长大；优化轧制工艺，减少轧制的压下量，减少加工硬化率。

11 冷轧镀锌板典型缺陷

冷轧镀锌板具有良好的耐腐蚀性，装饰性以及涂漆性，被广泛应用于汽车、轻工业等领域。目前，国内镀锌板产品应用范围广，市场需求量大，如何提高冷轧镀锌板质量，生产优质品级镀锌板，一直是钢铁产品生产厂家和用户极为关注的热点问题。而冷轧镀锌板的表面质量对其使用性能的影响非常重要，若冷轧镀锌板表面存在漏镀等缺陷，将导致基板的防腐蚀保护层缺失引起基板生锈，严重影响涂漆效果，同时钢板成材率降低。研究表明，浇注过程中保护渣卷入、铸坯中气泡与微小裂纹、轧制过程中氧化铁皮压入、锌液中铝含量过高等，都有可能导致镀锌板表面缺陷的产生。

本章针对典型的冷轧镀锌板表面缺陷，采用 SEM、EDS 分析检测技术，结合镀锌板的生产过程中的冶炼、连铸、轧制和镀锌等工序，研究表面质量缺陷的形貌特性与元素分布特征，讨论其形成的原因并提出相应的预防处理措施，为提高冷轧镀锌板的表面质量提供理论依据与参考。

11.1 试验材料及方法

存在表面缺陷的冷轧镀锌板来源于唐山某冷轧厂。典型的镀锌板材表面缺陷如图 11-1 所示。在镀锌板表面缺陷部位截取尺寸为 10mm×10mm 的试样，用丙酮擦拭干净并超声波清洗，然后利用添加适量 C6H12N4 的稀盐酸溶液，去除存在表面缺陷试样的镀锌层。利用日立 S-4800 型场发射扫描电子显微镜进行缺陷的表面形貌分析，并在 Noran7X 射线能谱仪上进行缺陷部位元素分布特征研究。

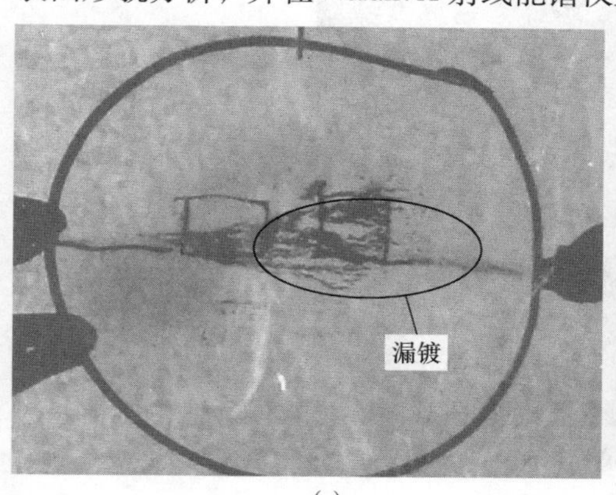

(a)

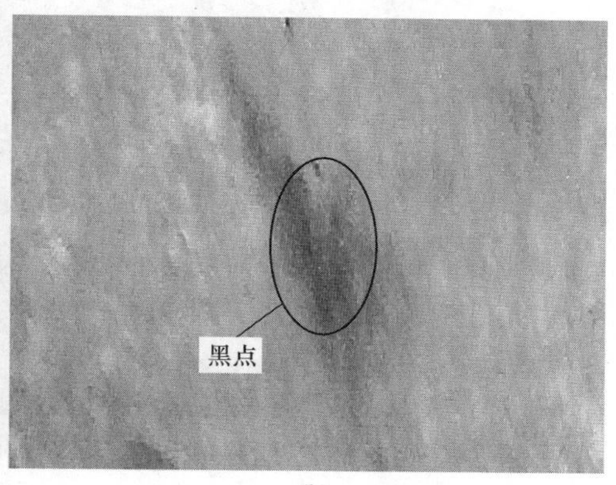

(b)

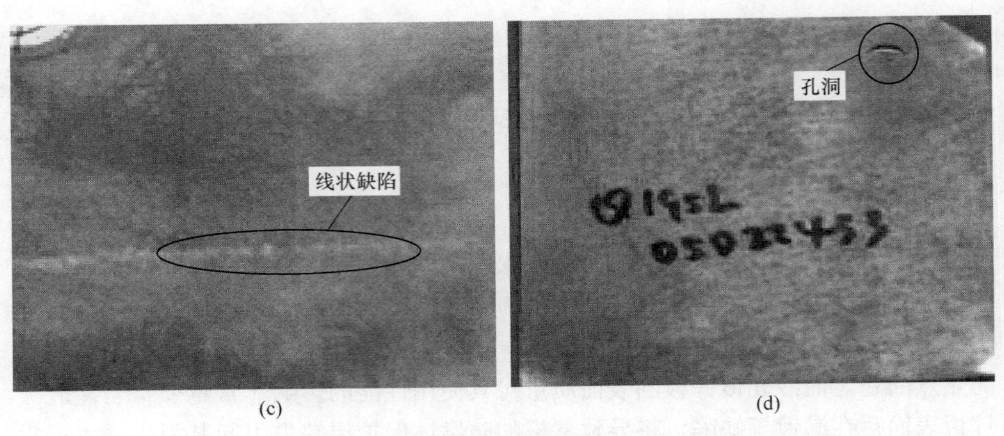

(c) (d)

图 11-1 不同表面缺陷的镀锌板
(a) 漏镀缺陷；(b) 黑点缺陷；(c) 线状缺陷；(d) 孔洞缺陷

11.2 表面漏镀缺陷

11.2.1 典型实例检测

图 11-2 为冷轧镀锌板漏镀缺陷部位锌层去除前后的电镜检测图像。

由图 11-2(a) 所示可知，漏镀部位表面镀锌层分布不均，部分钢板基体裸露，有小块或点状的镀锌层散落附着，黑色区域形貌呈断续无规则状。图 11-2(b) 为锌层去除后缺陷部位的显微形貌，可以看到基体表面有块状黑色物质残留。经图 11-2(c) 锌层去除后缺陷位置处能谱分析，发现黑色物质处含有一定量的碳元素存在。C、O 为轧制油所含有的特征元素，因此，该漏镀缺陷是由于油脂类物质残留，妨碍锌液浸润影响镀锌反应而造成的。

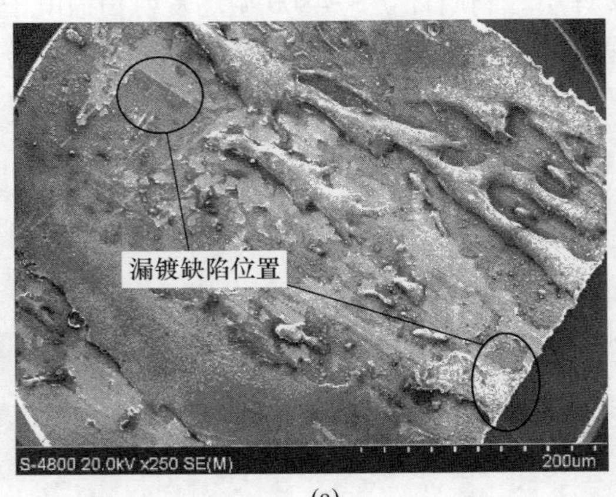

(a)

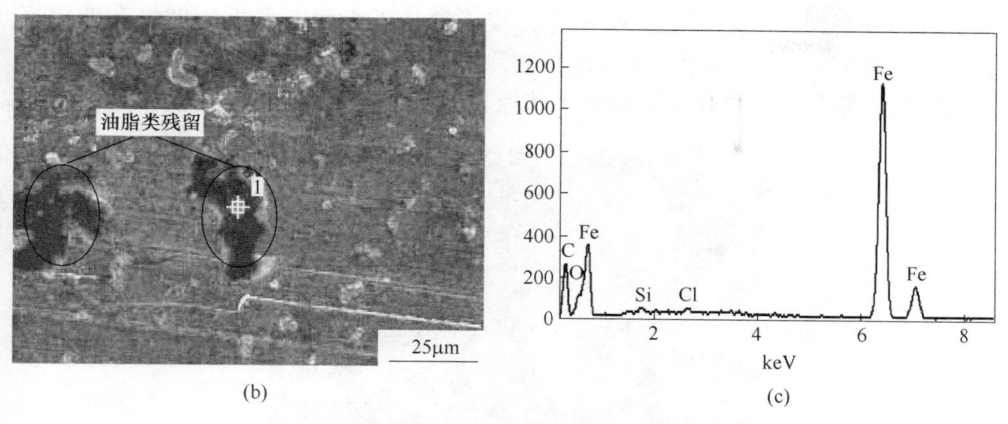

(b) (c)

图 11-2 锌层去除前后黑点缺陷的 SEM 图像及能谱分析

（a）锌层去除前显微形貌；（b）锌层去除后显微形貌；（c）锌层去除后能谱分析

11.2.2 原因分析

钢在冷轧时，润滑油等油脂类物质未及时清理而残留在钢板表面，在后续退火过程中油脂裂解产生碳及发生析碳反应，无燃烧剩余的游离碳落在钢带上。试样表面 C 沉积，以薄碳膜、油污膜形式粘附在基体表面，难以彻底清除干净。基板再通过锌锅，薄碳膜、油污膜干扰了正常铁锌合金层的形成，锌液对基板的浸润性降低，导致镀层粘附性不良。另一方面，冲压时，带有碳沉积的镀锌板局部受到弯曲力的作用，镀层易从基板剥落，造成漏镀缺陷。

11.2.3 整改措施

为防止此类漏镀缺陷的产生，冷轧钢板退火前，根据钢板表面质量合理控制脱脂液的碱浓度，并采用适当静置和过滤的操作手段，保证喷嘴畅通，达到良好的脱脂效果；连退时，在退火炉入口前增加简单的脱脂清洗单元，对钢板表面的油脂类物质双重清洗；钢带表面润滑油过量时，适当降低机组速度使其在连续退火炉内充分燃烧挥发。

11.3 黑点缺陷

11.3.1 典型实例检测

图 11-3(a) 为冷轧镀锌板表面缺陷部位锌层去除前的显微形貌。由图可以看出，缺陷部位较正常镀锌部位表面明显粗糙，表面悬浮有不规则的小颗粒，呈群集分布，整体呈暗黑色。自然光线下，缺陷位置黑点细小，密集，呈散沙状，黑点尺寸一般在 1mm 左右或更小。图 11-3(b) 为锌层去除后缺陷位置的显微形

貌，可以观察到，缺陷部位呈灰白色，较正常基板表面有严重的破损和凹陷形貌。根据图 11-3(c) 能谱分析发现，去除锌层后缺陷位置含有一定量的 O 元素。该缺陷是光整前细小氧化铁颗粒压入基板表面，形成细小凹坑引起的。

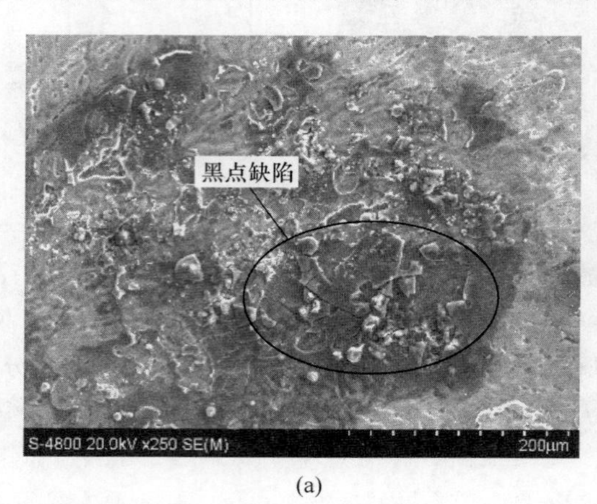

(a)

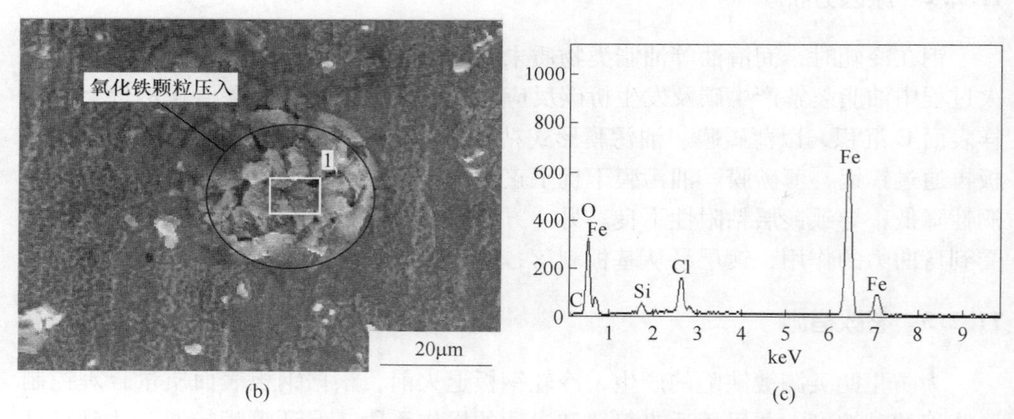

(b) (c)

图 11-3 锌层去除前后黑点缺陷的 SEM 图像及能谱分析

(a) 锌层去除前显微形貌；(b) 锌层去除后显微形貌；(c) 锌层去除后能谱分析

11.3.2 原因分析

浅层氧化铁压入，一方面是由于除鳞效果不佳，轧制过程中次生氧化铁皮的压入造成的。另一方面，退火炉中，空气系数，即炉内实际空气量与燃气完全燃烧所需空气之比大于 0.98，或者空气与燃气混合不均时，局部氧气过剩，燃烧时氧化带钢表面。Fe 原子的扩散速度较 Si、Mn 原子快得多，氧化铁颗粒多接近于基体铁部分形成，在辊道挤压力和摩擦力的作用下，氧化铁颗粒压入基体，产生凹坑。

存在严重氧化区的钢带，进入锌锅镀锌过程中，一部分铁的氧化物小颗粒粘附在钢带表面难以清除，另一部分漂浮在锌液表面，钢带提升过程中，氧化物小颗粒随锌液粘附在镀层表面，引起镀锌板表面含氧量升高。研究发现，钢板基体表面出现小凹坑，热镀锌时，该位置比表面积较大，铁锌合金异常反应较剧烈，造成该位置镀锌层生长速度较其他位置快，镀层较厚。光整时，与光整辊剧烈摩擦，在镀层表面形成氧化膜，自然光线下呈黑色形貌。

11.3.3 整改措施

为防止此类缺陷的产生，轧制过程中，适当调整除鳞喷嘴的角度和高度，及时更换堵塞的喷嘴，提高除鳞效果。热镀锌之前，定期检查退火炉的气密性，如有泄漏采取相应措施进行改善，使加热段和均热段的氧含量降至0.001%以下；热镀锌时，结合废气的化学成分，适当调整工艺参数，如废气中H_2O含量高时，适当降低空气过剩系数，提高炉膛温度；采取合适的锌液温度，减少铁损量，降低生成氧化铁的几率，并及时清理打捞锌液表面的氧化物夹杂，避免氧化物颗粒压入。

11.4 线状缺陷

11.4.1 典型实例检测

图11-4(a)为锌层去除前试样表面的显微形貌，可以看出线状缺陷位置的镀层大面积脱落，粗糙的基体裸露。自然光线下，线状缺陷呈白亮色，沿轧制方向贯穿于整块冷轧镀锌板的中心，仔细观察发现线状缺陷向内凹陷，并且在局部有轻微的起皮。图11-4(b)为锌层去除后试样表面的显微形貌，由图可以看出，锌层去除后基板表面线状缺陷平直无分支，呈明显的机械划伤特征，划痕埋于镀层下方，未发现夹杂类物质存在。因此，该线状缺陷是机械划伤引起的，由于划痕埋于镀层下方，说明该缺陷在光整前已经产生了。

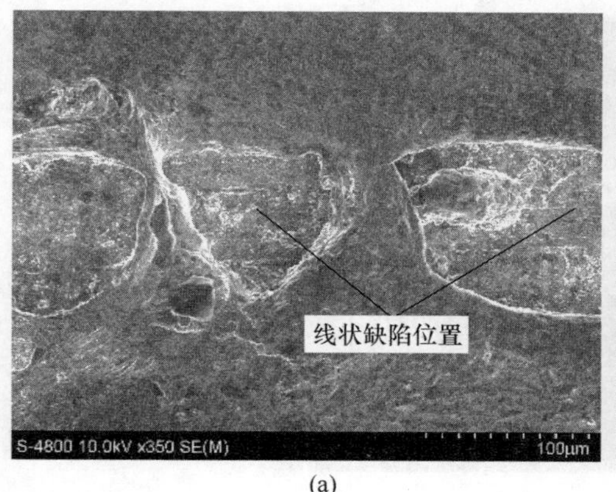

(a)

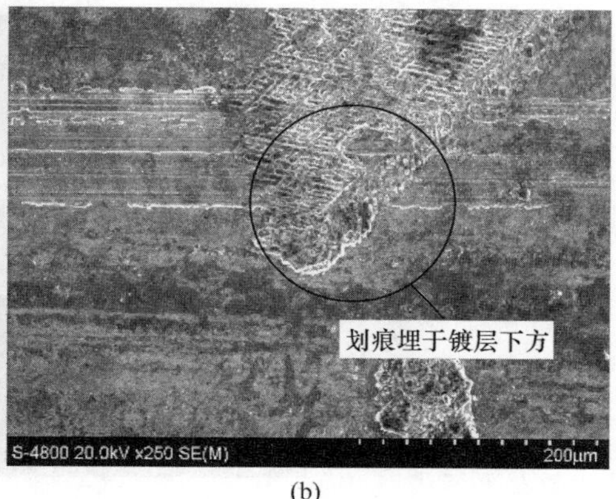

(b)

图11-4 镀层去除前后表面线状缺陷的显微形貌
(a) 镀层去除前；(b) 镀层去除后

11.4.2　原因分析

光整前，机械划伤主要集中在轧制工序和热镀锌工序。带钢在轧制时，乳化液受到高的压力、剪切应力以及温度升高等因素影响，发生相转变，油从乳化液中析出，在辊缝位置起到润滑作用。若润滑效果不好，将导致摩擦力增加，磨损基板产生铁粉，轧辊表面结瘤。镀锌工序中，带钢与沉没辊之间传动力不足而产生相对滑动，也容易造成带钢表面划伤。基板的机械损伤使热镀锌过程中 Zn-Fe 合金层快速生长（爆发组织），合金层生长穿过了镀层的厚度，表面呈灰黑色。合金层生长不均，部分镀层能够覆盖在基板表面，与缺陷部位的宏观形貌一致。

11.4.3　整改措施

为防止此类线状缺陷的发生，轧制前，对辊面粗糙度比较大的辊系进行磨光处理，并加强对入口活套托辊、退火炉炉辊等设备的点检力度；轧制过程中，选取润滑性较好的乳化液，减小轧辊对基板的摩擦阻力；热镀锌时，合理调大锌锅的曲张力，从而加大传动摩擦力，减少相对滑动。

11.5　孔洞缺陷

11.5.1　典型实例检测

图 11-5 为冷轧镀锌板表面孔洞缺陷部位的 SEM 图像，由图可以看出，缺陷位置明显凹陷，孔洞表面粗糙，有形状不规则的颗粒状物质存在。进一步观察发现，有明显的显微裂纹由孔洞内部向外延伸。自然光下，孔洞缺陷断续分布在镀锌板表面，缺陷位置处无完整锌花。

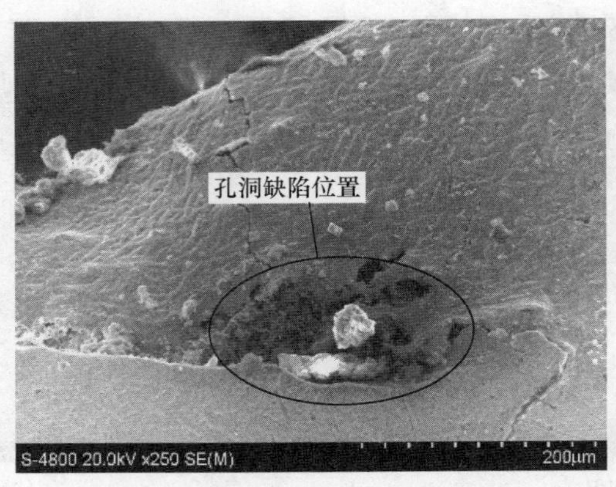

图 11-5　冷轧镀锌板表面孔洞缺陷部位的 SEM 图像

图 11-6 为缺陷位置处电镜及能谱分析图像，如图可以看出该类夹杂物尺寸

大小不一，形状不规则，由能谱分析可知，孔洞附近位置含有大量的 Si、Al、O、Ca、K、Na 元素，属于铝酸钙、硅铝酸盐、硅酸盐等的复合夹杂。其中，K、Na 为保护渣的特征元素，说明这种夹杂主要与保护渣有关。

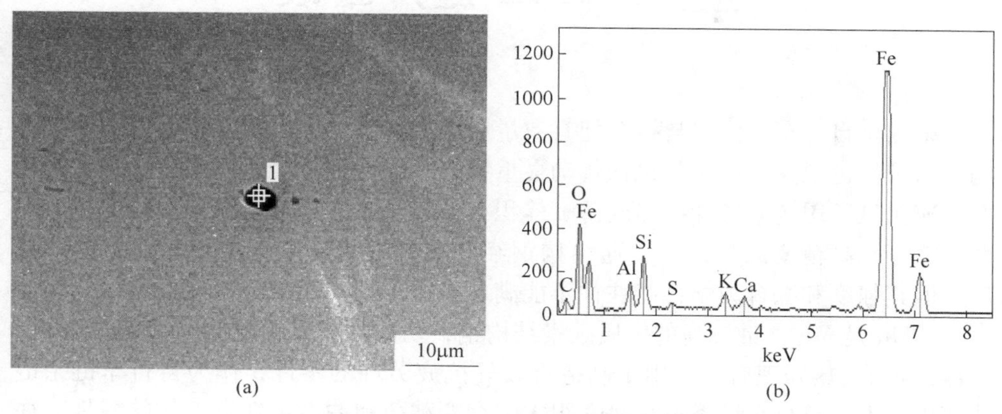

图 11-6 镀锌板表面孔洞缺陷的微观形貌以及能谱分析

（a）微观形貌；（b）能谱分析

11.5.2 原因分析

连续浇注过程中，结晶器内壁卷渣、回流夹渣、剪切卷渣、漩涡卷流等易使保护渣在水口附近或弯月面处卷入钢水中，来不及上浮。另一方面，部分保护渣预熔效果不佳，渣条未及时捞出，铸坯中易滞留保护渣。在后续的轧制过程中，随着加工应力的不断增加，夹杂物周围的附加应力集中，再加上夹杂物对钢板基体的分隔作用，导致基板在轧制过程中不能连续变形。夹杂物破坏了钢基板的连续性，热镀锌过程中，锌在夹渣与钢基体界面处非均匀形核并快速长大。热镀锌后，锌层不能穿越夹杂物，出现孔洞缺陷，严重影响了钢的力学性能。

11.5.3 整改措施

浇钢前，选用质量较好的耐火材料，对中间包内挡渣墙、挡渣坝及稳流器进行维护和修理，认真做好中间包、浸入式水口的烘烤工作，提高中间包冶金效果。浇钢过程中，选用预熔性较好的保护渣，合理控制氩气流量、结晶器振动参数，选用稳定合理的拉坯速度以减轻钢水液面波动，减少保护渣卷入量。此外，还应尽量避免敞开浇注，减少“烧眼”、“冲棒”等异常操作，充分做好保护浇注，提高钢水纯净度。

12　40Mn 链片断裂

中国是自行车大国，自行车拥有数量居世界首位。作为自行车主要部件链条的年需求量也很大。链条是机械传动最重要的零部件之一，因变速自行车和摩托车车速快且所用链条链片的厚度薄、体积小，因此要求链条用钢具有强度高、耐磨性能好和高精度的特点。普通结构钢经调质处理后可作为自行车链条链片使用，但其强度和综合力学性能往往不能满足自行车链条的苛刻要求。

40Mn 是 Mn 含量较高的优质碳素结构钢，切削加工及热处理工艺性能较好，经淬火+回火热处理后，可用于制造有较好抗疲劳性的零件，作为自行车链条链片使用。由于自行车链条链片是在很大的交变载荷和冲击条件下工作的零件，往往因其强度或综合力学性能不达标而发生断裂。例如，某厂经热处理后的 40Mn 链片，使用时发生断裂（图 12-1 所示），造成大量废品。

图 12-1　断裂链片宏观形貌

本章以该厂生产的性能不合格的 40Mn 链片为研究对象，采用硬度计、光学显微镜、SEM 扫描电镜及 EDS 能谱仪等实验手段，通过对 40Mn 链片显微组织、断口形貌及夹杂物成分分析，找出 40Mn 链片发生断裂的原因，并提出相应的改进措施，为 40Mn 链片断裂问题的解决提供参考依据。

12.1　试验材料及方法

试验材料取自某厂断裂的 40Mn 链片，在链片断裂处取样检测，用丙酮清洗试样表面油污，并用 KQ-50 型超声波清洗器进一步清洗。用 S-4800 场发扫描电镜（SEM）及 EDS 能谱仪对缺陷处进行微观形貌观察及成分分析。将缺陷试样镶嵌后经粗、细砂纸研磨、抛光和 4%硝酸酒精浸湿后在 Axiovert 200MAT 光学显微镜（OM）上观察其显微组织。

研究结果表明，40Mn 链片基体内存在大型非金属夹杂物、热轧板严重带状组织、链片表面脱碳、链片内 C 和 Mn 元素含量偏低以及淬火冷却速度不足是链片断裂的主要原因。

12.2 非金属夹杂物引起的链片断裂

钢中非金属夹杂物的来源主要有内生和外来两部分。内生夹杂物主要是由于钢在冶炼过程中，脱氧反应会产生氧化物和硅酸盐等产物，在钢液凝固前未浮出，残留在钢中形成内生夹杂物；外来夹杂物是由耐火材料、熔渣等在冶炼、出钢、浇注过程中进入钢中来不及上浮而滞留在钢中造成的。非金属夹杂物在钢中一般为数很少，但对钢材性能的影响却很大。夹杂物的存在，破坏了基体的均匀连续性，造成应力集中，因而夹杂物的所在之处往往易形成疲劳裂纹。按照夹杂物的成分可将其分成 3 类：保护渣、硅酸盐与中包耐火材料。

12.2.1 典型实例检测及原因分析

图 12-2 为保护渣夹杂引起的 40Mn 链片断裂断口位置 SEM 形貌及 EDS 能谱分析。由图 12-2 可知，该试样断口位置含有大量 K、Na 元素，所以该夹杂物主要成分为保护渣。该类夹杂物来源是中间包和结晶器保护渣卷入钢水中来不及上浮而滞留在钢中的外来夹杂物，主要呈点状分布在晶界上。40Mn 钢链片的断口形貌为脆性冰糖块状沿晶断裂，沿晶断裂的根本原因是由于某种因素，降低了晶界的结合强度，因此在受力断裂时，裂纹沿晶界扩展要吸收较少的能量，这样晶界就成了裂纹扩展的优先途径。

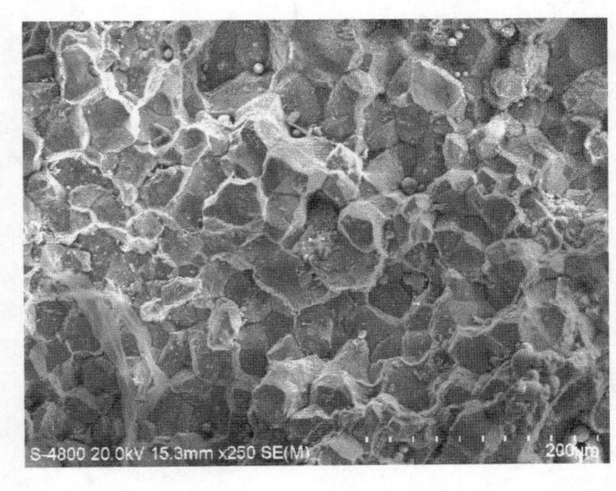

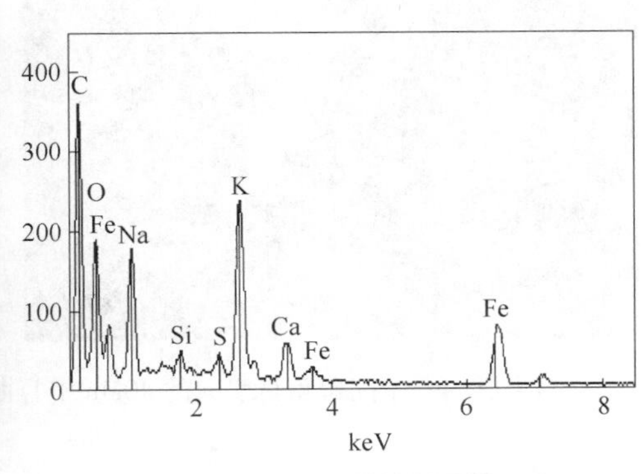

图 12-2 保护渣引起的 40Mn 链片断裂断口位置 SEM 形貌及 EDS 能谱分析

图 12-3 为硅酸盐夹杂引起的 40Mn 链片断裂断口位置 SEM 形貌及 EDS 能谱分析。由图 12-3 可知，该试样断口位置含有大量 Si、Al、O 元素和少量的 S 元

素，所以该夹杂物主要为硅酸盐、硅铝酸盐以及少量硫化物组成的复合夹杂物，该类夹杂物属于半塑性夹杂物，塑性较好，夹杂物的形状不规则，尺寸大小不一。试样断口呈冰糖块状，界面分布着韧窝特征，属于沿晶脆断和沿晶塑性混合的沿晶断裂。

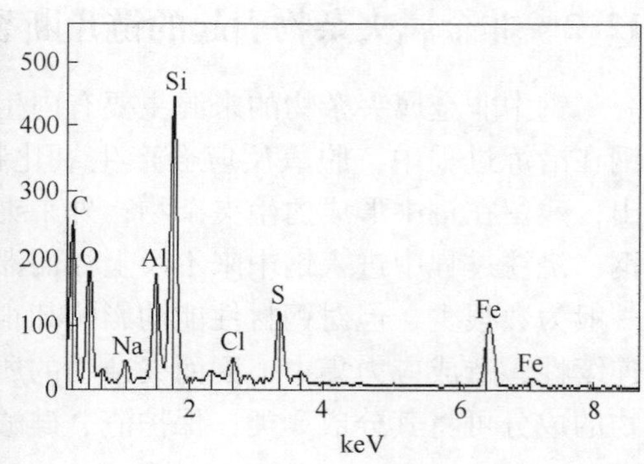

图 12-3　硅酸盐引起的 40Mn 链片断裂断口位置 SEM 形貌及 EDS 能谱分析

图 12-4 为连铸中间包耐火材料脱落引起的 40Mn 链片断裂断口位置的 SEM 形貌及 EDS 能谱分析。由图 12-4 可知，该试样断口位置含有大量的 Ca、O 元素和少量的 Si、Mg、S 元素，所以该夹杂物主要为中间包耐火材料脱落。试样断口为垒石状断口，而非沿晶断裂。

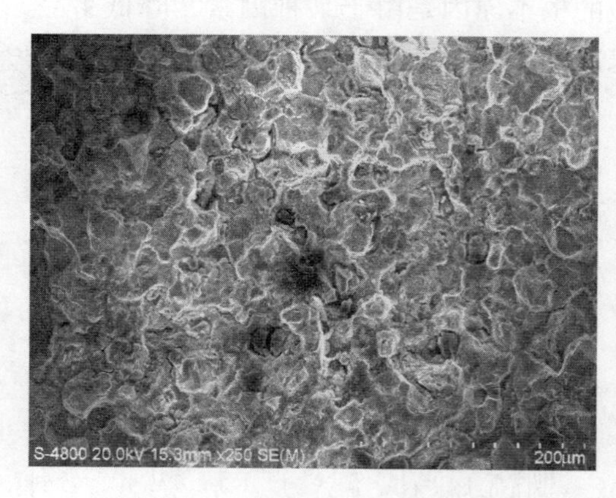

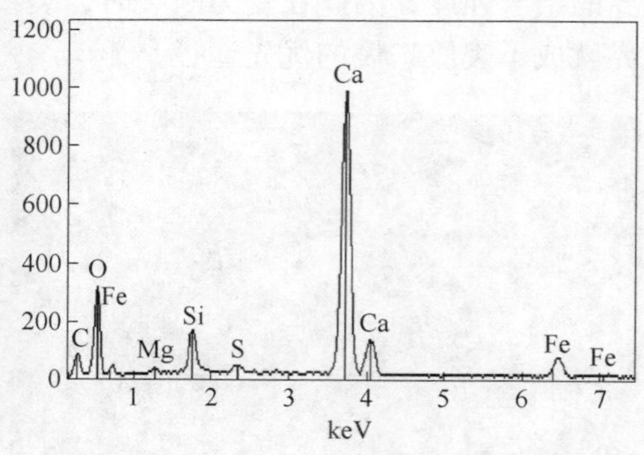

图 12-4　中间包耐材引起的 40Mn 链片断裂断口位置 SEM 形貌及 EDS 能谱分析

12. 2. 2　整改措施

实际生产中，没有夹杂物的钢是不存在的，但应尽量减少夹杂物的数量来提高钢的纯净度。减少非金属夹杂物的根本途径是控制其源头工序，应该在冶炼或浇注过程中尽量减少夹杂物的来源，并且让钢液中已形成的夹杂物最大限度上浮到冒口区；改善钢水纯净度所采取的措施是保证钢水在包内的流动性，控制包内钢水过热度，优化钢水出钢吹氩工艺，保证钢液中的夹杂物聚集长大、上浮；在连铸过程中优化拉速的控制，防止中间包水口堵塞，避免结晶器液位波动引起卷渣和其他夹杂。

12.3 带状组织引起的链片断裂

12.3.1 典型实例检测及原因分析

图 12-5 为 40Mn 钢冷轧及退火后试样金相组织。由图 12-5(a) 可知，40Mn 钢冷轧后金相组织为铁素体+珠光体+大量带状组织，带状组织评级为 4.5 级；由图 12-5(b) 可知，40Mn 钢冷轧退火后金相组织为铁素体+珠光体+带状组织，带状组织评级为 2 级。

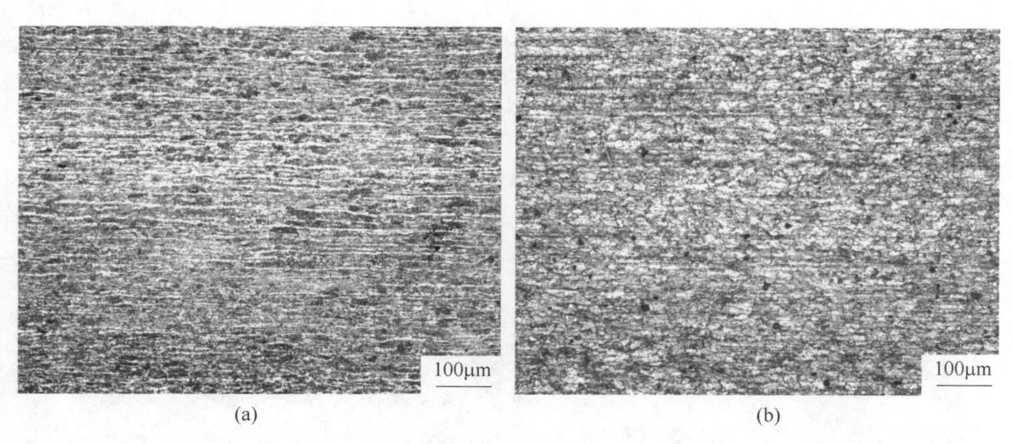

(a) (b)

图 12-5 40Mn 钢不同工艺下的金相组织

(a) 冷轧后试样；(b) 退火后试样

图 12-6 为 40Mn 钢冷轧后试样的 SEM 照片及能谱分析，在电镜下可以观察到明显的 F/P 带状组织，且 Mn 元素偏析。Mn 元素含量随着带状组织中组织不同而波动，在铁素体带中含 Mn 低，在珠光体带中含 Mn 高。组织带状分布的根源是成分带状分布，由于 Mn 是奥氏体稳定元素，轧后冷却时奥氏体中贫 Mn 带将析出先共析铁素体，使得过饱和的 C 原子向富 Mn 带扩散，即 Mn 元素偏析将引起 C 元素偏析，从而形成了贫 C 和富 C 带，扩散的 C 原子达到富 Mn 带位置，进一步抑制该处的铁素体转变，使得富 Mn 带只发生珠光体转变，从而形成了 F/P 带状组织。

图 12-7 为 40Mn 链片断口处扫描电镜照片。由图 12-7(a) 可知，40Mn 链片断口形貌为脆性冰糖块状沿晶断裂，图 12-7(b) 为裂纹源处断口形貌，断口

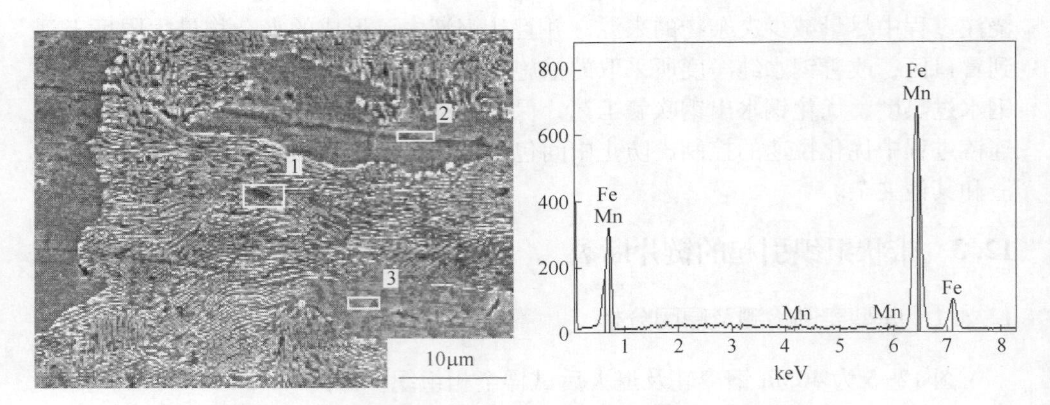

图 12-6 40Mn 钢冷轧后 SEM 形貌及 EDS 能谱分析

呈层状分布，这是典型的偏析引起的层状断裂，结合图 12-6 能谱分析可知此偏析主要为 Mn 元素偏析。沿晶断主要是由于晶界结合强度低造成的，而元素偏析降低了晶界间的结合力，从而产生沿晶断。另外，40Mn 冷轧原板带状组织严重，易引起应力集中，裂纹易于形成并扩展，大大弱化了晶界，冲压成链片淬火发生马氏体相变时的晶界结合力更低，从而易于发生沿晶断裂。

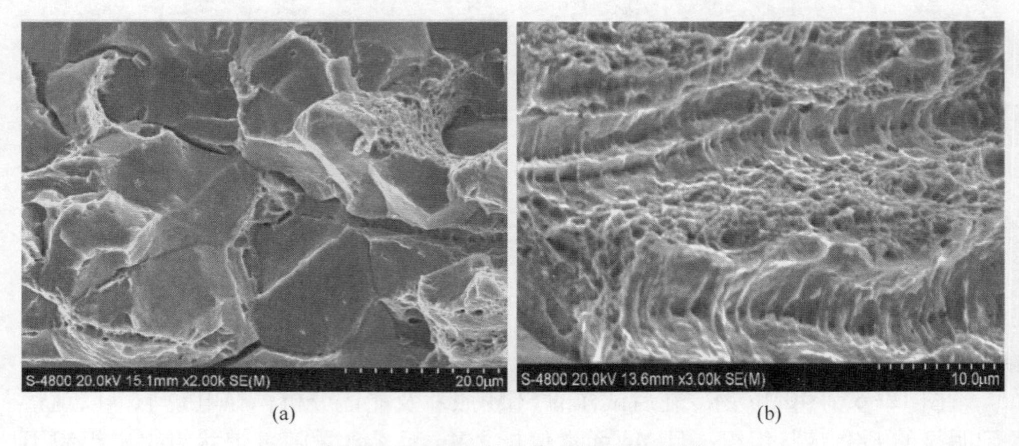

(a) (b)

图 12-7 40Mn 链片断口处 SEM 形貌

(a) 断口形貌；(b) 裂纹源

12.3.2 整改措施

当 40Mn 热轧窄带钢带状组织严重时，经冷轧退火后带状组织会减轻，但不会消失。带状组织的存在会使得 40Mn 链片在淬火时易发生沿晶断裂，大幅降低了链片的使用寿命，甚至直接报废。因此，应设法消除 40Mn 热轧带钢中的带状组织，以提高链片的成材率。成分偏析是形成带状组织的先决条件，即有了成分偏析才有可能形成带状组织。要彻底消除热轧带钢的带状组织，应从连铸工艺入手，避免铸坯内枝晶偏析的产生。在连铸过程中可通过控制钢水过热度、采用电磁搅拌、控制二冷区水量等措施减小柱状晶区的宽度，从坯料的源头避免带状组织的出现。

12.4 C、Mn 元素含量偏低引起的链片断裂

12.4.1 典型实例检测及原因分析

表 12-1 为 40Mn 钢的化学成分含量。由表 12-1 可知，40Mn 钢中各元素含量均满足 GB/T 699—1999 标准中对 40Mn 钢元素含量的要求，C、Mn 元素含量均处于国标要求范围的中下限。

表 12-1 40Mn 钢试样元素含量

元素	C	Si	Mn	S	P
GB/T 699-1999	0.37~0.44	0.17~0.37	0.70~1.00	≤0.035	≤0.035
40Mn 链片试样	0.40	0.23	0.80	0.008	0.023

在钢的奥氏体化过程中，C 含量越高，奥氏体形成的速度就越快，越有利于淬火过程中马氏体相的形成；40Mn 链片的淬硬性也是由 C 含量决定的，C 含量越高，链片淬火后的硬度值越高。合金元素 Mn 通过提高 C 在奥氏体中的扩散能力，加快了奥氏体的形成速度；40Mn 链片的淬透性也受 Mn 元素含量的影响，Mn 含量增加，链片的淬透性增强。因此，C、Mn 元素含量偏低会导致链片在热处理过程中出现淬火硬度不均的现象，且链片表面硬度会降低，严重降低了链片成品的耐磨性，缩短了链片的使用寿命。

12.4.2 整改措施

针对 40Mn 链片用钢，应优化其化学成分设计，对 C、Mn 元素含量控制在中、上限；同时可添加一定量的 Cr（≤0.25）元素，增强 40Mn 链片的淬透性。

12.5 淬火加热时表面脱碳引起的链片断裂

钢件在加热过程中，钢中的碳与气氛中的 O_2、H_2O、CO_2 及 H_2 等发生化学反应，形成含碳气体，从钢件逸出，使钢件表面含碳量降低，这种现象称为脱碳。若 40Mn 链片在淬火加热过程中表面脱碳，则链片成品的硬度、耐磨性及疲劳强度均会显著降低。因此，淬火加热过程中，在获得均匀化的奥氏体同时，必须注意防止链片表面脱碳现象的产生。

12.5.1　典型实例检测及原因分析

图 12-8 为 40Mn 链片表面脱碳的金相照片。由图 12-8 可知 40Mn 链片表面脱碳较为严重，脱碳层厚度约为 100μm。当链片表面脱碳以后，由于表层与心部的碳含量、组织及线膨胀系数均不相同，因此链片淬火时所发生的不同组织转变及体积变化将引起很大的内应力，链片表层经脱碳后强度下降，淬火过程中链片表面易产生裂纹；另外脱碳使链片表层碳含量降低，淬火后不能发生马氏体转变或转变不完全，回火后得不到回火马氏体组织，使链片达不到所要求的硬度，从而降低耐磨性，缩短使用寿命。

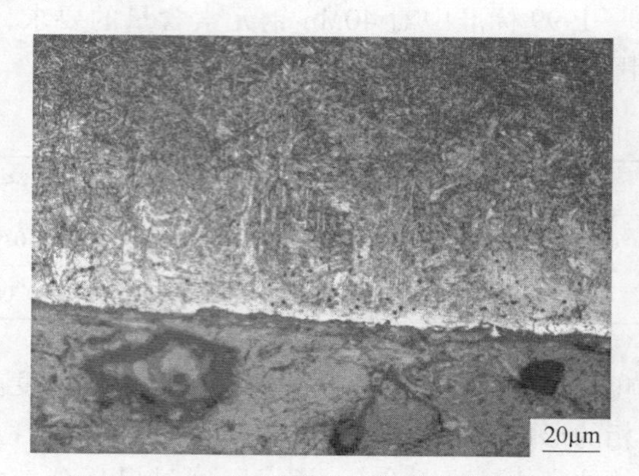

图 12-8　40Mn 链片表面脱碳的金相照片

12.5.2　整改措施

工业生产过程中，防止脱碳最简单的方法是在加热炉升温加热时向炉内加入无水分的木炭，以改变炉内气氛，减少脱碳；在链片表面涂防氧化层，可有效避免脱碳；采用真空加热或适当控制炉内气氛使之呈中性是防止脱碳的根本办法。

12.6　淬火冷却速度不足引起的链片断裂

硬度是决定耐磨性的重要参数。在实际生产中，往往存在 40Mn 链片淬火淬不透的情况，使热处理后的链片达不到所需的硬度要求，严重降低链片成品的耐磨性，从而影响产品的合格率。

12.6.1　典型实例检测及原因分析

图 12-9(a) 为断裂 40Mn 链片的显微组织，其组织组成物为回火屈氏体+大量残余奥氏体。图 12-9(b) 为合格 40Mn 链片的显微组织，其组织组成物为回火马氏体+回火屈氏体。断裂的 40Mn 链片中存在大量残余奥氏体，主要是由于

淬火冷却过程中冷却速度不足造成的。40Mn 链片淬火时，链片表面冷却速度较快，转变为马氏体组织，链片心部冷却速度慢，余下未转变的奥氏体组织冷却至马氏体转变温度以下，生成残余奥氏体组织，降低了链片成品的力学性能。

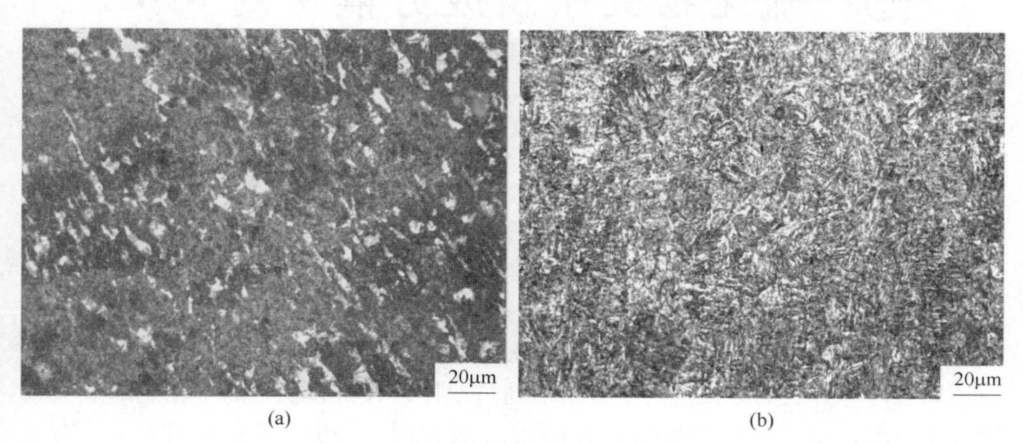

(a)　(b)

图 12-9　40Mn 链片的金相组织

（a）未淬透；（b）淬透

12.6.2　整改措施

淬火冷却介质的冷却能力越大，链片的冷却速度越大，越容易超过 40Mn 钢的临界淬火速度，链片越容易淬硬，淬硬层也越深。工业生产中，必须保证淬火介质的温度的冷却时间，并对淬火介质进行定期更换，防止淬火介质老化，从而保证 40Mn 链片的淬透性。

13 硫化物夹杂及成分偏析对 610L 钢冷弯开裂的影响

610L 汽车大梁钢主要为铌钛微合金钢，主要用于制造卡车的横梁和纵梁，质量要求较为严格。由于汽车大梁多为冷冲压成型，且主要承受较大的静载荷和一定的冲击、振动载荷，因此钢板必须要有良好的强韧性、焊接性及冷成型性等综合性能。某厂生产的厚度为 6.0mm 的 610L 的汽车大梁钢板，经后续工厂冷弯加工时在折弯部位出现裂纹，这与汽车大梁钢的质量要求严重不符。为此，作者对该钢板冷弯开裂的原因进行了分析。通过取样，分析裂纹处的金相组织及夹杂物分布情况，力求找出造成其冷弯开裂的主要原因，提出相应的应对方案，有效地解决 610L 大梁钢冷弯裂纹问题。

13.1 试验材料及方法

试样取自某厂生产的 610L 钢，在加热温度为 1160℃，终轧温度为 800℃，卷取温度为 550℃条件下生产的产品，试样化学成分见表 13-1。试样断口如图 13-1 所示，可明显看到有脆性断裂的特征，出现了分层。将试样抛光处理后，用 4%的硝酸酒精溶液腐蚀，利用 LEICA DMIRM 金相显微镜对其显微组织进行观察，用 S-4800 场发射扫描电子显微镜及附带的能谱仪对其断口夹杂物进行分析。

图 13-1　带钢冷弯开裂断口

表 13-1　610L 化学成分

化学成分	C	Mn	S	P	Si	Als	V	N	Nb	Ti
质量分数/%	0.10	1.81	0.009	0.027	0.29	0.033	0.011	0.0020	0.051	0.024

13.2　钢中硫化物

13.2.1　钢中硫化物的分类

有关资料介绍 Mn S 或（Fe，Mn)S 的形态随钢的成分、冶炼工艺的不同而有所区别，其形态可分三类（见图 13-2)。

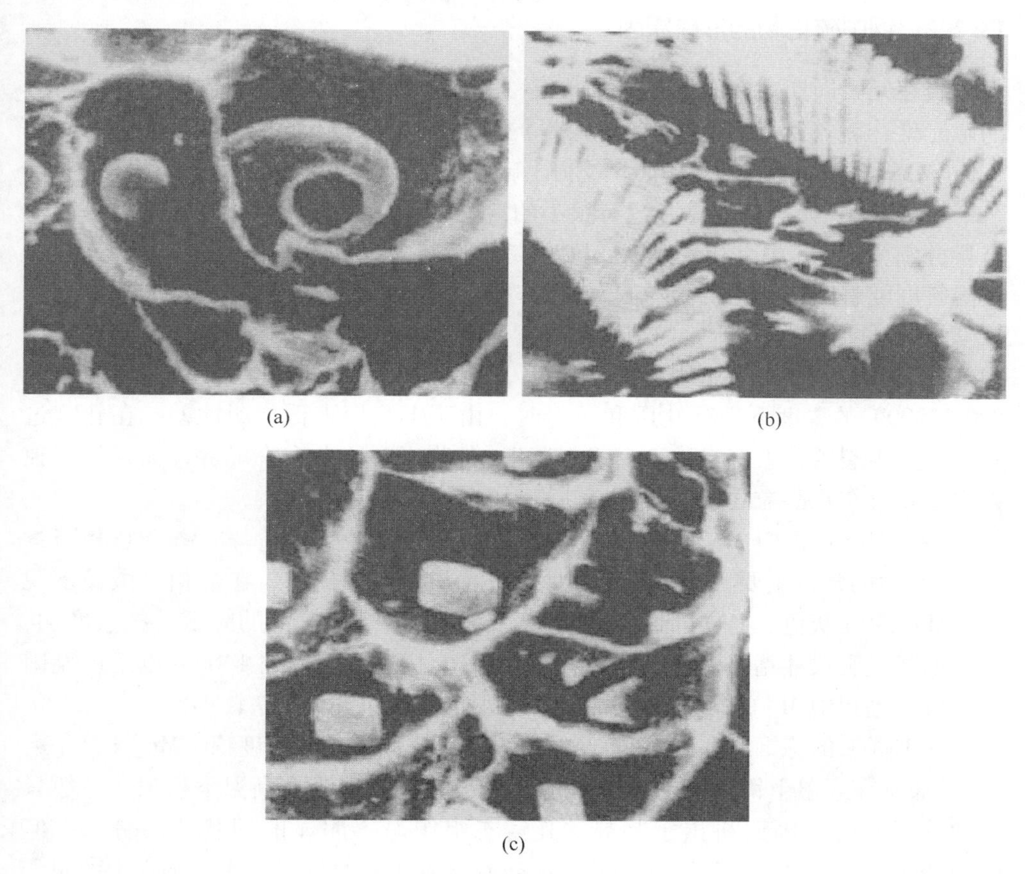

(a)　(b)　(c)

图 13-2　钢中硫化物的三种形态
（a） Ⅰ类；（b） Ⅱ类；（c） Ⅲ类

（1） Ⅰ类 MnS(图 13-2(a))。用硅脱氧的沸腾钢中出现，常与氧化物复合(如 MnO、SiO_2)，基体上析出的 MnS 虽为树枝状，仍属 Ⅰ 类 MnS。它主要是单相，呈球形，多数尺寸在 10~30μm 范围，钢水中存在较高氧量（>0.012%）是 Ⅰ 型 MnS 沉淀的主要原因，其不受钢中硫含量的影响只随钢的冷却速度增大而减少。

（2） Ⅱ类 MnS(图 13-2(b))。用铝脱氧的钢中出现，所用铝量过剩时，在晶界上以共晶形式凝固，呈扇形或链状分布于晶界（称晶界硫化物）。Ⅱ型 MnS 随硫含量和冷却速度增加而增多，其含氧量范围为 0.012%~0.008%。

3）Ⅲ类 MnS(图 13-2(c))。用过量铝脱氧的钢中出现，呈不规则的角状，随意分布，含氧量小于 0.008%，其不受钢中硫含量的影响，只随钢的冷却速度增大而减少。

13.2.2　钢中硫化物的形成原因

硫在元素周期表中的位置与氧同族，所以它的性质与氧类似，钢中存在大量的硫元素，就不可避免地存在着大量的硫化物夹杂。钢中硫化物夹杂主要是 FeS、MnS、CaS 和（Mn，Fe）S 及稀土硫化物等。

（1）FeS：硫在固态铁中只有很小的溶解度，如在 1638K 时，各相中平衡含硫量分别为：γFe 中是 0.050%，δFe 中是 0.18%，而在熔铁中能达到 12%，并且其溶解度随着固态钢温度的降低而降低。钢液中因溶解度降低而析出的硫以硫化铁（FeS）的形式存在于钢内。结晶过程中 FeS 沿晶界呈网状分布或分布在晶粒内部，通常呈球状或共晶状，六方晶系，易变形，沿变形方向伸长。当钢材在 800~1200℃ 的温度下进行轧压和锻造时，由于 FeS 熔点低、塑性差，在轧制过程中会产生裂纹，人们常称之为“热脆”。如果 FeS 不分布在晶界，而是呈单独的夹杂物分布在晶粒之内，其危害性将大大减弱。

（2）MnS：钢中 Mn 比 Fe 对硫的亲和力大，在室温下，高 Mn/S(Mn/S ≥ 4.0）钢中的硫将主要以 α-MnS 及少量铁的共晶形式析出。在金相显微镜下观察，MnS 呈浅灰色，各向同性，稍透明。随着凝固冷却速度的降低，扩散增加，MnS 的数量和尺寸增加，MnS 颗粒的数目减少。当温度达到 1400℃ 以下，凝固已完成，固相中 Mn 的扩散速率相当小，因而 MnS 的生长速率较小。

在 1600℃ 的炼钢温度下，反应 MnS=［Mn］+［S］，其溶度积［Mn］·［S］= 4，而通常在高温下钢中根本达不到此值。因此 MnS 很难在高温下析出，一般只能随着钢液的凝固而析出于晶界，其铸态组织呈不明显的网状片膜分布。但 G. Sridhar，S. K. Das，N. K. Mukhopadhyay 认为在钢液凝固过程中，钢水中的 Mn、S 元素由于偏析，在枝晶间聚集，钢水中 Mn、S 的浓度将会很大。其中硫化物的第Ⅲ类形态的产生就是晶体在液态钢水中直接析出的结果。并且由实践验证并观察到组织在铁素体晶粒内部析出且呈现圆球状或不规则的有棱角的块状，而不是在晶界成网状分布。结合其他文献论述，可以认为前一观点是形成第二类硫化物的原因，而后一论点是形成第三类硫化物夹杂的原因。

（3)(Mn，Fe)S：其属于钢中最常见的非金属夹杂物，在低碳钢中硫化物多为（Mn，Fe)S，可以看成 FeS 和 MnS 的混合物，其成分随 Mn/S 的比值的不同而变化，随 Mn/S 比值增加，FeS 量逐渐减少。

（Mn，Fe）S 夹杂物就其形状和尺寸区分可分三种：一是长条形或骨骼状；二是在大韧窝中形状不规则、尺寸为 10～20μm 的大颗粒；三是弥散分布在小韧窝中形状为球状或锥状，在晶界上也分布着大颗粒和细小球状两种形态的（Mn，Fe）S 夹杂物，如图 13-3 所示（图 13-3(a) 为在晶内的不规则形态（Mn，Fe）S 夹杂物；图 13-3(b) 为在晶界上的不规则（Mn，Fe）S 夹杂物）。相关研究表明，前两种是在熔融状态下液滴状的（Mn，Fe）S，随着温度降低凝固产生的夹杂物；第三种则是由于钢中的 Mn 和 S 的含量较高，在凝固过程中析出的。

（4）由于钢中加入其他元素，如稀土元素、钙元素等，则还可以形成硫化物为（Mn，Ca）S、Re_2S_3、（Mn，Ca）S-Re_2S_3 等各类夹杂物。

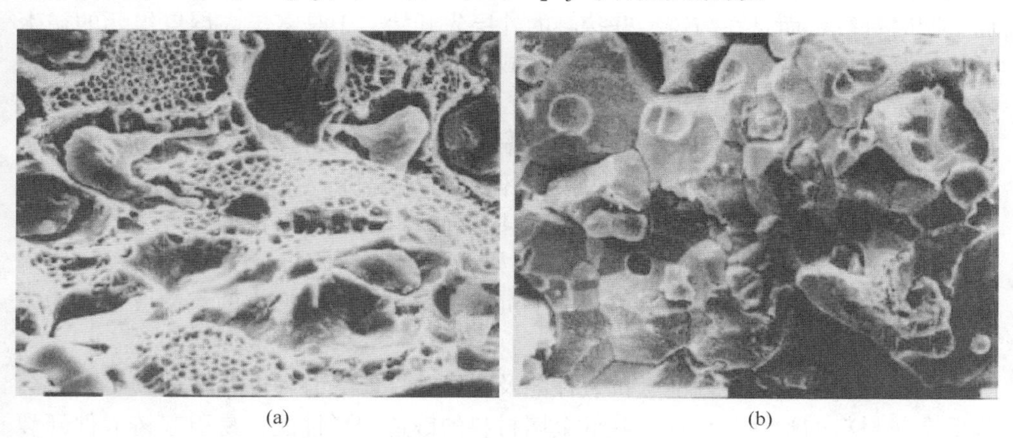

(a) (b)

图 13-3 不规则形态的（Mn，Fe）S 夹杂物
（a）晶内；（b）晶界

13.3 偏析缺陷

13.3.1 偏析缺陷的概念

金属在冷凝过程中，由于某些因素的影响而形成的化学成分不均匀现象，就是偏析。偏析是一种铸造缺陷，由于铸件各部分化学成分不一致，势必使其机械及物理性能也不一样，这样就会影响铸件的工作效果和使用寿命。因此，在铸造生产中，必须防止合金在凝固过程中产生偏析。

13.3.2 偏析缺陷的分类及形成原因

偏析可分为三种类型，即晶内偏析、区域偏析和比重偏析。对于某一种合金而言，所产生的偏析往往有一种主要形式，但有时，由于铸造条件的影响，几种偏析也可能同时出现。

（1）晶内偏析固溶体金属在冷凝过程中，由于固相与液相的成分在不断地改变，在同一个晶体内后凝固的部分与先凝固的部分成分将会不同，即越接近中心则越富含高熔点的组元，而越接近边缘则越富含低熔点的组元。这种成分的差异可依靠组元的扩散而趋于均匀化，从而使金属成分达到平衡状态。但晶体中的扩散是一个缓慢的过程，而且随着温度的降低，扩散速度急剧地降低。因此在实际生产中的一般冷却条件下，扩散过程常落后于凝固和冷却过程。由于扩散不足，在凝固后的金属中，便存在晶体范围内的成分不均匀现象，即晶内偏析。这种偏析往往导致金属中树枝状组织的形成，故又称枝晶偏析。

（2）区域偏析在浇注铸锭或铸件时，铸件通过铸型壁强烈地定向散热，这样就在凝固着的合金内形成一个较大的温度差。凝固不是在铸锭或铸件的整个截面上同时进行，而是在与铸型壁接触的外层先开始，于是富集高熔点组元的初生晶体便紧靠型壁析出，而同晶体接触区域中的溶液则富集着低熔点组元。这样就必然导致外层区域富含高熔点组元，而心部则富集低熔点组元，同时也富集着凝固时析出的非金属杂质和气体等，这种偏析就是区域偏析。

铸坯中存在的区域偏析，特别是磷偏析和硫偏析，会大大地降低钢材的质量，并会为以后的加工造成很多困难，甚至导致材料的严重损害和破坏。

（3）比重偏析在合金凝固过程中，如果初生的晶体与余下的溶液之间比重差较大，这些初生晶体在溶液中便会下沉或上浮。由此所形成的化学成分不均匀现象称为比重偏析。

偏析对合金的力学性能、抗裂性能及耐腐蚀性能等有程度不同的损害，它会降低金属材料的塑性和韧性，降低金属材料的锻造变形性能，易引起铸锻件开裂和金属疲劳断裂等。

13.4　610L钢组织中的成分偏析

13.4.1　典型实例检测及原因分析

冷弯开裂试样的金相组织（图13-4）黑色部分为珠光体或者是碳化物与晶界，白色部分为铁素体，出现了明显的铁素体/珠光体带状组织。成分偏析是形成带状组织的先决条件，有了成分偏析才有可能形成带状组织。导致带状组织形成的过程由凝固过程开始，分配系数小于1的合金元素（如Mn，Si，S，P）凝固时被从一次δ-铁素体枝晶排出，使得枝晶间隙区的溶质浓度越来越高，这种溶质元素的偏聚在δ-相→奥氏体转变时将保留下来。由于碳的扩散能力相当高，在奥氏体中碳可以按照热力学平衡分布，但是合金元素的浓度波动将导致奥氏体中碳的不均匀分布，某些元素有效地吸引碳（如Mn，Cr），而另一些元素则排斥碳（如Si，Al）。计算表明锰的浓度变化会导致碳浓度的变化，而这将明显改变局部的奥氏体—铁素体相变A_{r3}温度，同时合金元素的浓度变化本身也提高（如

Si）或降低（如 Mn，Cr）A_{r3}温度。

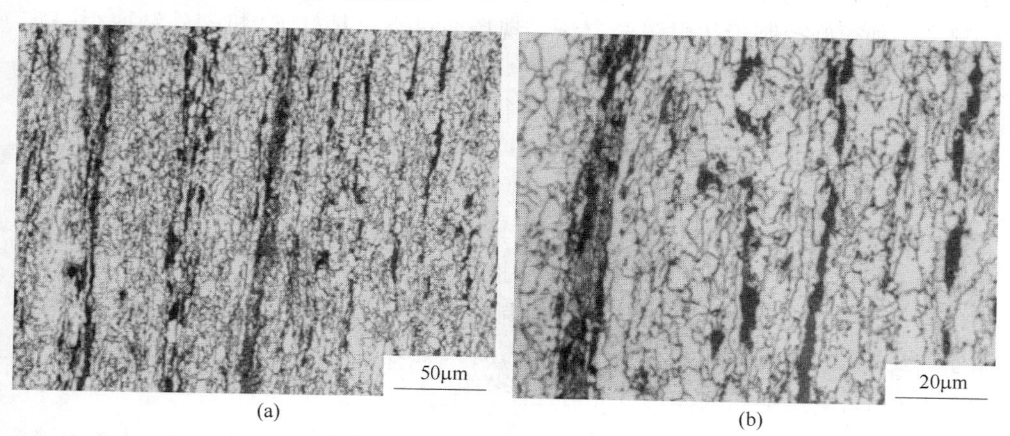

图 13-4　冷弯开裂试样的金相组织
（a）200×；（b）500×

在生产条件下，热轧前将板坯加热到较高温度均热的处理很难达到真正的均匀化，树枝晶间偏聚被保留下来，热轧时在奥氏体区的大变形量轧制使凝固组织中的合金元素富集区（枝晶间隙）和贫化区（枝晶臂）部被拉长变成带状区。在缓慢冷却时稳定奥氏体的元素（如锰）浓度较低的区域，其局部 A_{r3}温度较高，铁素体首先在这些区域开始形核与生长，铁素体只能溶解微量（0.0057%－0.0218%）的 C，这造成先析出铁素体区域向两侧排 C，使大部分 C 扩散到富 Mn 的区域。继续冷却使富锰区的碳进一步增加并聚集在 A_{r3}温度较低的区域，残余奥氏体中碳含量的增加进一步降低了局部的 A_{r3}温度。这些区域的成分最终可以达到共析成分，致使该区域的奥氏体具有最大的稳定性，在温度降到 A_{r1}以下时形成珠光体，最终得到铁素体/珠光体的带状组织。

13.4.2　610L 钢成分偏析的整改措施

（1）采用电磁搅拌（EMS）。通过电磁力作用，打碎树枝晶，使树枝晶的碎片作为等轴晶核心长大而扩大等轴晶区。另外，控制钢水过热度，控制二冷区冷却水量对应连铸过程拉速的优化控制及动态轻压下的使用等，也可对减轻连铸坯枝晶偏析，对减轻热轧钢板的带状组织起到关键的作用。

（2）优化轧前加热制度。对加热制度的控制比较困难。采用较高的加热温度和较长的加热时间可以减少成分偏析，但相应地会加大生产成本和烧损量，因此在加热制度上的选择要综合考虑。经实践研究，加热温度由原来的 1160℃ 提高到 1190℃，加热时间延长 30min。

（3）轧制制度的优化。奥氏体再结晶区和未再结晶区变形量的分配及道次变形量等控制轧制参数也对带状组织控制起重要作用。在未再结晶区采用大压下轧制是一种很好控制带状组织的方法。现场通过空过精轧 F2 机架轧制取得一定效果，即 950℃以后采用大压下。

（4）冷却制度的控制。众多研究者得出的结论基本上都是冷速越快越有利于减轻带状组织，而在实际操作过程中，采用提高终轧温度，由原来的 800℃提高到 880℃，层冷前段加大冷速的方式进行调整。

（5）实施过程中的注意事项。在减轻或消除由于成分偏析而引起带状组织的过程中应注意：（1）是关键点，应从根源上消除成分偏析，（2）、（3）、（4）是配合手段，能起到一定减轻作用，但调整空间有限。在具体实施过程中应注意抓住主要关键点。通过对冷弯开裂合格断口处取样，其金相图见图 13-5（a）（b），带状组织基本消失，钢板冷弯性能完好。

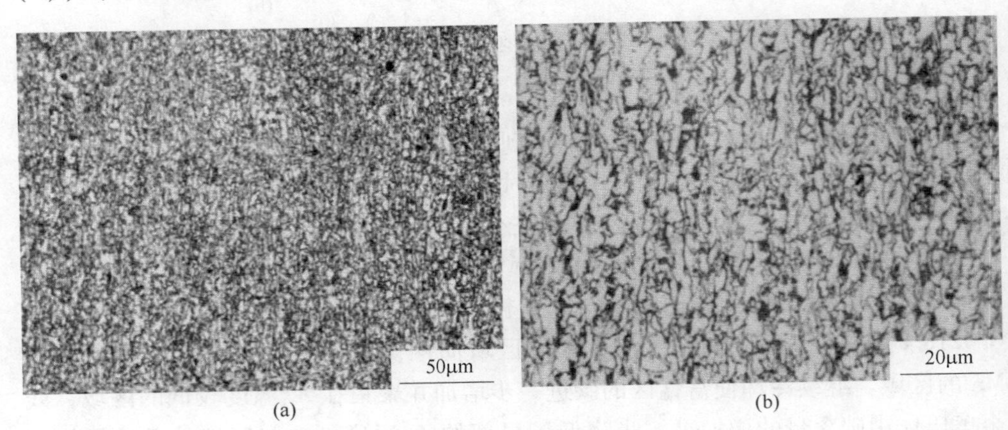

(a)　(b)

图 13-5　正常组织图
（a）200×；（b）500×

13.5　610L 钢断口硫化物分析

13.5.1　典型实例检测及原因分析

除成分偏析引起的带状组织引起冷弯开裂现象外，我们在个别冷弯批次中发现了大量夹杂物，进一步对试样进行电镜分析如图 13-6 所示。

断口处含有很多颗粒状硫化物，结合能谱分析（图 13-7）中的杂质分析，可以推断硫化物对钢的冷弯裂有很大的影响。硫化物对钢冷弯裂的影响体现在多方面。首先硫化物会降低钢的塑性和韧性，因为在变形过程中已被拉长的硫化物夹杂，受力后发生破裂，断成若干小段，同时由于夹杂物与基体界面的分离而形成拉应力促生的纵向裂纹，它起到“内部细颈”的作用，所以加速了试样的破断，降低了塑性。硫化物沿热加工（轧制）方向的伸长变形与成行排列，使钢基体纤维组织在横向上有一延性降低的“缺口效应”，抵抗横向应变的能力减弱，因而使纵、横向的塑性与韧性均产生较大的差别，尤其对增大冲击值的各向异性最为明显。

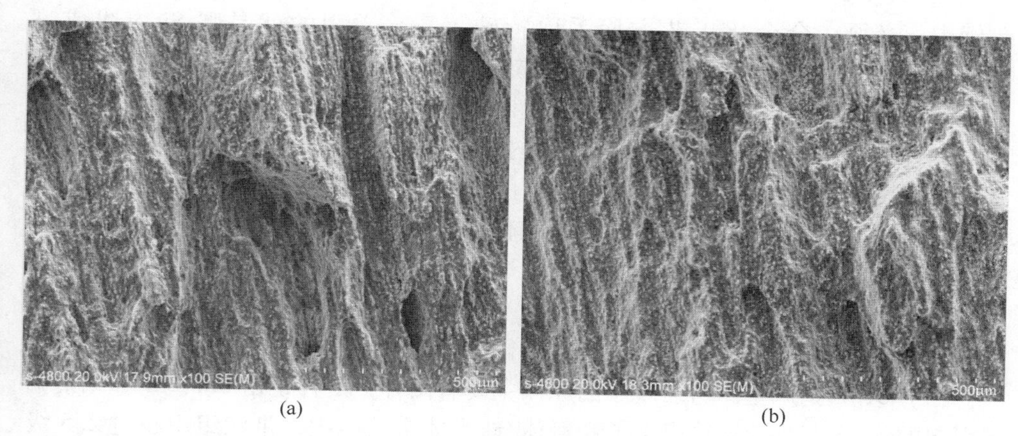

(a)　(b)

图 13-6　钢板断口形貌

(a) 边部；(b) 中心

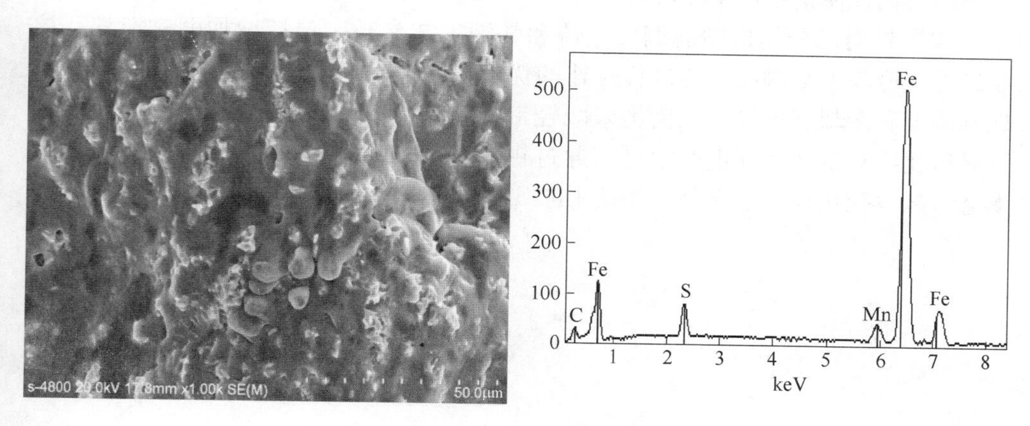

图 13-7　断口电镜形貌及能谱图

由上述分析可知，从本质出发，减少钢种硫化物的夹杂，改变硫化物夹杂形态和性质，是改善钢板冷加工性能的途径。

13.5.2　针对硫化物夹杂的整改措施

（1）降低硫含量，减少硫化物夹杂。通过出钢洗渣、炉后脱硫等措施，在出钢过程中，在钢包内加入合成渣，利用出钢的动力学条件，让有吸附钢中杂质、气体的合成渣充分与钢水接触，吸收钢中的气体和杂质后上浮，降低钢中夹杂和气体的含量。

（2）钙处理，改变硫化物夹杂形态。由于钙加入到钢水后会脱氧脱硫，也就是说，要使Ca充分发挥其变形处理作用（包括对Al_2O_3变成Cl_2A_7的球化处理），必须使钢水充分脱氧。另外，由于Ca在高温下的蒸气分压，使其很难加入到钢中，必须在合金化工艺方面采取特殊手段，常用的就是喂SiCa线或喷SiCa粉。

（3）加入适量钛，改变硫化物夹杂性质。TiS与MnS的生成自由能相当。在脱氧良好的条件下，当钢中加入一定量的Ti元素时，原来与Mn结合的S，必然有部分与Ti化合成TiS，而TiS虽然具有强烈的各向异性，但它硬而不能变形。当钢的基体有很大变形时，这种Ti的硫化物将碎裂成更小的碎块，从而改善钢的各向异性和冷加工性能。

13.6　结论

（1）610L钢产生冷弯裂现象的原因主要有两种，一种是由Mn、Si等元素偏聚引起的A_{r3}温度改变导致产生了铁素体/珠光体带状组织，带状组织超过2.5级冷弯开裂的几率大大增加。另一种断口处存在硫化物夹杂，硫化物夹杂会降低钢的塑性和韧性使钢板产生冷弯失效。

（2）针对成分偏析则需调整连铸和轧制工艺参数，包括增加电磁搅拌，控制二冷区冷却水量对应连铸过程拉速的优化控制及动态轻压下和轧前加热制度、轧制制度和冷却制度等工艺措施来减轻带状组织，减少或减轻冷弯几率的发生。针对硫化物夹杂在实际生产中可以通过钙处理和加入适量的Ti元素改变硫化物形态，减少硫化物的危害降低钢铁中的S含量。

14 冶金锯片用65Mn钢球化退火后矫直断裂

随着国家完善钢铁产业结构调整的稳步推进，缓解钢铁产能过剩，钢铁产业升级成为主要发展方向，而充分挖掘钢铁材料的性能、改善使用质量、延长使用寿命、以提高国家经济建设对资源和能源的利用率，成为钢铁研究领域的重要课题。65Mn钢作为国内生产各类锯片的主要材质之一，兼具高碳钢及低合金钢的特点，具有高的抗拉强度和硬度，经热处理后可获得良好的综合力学性能。

近年来，国内外研究人员对65Mn钢的热处理工艺及生产过程中存在的质量问题做了大量的研究。黄刚等人研究了新技术生产下65Mn钢的热轧组织与力学性能，并对不同冷却速度下组织与力学性能的关系进行了系统分析。田亚强等人研究了65Mn钢热处理生产过程中遇到的一些问题：（1）铸坯成分偏析或钢中C、Mn元素的含量偏低导致的成分、组织和性能不均匀；（2）钢中MnS等夹杂引起的脆性断裂；（3）成分设计不合理引起锯片淬火及回火不均。

本研究以国内某钢厂65Mn热轧窄带钢生产线同批次缺陷产品为研究对象，结合生产实践和实验室理论分析，深入研究了65Mn热轧带钢经冷轧、退火及矫直等一系列生产工序中出现的一种脆裂缺陷。通过分析矫直、退火及热轧等不同生产工序下缺陷的形貌及形成原因，为工业化生产中避免此类缺陷提出合理化参考。

14.1 试验材料与方法

实验用65Mn钢取自国内某钢厂65Mn热轧窄带钢生产线的同批次/炉号（P7-10213/Y1-12342）缺陷产品，产品规格为3.5mm×350mm，其化学成分如表14-1所示。轧制生产工艺参数如下：精轧入口温度1050℃；终轧温度960℃；卷取温度660℃；终轧至卷取平均冷速9℃/s；卷取后平均冷速0.11℃/s。热轧板经多道次（3.5mm→3.2mm→3.0mm）冷轧后，730℃退火10~12h。

表14-1 实验材料的化学成分

化学成分	C	Si	Mn	S	P	Als	Cr	Fe
质量分数/%	0.69	0.24	1.00	0.005	0.01	0.008	0.11	Bal.

对实验用钢缺陷位置的宏观形貌进行仔细观察，并详细记录其特征形貌。对开平矫直后脆断退火板，冷轧板及热轧板切取尺寸为 10mm×10mm 的试样，经 KQ-50 型超声波清洗器清洗后，应用 DMI5000M 型金相显微镜及 S-4800 型扫描电镜（SEM）及其附带的 Noran7X 射线能谱仪对制备完成的试样进行组织分析及断口观察。利用 ZSX PrimusⅡ型 X 射线荧光光谱仪测定 65Mn 钢不同区域的化学成分。

14.2　脆断形貌与组织

65Mn 冷轧板球化退火后的开平矫直或后续冲压锯片的过程中，带钢部分位置出现严重的脆性断裂缺陷（图 14-1(a)）。宏观观察发现断口垂直于轧制方向，呈白亮色粗大的结晶状断口形貌，且带钢中心处粗大结晶状断口缺陷较边部严重，正常产品冷弯实验的宏观断口呈灰白色细小断口（图 14-1(b)）。

(a)

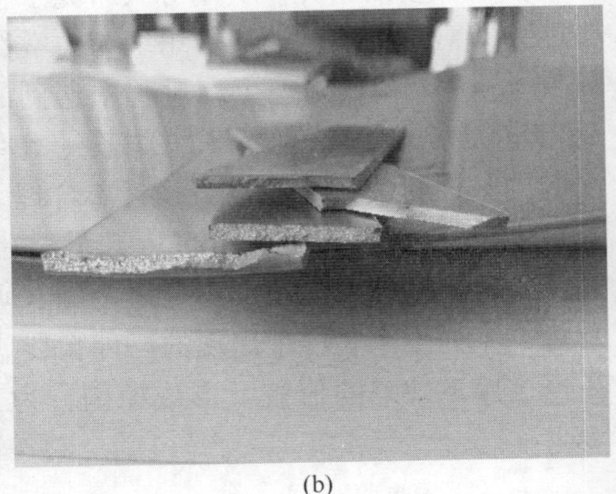

(b)

图 14-1　冷轧板脆断宏观形貌

(a) 开平矫直后脆断形貌；(b) 结晶状断口形貌

金相分析表明，与正常的球化退火组织相比，本批次 65Mn 冷轧带钢经 730℃球化退火 10~12h 后出现球化不均现象，如图 14-2(a) 所示。65Mn 冷轧带钢球化退火后的正常组织为铁素体基体加均匀分布的球状或颗粒状碳化物，而此类缺陷组织中出现了未完全球化的珠光体团，沿轧制方向呈块状或带状分布，且相邻珠光体团两侧存在白色的偏析带。同时，对脆断处组织检测发现，裂纹两侧同时分布未完全球化的珠光体团，且部分区域裂纹贯穿于粗大的珠光体团，将其一分为二（图 14-2(b)）。

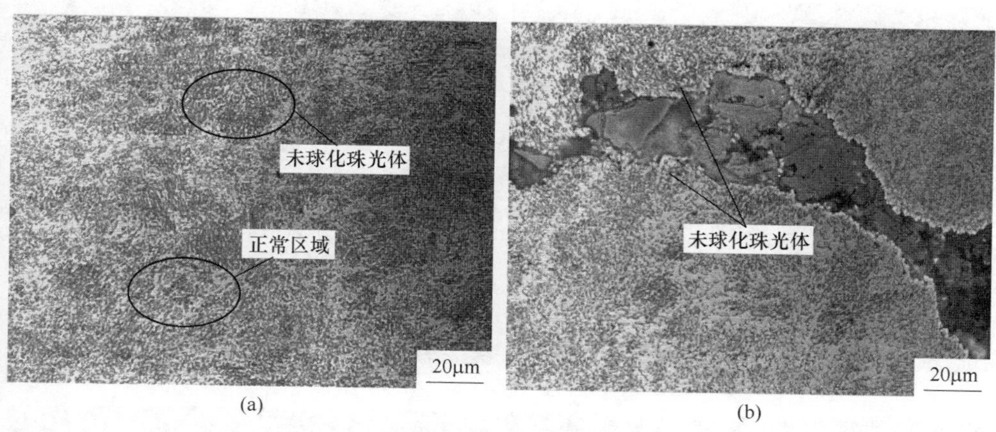

图 14-2　球化退火后缺陷组织形貌
（a）缺陷组织；（b）裂纹处组织

14.3　脆断断口及产生机理

对缺陷试样断口 SEM 照片分析发现，低倍下断口表现为脆性断裂（图 14-3(a)），高倍下断口较光滑呈现出河流条纹状，条纹边部分布条带状韧窝，为解理断裂结合局部延性断裂的混合断口形貌（图 14-3(b)）。相反，正常冷轧退火板冷弯试验后 SEM 照片下断口则广泛分布着等轴韧窝，表现为典型的延性韧窝断裂（图 14-3(c)、(d)）。

分析扫描电镜下缺陷试样脆断后组织，球化退火后组织中除铁素体基体加均匀分布的球状碳化物外，还残余片层间距异常粗大的片层结构渗碳体（图 14-4(a)）。与图 14-2 中金相照片观察的未完全球化的珠光体团对应，由铁素体基体及残余的粗大渗碳体组成。同时，部分渗碳体片层出现了断裂、破碎的现象，与周围铁素体基体形成微小的裂纹。这是由于未完全球化的渗碳体片层结构比铁素体基体的强度高、塑性低，在冷轧退火后的开平矫直过程中，由于受到轧制力的作用而发生断裂、破碎。这些微小的裂纹在后续矫直或冲压锯片的过程中不断扩展，最终导致带钢或锯片的脆断。图 14-4（b）脆断断口局部放大图证实了这一观点。断口中延性韧窝断裂区域的等轴状韧窝内分布着球状碳化物，为正常的球化退火后的断口形貌。同时部分区域可见白色条状物，这是开平矫直过程中受轧制力作用发生断裂或破碎的渗碳体片层，在断裂后裸露在铁素体基体中。

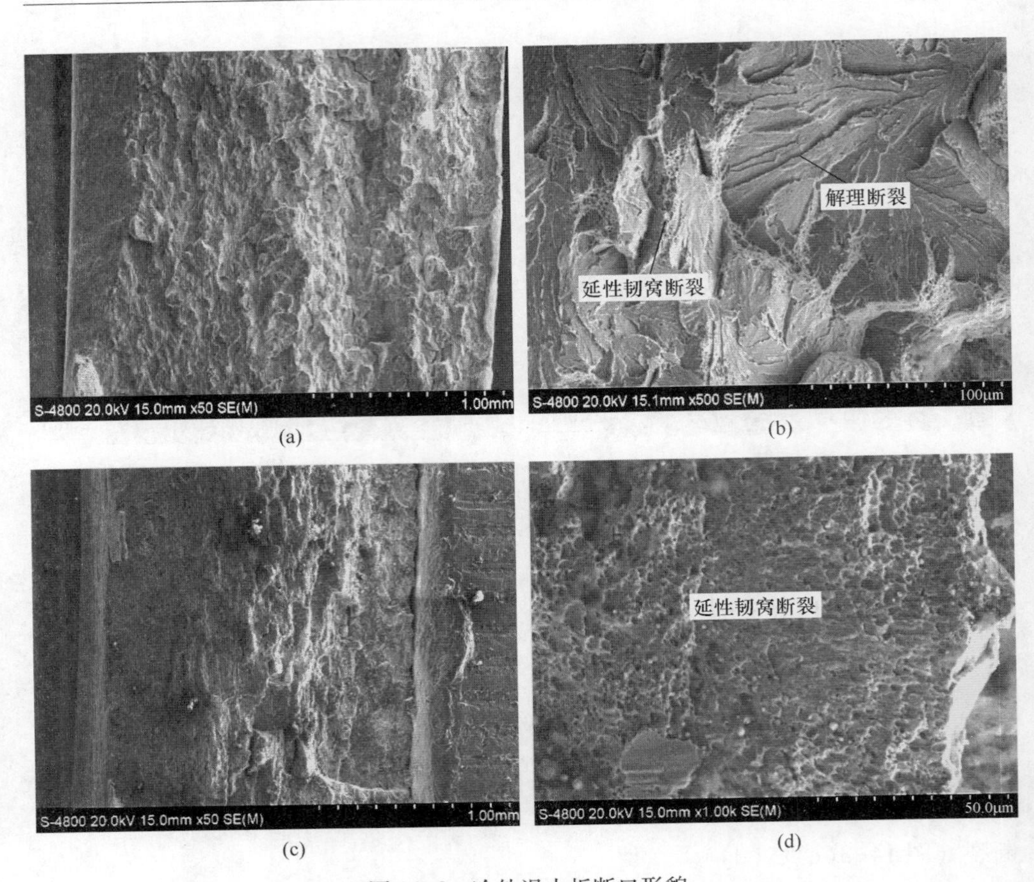

(a)　(b)　(c)　(d)

图 14-3　冷轧退火板断口形貌

(a)，(b) 脆断试样断口形貌；(c)，(d) 正常试样断口形貌

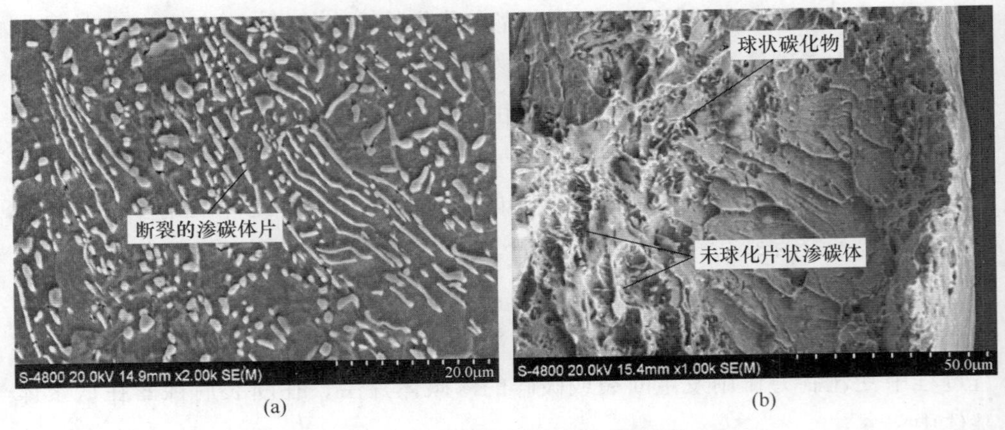

(a)　(b)

图 14-4　不同位置渗碳体片层结构

(a) 试样表面；(b) 断口处

14.4　热轧板粗大渗碳体片层产生机理

图 14-5 所示为缺陷批次 65Mn 热轧窄带钢的显微组织。正常 65Mn 热轧组织为网状或半网状先共析铁素体加珠光体组织，而本次缺陷 65Mn 热轧组织没有出现网状或半网状的先共析铁素体，而是图 14-5(a) 中白色区域所示由片层间距异常粗大的渗碳体与铁素体基体组成，为类珠光体型伪共析组织。测量发现缺陷试样正常的珠光体球团直径为 20μm 左右，而具有粗大片层结构的伪共析组织的珠光体球团直径为 27μm，其直径大于正常珠光体球团 35%以上。同时，图 14-5(c) 中 65Mn 热轧组织的珠光体片层间距显示，右侧正常珠光体球团的片层间距为 350~400nm，而左侧伪共析组织中粗大珠光体球团的片层间距达 750~900nm。

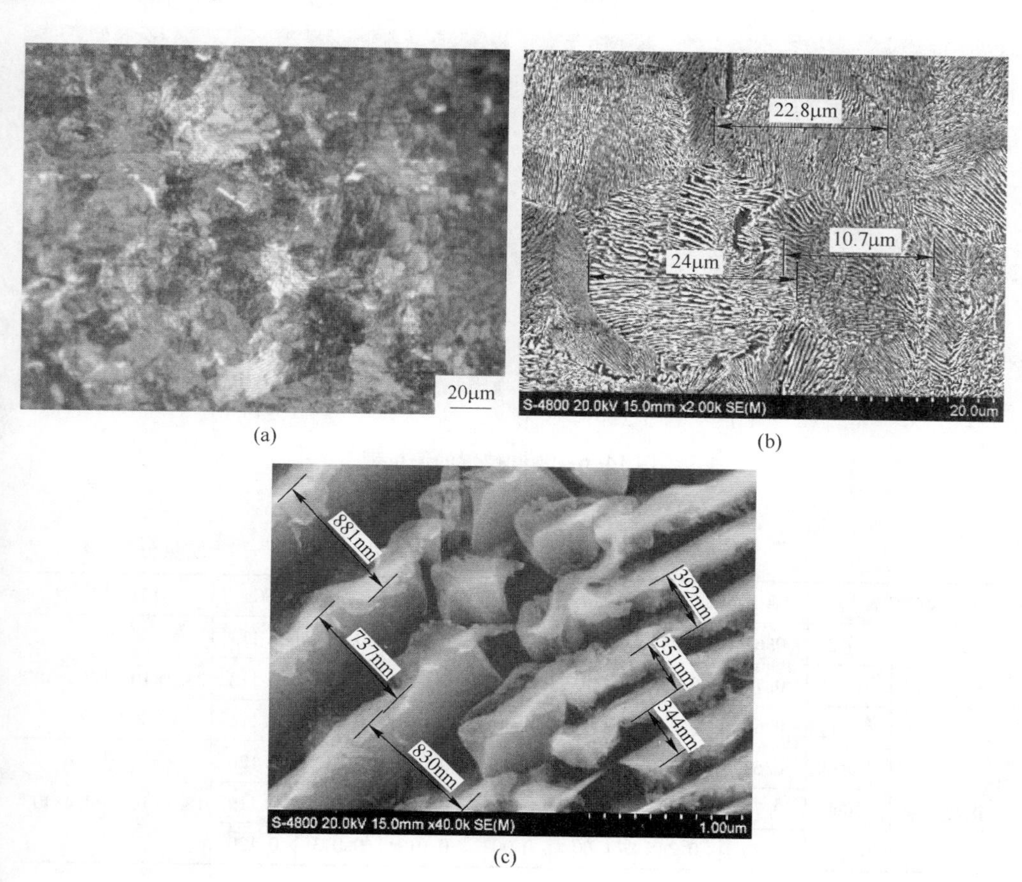

(a)　(b)　(c)

图 14-5　热轧板组织

(a) 金相组织；(b) 珠光体球团；(c) 珠光体片层

伪共析组织是非平衡冷却条件下由偏离共析成分的过冷奥氏体形成。检测发现此类缺陷组织在带钢冷速大的头部和尾部出现的同时，也存在于带钢中部，所以排除冷速差异对此类缺陷的影响。分析 65Mn 钢球化退火后组织，其中部分未完全球化的粗大珠光体团呈带状分布，这与带状组织相貌基本一致，表明此类缺陷与 65Mn 钢常见的成分偏析缺陷相似（图 14-6(a)）。同时本批次 65Mn 钢热轧组织低倍金相照片下部分区域存在明显的白色偏析带，如图 14-6(b) 所示。硬度分析表明图 14-6(b) 中白色偏析区域的显微硬度为 23. 29HRC，黑色正常区域组织的显微硬度为 30. 41HRC，两者差异明显。化学成分分析表明，与 65Mn 钢化学成分相比，缺陷试样的化学成分存在 C、Mn 元素的偏析缺陷，如表 14-2 所示。

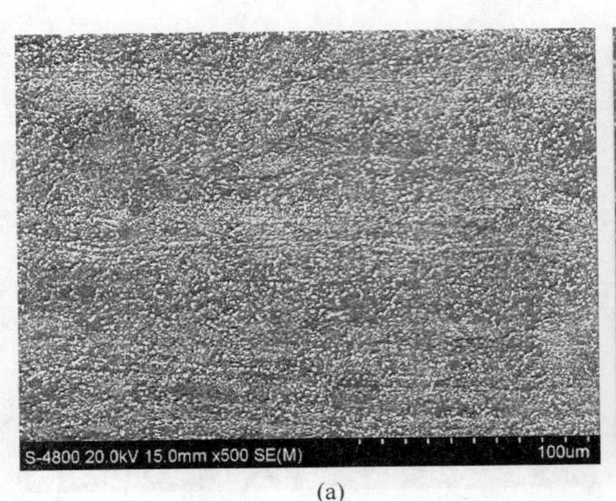

(a)

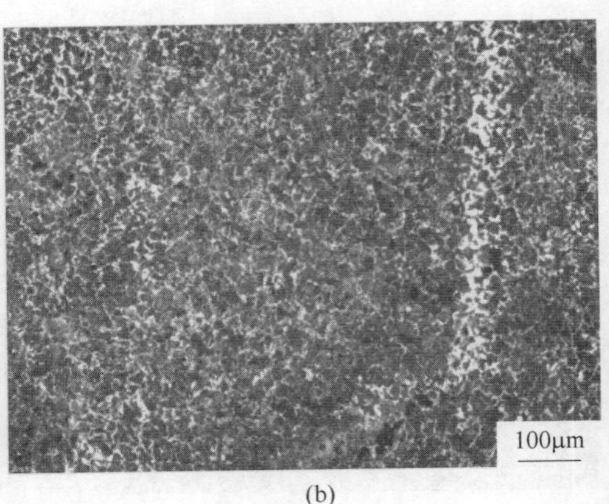

(b)

图 14-6　不同位置的偏析带
(a) 冷轧退火板；(b) 热轧板

表 14-2　不同位置的化学成分　　（质量分数，%）

检验位置		C	Si	Mn	S	P	Als	Cr	O	N
缺陷试样	一边部	0. 67	0. 24	0. 94	0. 005	0. 017	0. 013	0. 113	23.3×10^{-6}	77.2×10^{-6}
	中间	0. 70	0. 23	1. 10	0. 005	0. 019	0. 013	0. 112		
	另一边	0. 63	0. 23	0. 87	0. 005	0. 018	0. 014	0. 111		
正常试样	一边部	0. 68	0. 24	0. 95	0. 003	0. 021	0. 013	0. 120	18.1×10^{-6}	61.4×10^{-6}
	中间	0. 70	0. 24	1. 00	0. 003	0. 020	0. 014	0. 119		
	另一边	0. 70	0. 24	1. 00	0. 003	0. 019	0. 013	0. 120		

65Mn 钢中的成分偏析缺陷，主要是由连铸坯在浇注凝固过程中粗大枝晶组织形成而引起的 Mn 偏析，并在后续加热和轧制过程中部分保留下来形成贫 Mn

区和富 Mn 区。Mn 是奥氏体稳定元素，不同的贫 Mn 区和富 Mn 区使终轧后 65Mn 钢局部区域的 A_{r3}不同，贫 Mn 区较富 Mn 区的 A_{r3}升高。终轧后 65Mn 钢冷却过程中贫 Mn 区奥氏体首先发生铁素体相变，且 C 元素在铁素体中的扩散系数大于奥氏体，因此化学势所形成的驱动力促使贫 Mn 区先共析铁素体中过饱和的 C 原子逐渐向富 Mn 区扩散。这表明 Mn 偏析行为导致了终轧后 65Mn 钢冷却相变过程中 C 元素的再分配行为。

65Mn 钢室温组织为先共析铁素体加珠光体，先共析铁素体量较少，远低于贫 Mn 区占比。这导致贫 Mn 区奥氏体除部分发生铁素体相变，大部分转变成珠光体。而由于转变温度高、过冷度小，C 原子扩散速度快，可以进行长距离的迁移，使珠光体片层间距异常粗大，这与图 14-5（a）中具有粗大片层结构的珠光体组织相一致。由于热轧板贫 Mn、贫 C 区的相变转变点高于正常区域，此区域 730℃球化退火时未达到合理球化退火温度，同时粗大的珠光体片层结构使 C 扩散距离增加，渗碳体形核位置减少，不利于形核球化，最终形成了图 14-2、图 14-4 中缺陷组织形貌。

14.5　偏析原因与改进措施

研究表明，由于偏析和最后凝固液滴中形成非平衡相，沿枝晶截面存在成分上的很大差异。最先凝固区域 C、Mn 元素含量较低，形成枝晶壁，在枝晶臂之间以及晶界处最后凝固的液体富集金属元素成为凝固过程中的微观偏析来源。高碳钢连铸坯在凝固过程中随着粗大枝晶的形成，二次枝晶壁间距增大。而枝晶偏析的二次枝晶壁间距作为成分偏析范围或距离的标志，随着二次枝晶壁间距增大，C、Mn 元素偏析缺陷加重。常规热处理工艺无法有效改善元素偏析缺陷，传统的轧制或锻造工艺只能减小偏析带的宽度，不能从根本上消除偏析。因此，连铸坯成分的均匀性对 65Mn 钢的质量有重要的影响，合理控制连铸坯的化学成分均匀性对得到均匀化的球化退火组织具有重要意义。

钢水过热度高时，凝固过程中固液相线较宽，凝固冷却时间延长，溶质元素有充分的时间进行长程扩散，在凝固组织中形成粗大的树枝晶壁使 C、Mn 元素富集于枝晶间界，形成严重的偏析区域。综合考虑理论分析与生产实际，将钢液过热度调低 20℃，中间包钢水温度严格控制在 1500～1510℃之间，有效抑制了粗大树枝晶的形成，避免了此类缺陷的产生。图 14-7 为改进后的 65Mn 钢组织形貌，热轧板组织由半网状先共析铁素体加珠光体组成，其珠光体片层间距为 280～320nm，冷轧板球化退火后的组织均匀，无明显残余的珠光体组织。

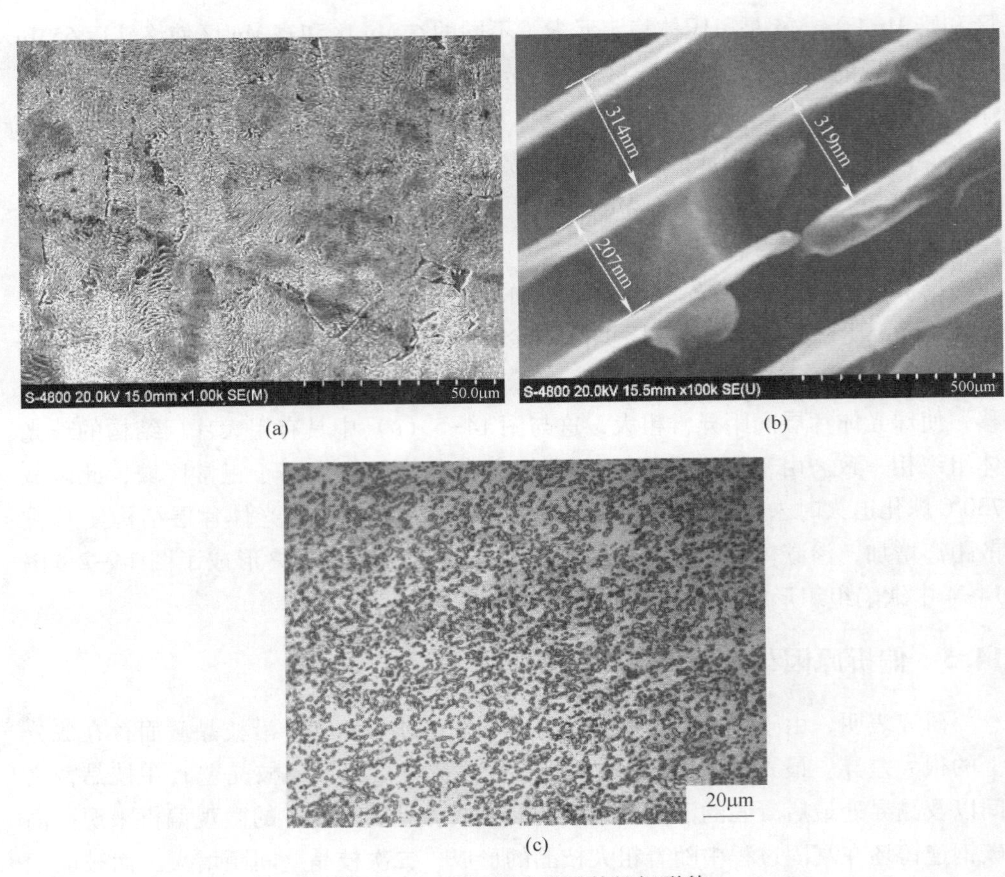

(a) (b) (c)

图 14-7 65Mn 钢改进后的组织形貌

（a）热轧组织；（b）珠光体片层间距；（c）球化退火组织

14.6 结论

（1）断口分析表明，65Mn 钢冷轧退火后开平矫直过程断裂的断口，其形貌为解理断裂结合局部延性韧窝断裂的混合断口形貌。

（2）730℃球化退火 10~12h 后，组织中残余具有粗大渗碳体片层结构的珠光体团。开平矫直过程渗碳体片层结构相较于铁素体基体的强度高、塑性低，受轧制力作用断裂、破碎形成裂纹源，是造成此类缺陷的直接原因。

（3）C、Mn 元素偏析行为使局部贫 C、贫 Mn 区奥氏体高于正常相变温度发生珠光体相变，形成片层结构异常粗大的珠光体并在后续的球化退火过程残余，是造成此类缺陷的根本原因。

（4）将钢液过热度调低 20℃，中间包钢水温度严格控制在 1500~1510℃之间，有效抑制了粗大树枝晶的形成，避免了此类缺陷的产生。

15 冶金锯片用 65Mn 热轧窄带钢硬度不均

65Mn 钢是当今国内生产各类锯片的主要材质之一，该钢种为含锰量较高的优质碳素钢，兼具高碳及低合金钢的特点，具有较高的抗拉强度和硬度，经热处理后可以得到良好的综合力学性能。65Mn 热轧窄带钢板的力学性能是影响冶金锯片产品质量和使用寿命的重要指标，冶金锯片的硬度，是关系锯片使用寿命的最关键的性能指标。某热轧车间生产的 65Mn 窄带钢，在成品的力学性能测试中发现部分产品硬度不均匀，最大硬度差值可达到 8HRC，不利于冷轧厂下游用户生产，并直接影响冷轧锯片成品的产品质量，甚至造成质量异议，严重影响企业产品的信誉。

因此，为有效控制 65Mn 热轧窄带钢硬度的均匀性，作者采用 SEM 扫描电镜及 GDS 辉光光谱仪等实验手段，通过对 65Mn 钢显微组织及化学成分分析，找出了 65Mn 热轧钢板硬度不均的原因，并提出了改进措施，为 65Mn 热轧窄带钢生产中硬度不均问题的解决提供参考依据。

15.1 试验材料及方法

试验用 65Mn 热轧钢板取自某热轧带钢生产车间，其车间平面示意图如图 15-1 所示。65Mn 热轧窄带钢规格为 2.90mm×335mm。热轧生产工艺参数为：精轧入口温度 1050℃；终轧温度 960℃；卷取温度 667℃；终轧至卷取平均冷速 4.88℃/s；卷取后平均冷速 0.11℃/s。

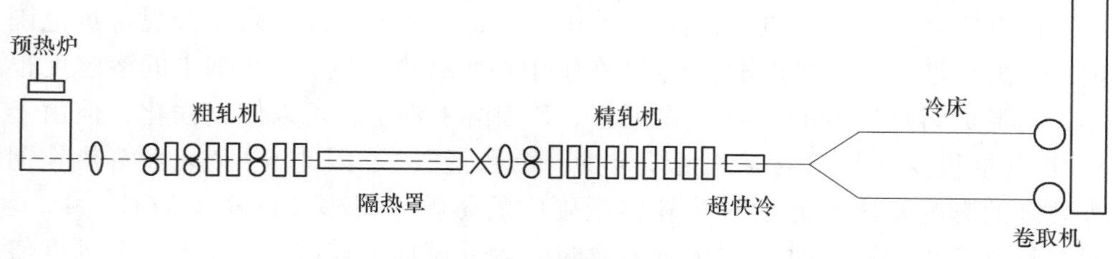

图 15-1　65Mn 热轧窄带钢车间平面示意图

对该车间生产的多批次 65Mn 热轧窄带钢切取硬度检测试样，依照 GB/T 230—1991 进行 65Mn 热轧板硬度检测。检测发现，经相同控轧控冷工艺生产的 65Mn 热轧钢板，硬度最低值为 20.93HRC，硬度最高值为 28.78HRC，硬度差值约为8HRC。利用线切割机分别在硬度较高和较低处切取10mm×10mm金相试样，并对硬度较高样品标号为试样1，硬度较低样品标号为试样2。将金相试样分别沿轧制方向镶嵌断面，经粗、细砂纸研磨、抛光和4%硝酸酒精浸湿后由Axiovert200MAT光学显微镜（OM）和S-4800场发扫描电镜（SEM）进行显微组织观察，并采用辉光光谱检测其化学成分。统计发现，65Mn热轧钢板化学成分不均匀、珠光体片层间距不均匀是影响其硬度分布不均的主要原因。此外，65Mn热轧钢板内部存在带状组织及表面存在脱碳层也会对其硬度的均匀性产生不利影响。

15.2　化学成分不均对硬度的影响

表15-1为所取65Mn钢试样的化学成分检测结果。由表15-1可知，试样1和试样2的核心元素含量均满足GB/T 1222—2007标准中对65Mn钢元素含量的要求，试样1的C、Mn元素较试样2偏高。

表15-1　65Mn钢试样核心元素含量　（质量分数,%）

化学元素	C	Si	Mn	S	P
GB/T 1222—2007	0.62~0.70	0.17~0.37	0.90~1.20	≤0.035	≤0.035
试样1	0.68	0.25	1.08	0.007	0.023
试样2	0.63	0.23	0.95	0.005	0.012

C元素是决定高碳钢轧制冷却后组织、性能的主要元素。在亚共析钢范围内，随着碳含量的增加，铁素体相对量减少，珠光体相对量增加，力学性能不断提高；Mn是稳定奥氏体的主要元素，在钢中有扩大奥氏体相区的作用，高温时Mn元素固溶于奥氏体中，随着热轧钢板的轧后连续冷却，Mn元素溶入铁素体而引起固溶强化，因而锰可以提高碳钢热轧后的硬度和强度；Si元素溶于铁素体中，使热轧钢材的抗拉强度提高，但由于含量相对较少，因此在常规含量范围内，对力学性能无明显影响；S、P在钢中均为有害元素，S在钢中的溶解度很小，易形成熔点较低的MnS夹杂元素，P固溶于钢中，可以使钢强化，但由于S、P含量很少（与C含量相比差至少一个数量级），因此S、P元素对热轧钢板硬度的影响要比C元素对热轧钢板硬度的影响小得多。试样1的C、Mn元素含量均高于试样2的C、Mn元素含量，因此试样1较试样2相比，其硬度值偏高，即对于同一65Mn热轧钢板，化学成分不均匀是其硬度不均的重要影响因素。

化学成分不均（主要是C和Mn元素）而引起硬度不均的65Mn热轧钢板，可通过合理设计成分和工艺制度，对中间包钢水采用低过热度浇注和电磁搅拌，可有效地减轻化学成分偏析。

15.3 珠光体片层间距对硬度的影响

图 15-2 为65Mn 钢试样的显微组织，试样 1 和试样 2 的显微组织均为片状珠光体+半网状铁素体，平均晶粒度为 7~8 级，组织较为均匀。试样 2 较试样 1 的先共析铁素体含量相对较多，珠光体晶粒粗大，即试样 1 较试样 2 终轧后冷却速度偏快。终轧后冷速较快时，抑制先共析铁素体析出，使得轧后奥氏体晶粒长大减缓，珠光体相变前的奥氏体晶粒尺寸相对较小，且使珠光体转变过冷度加大，珠光体开始转变温度降低，因此试样 1 的先共析铁素体含量较少，晶粒尺寸较小。

(a) (b)

图 15-2 65Mn 钢试样金相组织
(a) 试样 1；(b) 试样 2

图 15-3 为所取 65Mn 钢试样的 SEM 形貌。可知，65Mn 钢的室温组织主要为片状珠光体，试样 1 的珠光体片层间距较试样 2 的珠光体片层间距偏小。片状珠光体的力学性能主要取决于珠光体的片间距，珠光体的硬度和断裂强度均随片间距的缩小而增大。珠光体的片间距与奥氏体晶粒度关系不大，主要取决于珠光体的形成温度。过冷度越大，奥氏体转变为珠光体的温度越低，则片间距越小。硬度的波动是由其组织的不均决定的，金相组织的分布不均是硬度不均的一个原因。

图 15-4 为 65Mn 钢 CCT 曲线，结合其热轧生产工艺参数可知，65Mn 热轧带钢在冷床上析出先共析铁素体，卷取时开始发生珠光体相变。由于热轧带钢在生产过程中冷却速度不均匀，65Mn 热轧钢板冷却速度较快的部位在温度相对较低的情况下进行的珠光体相变，即在卷取前开始发生珠光体相变，而 65Mn 热轧钢板冷却速度较慢的部位在卷取后发生的珠光体相变，这就造成了低温转变形成的珠光体片层间距小，硬度偏高；高温转变形成的珠光体片层间距大，硬度偏低，从而导致 65Mn 热轧钢板硬度不均。

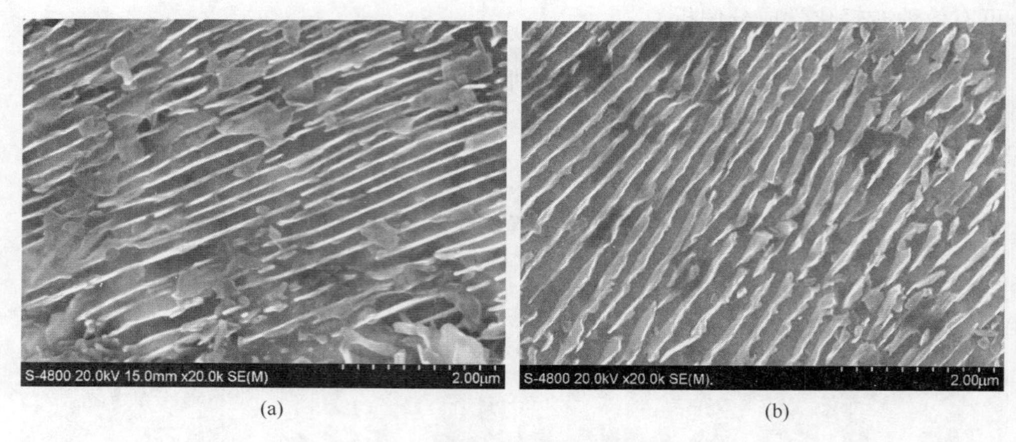

图 15-3　65Mn 钢试样 SEM 形貌
（a）试样 1；（b）试样 2

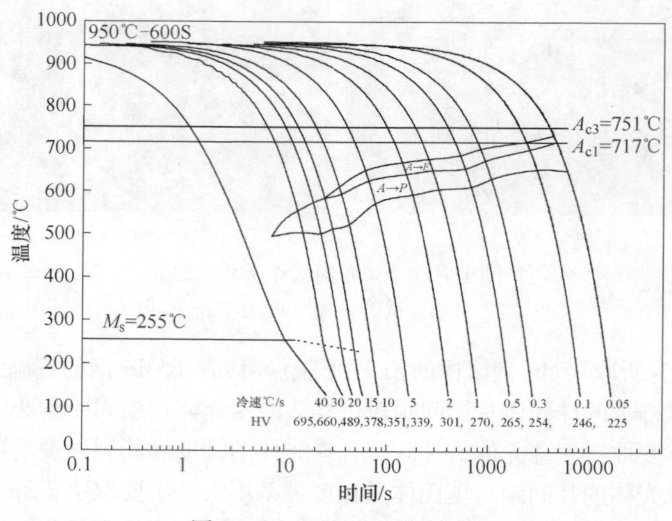

图 15-4　65Mn 钢 CCT 曲线

针对 65Mn 钢珠光体片层间距不均而引起硬度不均的 65Mn 热轧钢板钢，可减缓热轧带钢的冷却速度，使 65Mn 钢始终在一个相对较为恒定的温度下进行珠光体相变。对于现场工艺，可减少带钢在冷床上的停留时间，快速卷取，或在冷床上加保温罩减缓带钢的冷却速度，使珠光体相变始终保持在较高的温度，有利于珠光体片层间距的均匀长大。

15.4　带状组织对硬度的影响

65Mn 热轧钢板内部带状组织严重时，也会对其硬度的均匀性产生不利影响。

65Mn 钢属于含碳量较高的亚共析钢，亚共析钢的带状组织是钢坯（或钢锭）浇注凝固过程中形成的碳化物或者合金元素枝晶偏析，在热加工时延伸成铁素体和珠光体交替的条带，如图 15-5 所示。

图 15-5(a) 为 65Mn 钢试样的金相照片，其组织为铁素体+珠光体+大量带状组织，将带状组织按 GB/T 13299—91 钢的显微组织评定方法进行评定，带状组织评级为 4.5 级，在现场工业生产中，一般要求带状组织不大于 2 级。图 15-5(b) 为 65Mn 钢试样珠光体片层 SEM 形貌，其珠光体片层间距相比于正常珠光体组织片间距要细小，类似于索氏体组织。由图 15-5(a) 可知，该 65Mn 钢试样带状组织较为严重，并且伴随着珠光体晶粒尺寸的不均匀，从而导致各部位硬度值的波动。带状组织为铁素体和珠光体平行相间分布的条带，铁素体硬度较低，而珠光体或索氏体条带起强化作用。由于带状组织相邻带的显微组织不同，它们的性能也不相同，且外力作用下强弱带之间会产生应力集中，故而造成硬度不均，总体力学性能降低，并具有明显的各向异性。

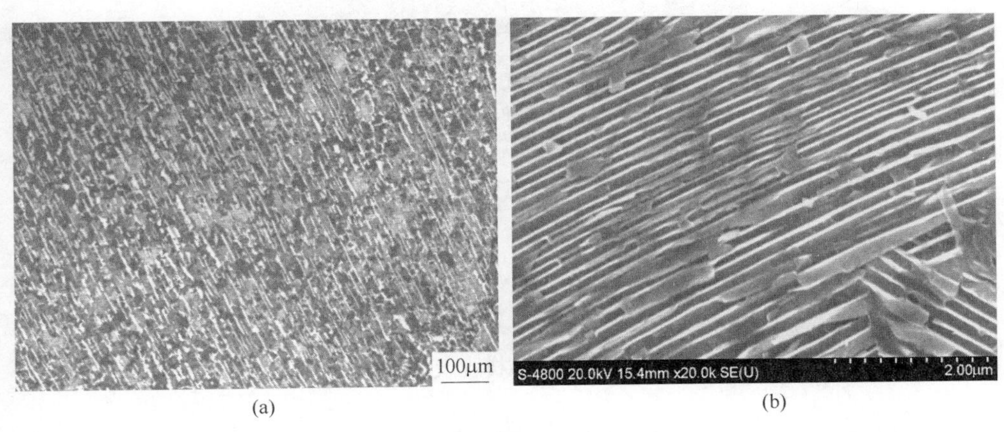

(a)　　(b)

图 15-5　65Mn 钢试样带状组织
(a) 金相照片；(b) SEM 形貌

钢中铁素体/珠光体带状组织是热轧钢板中常见的一个现象，它的形成与成分偏析及 TMCP 有关，铸坯的中心偏析是造成板材带状组织的根本原因。要消除热轧带钢的带状组织，须从炼钢及连铸工艺入手，从源头上遏制带状组织的形成。(1) 控制钢水过热度，一般控制钢水过热度 20～30℃。(2) 采用电磁搅拌，通过电池力的作用，打碎树枝晶，使其作为等轴晶核心长大。(3) 降低二冷区水量，以降低柱状晶区宽度，增加等轴晶区宽度。

15.5　脱碳层对硬度的影响

对于大多数钢种来说，脱碳均被认为是钢的缺陷，特别是用于生产冶金锯片的65Mn热轧窄带钢，由于65Mn钢含碳量较高，其脱碳能力也越大。脱碳是钢在加热时表面碳含量降低的现象，使钢的表层得不到均匀的奥氏体组织。冷却至室温后，钢表层的含碳量较正常组织低，表层金相组织上的渗碳体数量较正常部位少，因此导致钢板表面的硬度偏低。钢的脱碳层深度受化学成分、加热温度、保温时间及炉内气氛等因素的综合影响，同一钢板表面脱碳层厚度不尽相同。由于脱碳层深度不同，因此钢板表面的硬度均匀性会受到影响。

图15-6为65Mn钢试样脱碳层的显微组织。图中A区域为完全脱碳层，B区域为半脱碳层。依据GB/T 224—2008测定其脱碳层深度约为0.12mm。脱碳层会使钢板的力学性能降低，并对钢板表面的硬度波动产生影响。工业生产过程中，可通过合理地选择加热速度以缩短加热总时间；尽量减少坯料在高温下的停留时间；适当的控制加热气氛使之呈中性或采用保护性气体等措施，以防止脱碳层的产生。

图15-6　65Mn钢试样脱碳层的显微组织

15.6　结论

（1）C、Mn元素分布不均是65Mn热轧钢板硬度波动的重要影响因素，对中间包钢水采用低过热度浇注和电磁搅拌，可有效地减轻化学成分偏析。

（2）珠光体片层间距不均，主要是由于终轧后冷却工艺不合理所致，终轧后带钢冷却速度偏快，对珠光体相变及珠光体片层间距的均匀长大产生不利影响。

（3）带状组织主要与连铸工艺有关，铸坯的中心偏析是造成热轧带钢带状组织的根本原因，带状组织会使热轧板硬度产生波动，总体力学性能降低，并具有明显的各向异性。

（4）脱碳层的存在主要与坯料的加热制度及加热气氛有关，缩短加热总时间、减少坯料在高温下的停留时间、在中性或弱氧化气氛下加热可有效抑制脱碳。

16 冶金锯片用65Mn钢珠光体组织与性能的窄范围控制

热轧窄带钢生产具有产品大纲灵活、设备投资成本较低等特点，相对于中宽带钢生产，热轧窄带钢产品的板凸度的控制要求较低，并且其热轧和冷轧后的产品可直接应用，避免了中宽带钢需要纵剪剪切等工序，同时防止了由于纵剪剪切带来带钢宽度方向楔形等板形缺陷。因此，近年来国内热轧窄带钢生产迅速得到中下游客户的青睐，生产厂家越来越追求产品的质量及经济性。

65Mn作为一种价格低廉的优质碳素钢，具有较好的力学性能，被广泛应用到冶金锯片等生产当中，其热轧产品的组织性能的稳定性可代表该生产线的水平。而实际生产中，热轧窄带钢生产线对于轧制温度和轧后的冷却参数的控制精度相对较低，因此，极易造成热轧后产品的抗拉强度与硬度值偏高或者力学性能的波动（理想的热轧窄带65Mn钢的抗拉强度应为740~900MPa，其HRC为18~27），从而影响下游冷轧客户的生产和应用。研究表明终轧温度及终轧后各阶段冷却参数对热轧钢材的组织和性能有一定的影响，通过改变控轧控冷参数进而控制钢材组织状态，已成为在一定范围内改变钢的强度等级，获得不同的组织和力学性能的有效途径。

以65Mn钢为研究对象，研究终轧温度及终轧后各阶段冷却参数对热轧窄带65Mn钢珠光体球团尺寸和片层间距及力学性能的影响规律，为热轧65Mn窄带钢组织及性能的窄范围控制提供理论依据和实践参考。

16.1 试验材料及方法

选取某钢厂热轧窄带65Mn钢为研究对象，其化学成分（质量分数,%）为C：0.64%，Si：0.25%，Mn：1.05%，P：0.012%，S：0.005%，余量为Fe。利用Gleeble-3500热模拟试验机测定的65Mn钢相变点为$A_{r1}=695℃$；$A_{r3}=734℃$；$A_{c1}=717℃$；$A_{c3}=751℃$；$M_s=255℃$。

在其他工艺参数相同的条件下，调整65Mn热轧窄带钢的终轧温度、终轧后冷却速率、卷取后冷却速率等工艺参数，制定三种试验方案（具体参数见下文）。将三种冷至室温65Mn热轧钢卷，分别在距离钢卷尾部20m处开卷取样。

现场取样后利用 DK7732 型线切割机将样品切成 3 种规格的检测试样，尺寸分别为 10mm×10mm（组织形貌检测）、20mm×200mm（拉伸性能检测）以及 40mm×40mm（硬度检测）。组织形貌检测试样经热镶嵌，5 道砂纸研磨、抛光和 4%硝酸酒精浸湿后利用 Axiovert200MAT 光学显微镜（OM）观察显微组织，并利用 S-4800 场发射扫描电镜对珠光体片层进行图像采集，利用截线法对多张 OM 及 SEM 图像进行分析计算，最后对珠光体球团尺寸及片层间距取平均值。拉伸试验采用 WBW-600B 液压万能试验机在室温下进行；硬度检测在 HRSS-150 洛氏硬度仪上进行。

16.2　终轧温度对组织和力学性能影响

在终轧后冷速和卷取后冷速均相同的情况下，终轧温度为 930℃、945℃、960℃、975℃的试样编号分别为 1、2、3、4。不同终轧温度下的热轧窄带 65Mn 钢的珠光体球团平均尺寸、平均片层间距和力学性能如表 16-1 所示。图 16-1 是不同终轧温度得到的热轧窄带 65Mn 钢显微组织和珠光体片层 SEM 形貌。

表 16-1　不同终轧温度下各试样的珠光体球团平均尺寸、平均片层间距和力学性能

试样编号	终轧温度/℃	卷取温度/℃	终轧后各阶段冷速/℃·s^{-1}		珠光体球团平均尺寸/μm	珠光体平均片层间距/nm	抗拉强度/MPa	硬度(HRC)
			终轧至卷取	卷取后至室温				
1	930	600	5.50	0.04	21.6	314	937	24.6
2	945	615	5.50	0.04	23.0	357	915	23.7
3	960	625	5.58	0.04	23.7	381	890	22.3
4	975	635	5.67	0.04	24.3	403	875	21.2

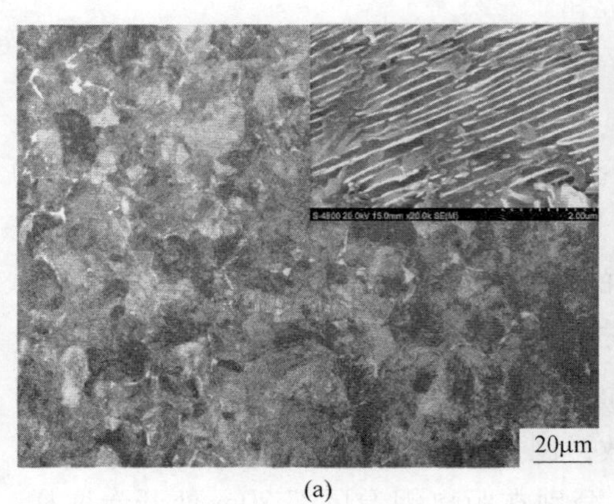

(a)

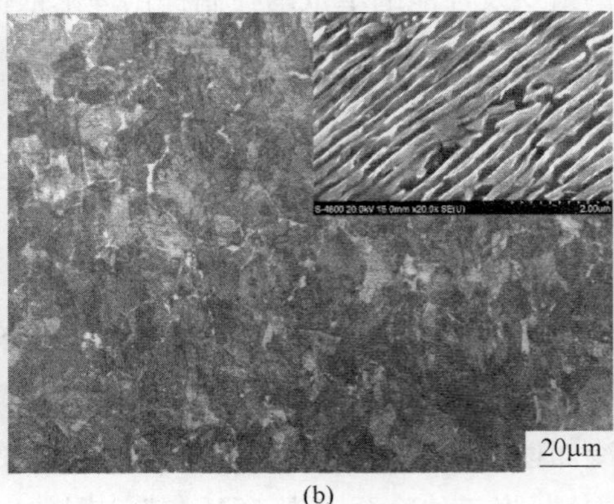

(b)

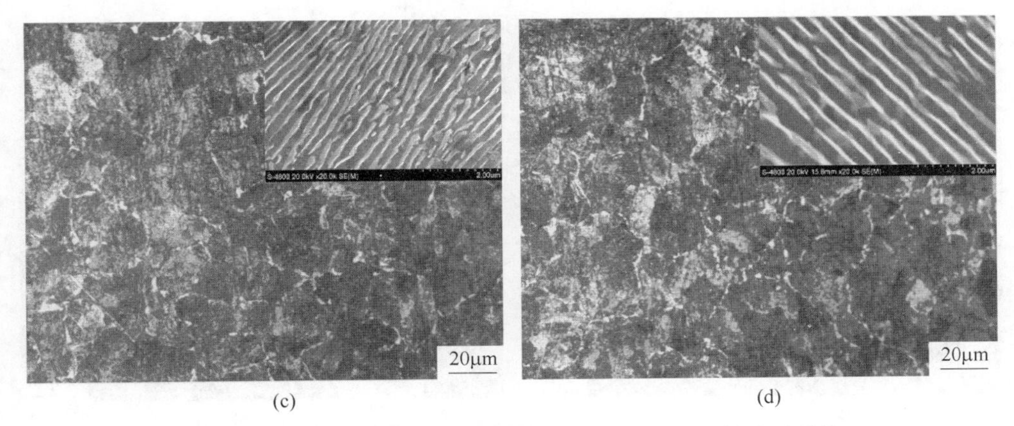

(c)　(d)

图16-1　不同终轧温度下各试样的显微组织及珠光体片层形貌
(a) 930℃；(b) 945℃；(c) 960℃；(d) 975℃

由表16-1和图16-1可知，不同终轧温度下热轧窄带65Mn钢的显微组织均由珠光体及先共析铁素体组成。其中珠光体球团组织分布均匀，较高终轧温度下的晶界比较明显，随着终轧温度的提高，珠光体球团尺寸变大，平均珠光体球团尺寸由21.6μm提高到24.3μm，珠光体平均片间距不断增大、片层变厚，由314nm提高到403nm。当终轧温度较低时，非再结晶区的变形导致晶粒内部产生大量的变形带，增加了形核几率，起到了晶粒细化的作用，因而，晶粒尺寸较小。

随着终轧温度的升高，65Mn钢试样的珠光体晶粒尺寸呈逐渐增大的趋势，65Mn钢终轧温度较高时，其原始奥氏体晶粒尺寸较大，相变后的珠光体晶粒尺寸较大，导致其片层间距较大，将会大大影响其力学性能。由表16-1可知，随着终轧温度的升高，热轧窄带65Mn钢抗拉强度及硬度均逐渐降低，且当终轧温度≥960℃时，其抗拉强度小于900MPa。

16.3　终轧后冷速对组织和力学性能影响

在终轧温度和卷取后冷速均相同的情况下，终轧后冷却速率为7.67℃/s、6.83℃/s、5.58℃/s、4.83℃/s，分别冷却至500℃、550℃、625℃、670℃的卷取温度的试样编号分别为5、6、7、8。不同终轧后冷却速率下的热轧窄带65Mn钢的珠光体球团平均尺寸、平均片层间距和力学性能如表16-2所示。图16-2是不同终轧冷却速率下得到的热轧窄带65Mn钢显微组织和珠光体片层SEM形貌。

由表16-2和图16-2可知，随着终轧后冷却速率的减缓，卷取温度不断升高，65Mn钢室温组织均由铁素体+珠光体组织组成，晶界趋于明显，先共析铁素体尺寸不断增加，珠光体球团逐渐粗化，晶粒度降低。当终轧后冷却速率较快时，先共析铁素体的临界形核温度降低，形核率得到显著提高，由于晶粒间的彼此碰撞，导致先共析铁素体长大受到阻碍，晶粒得到细化。

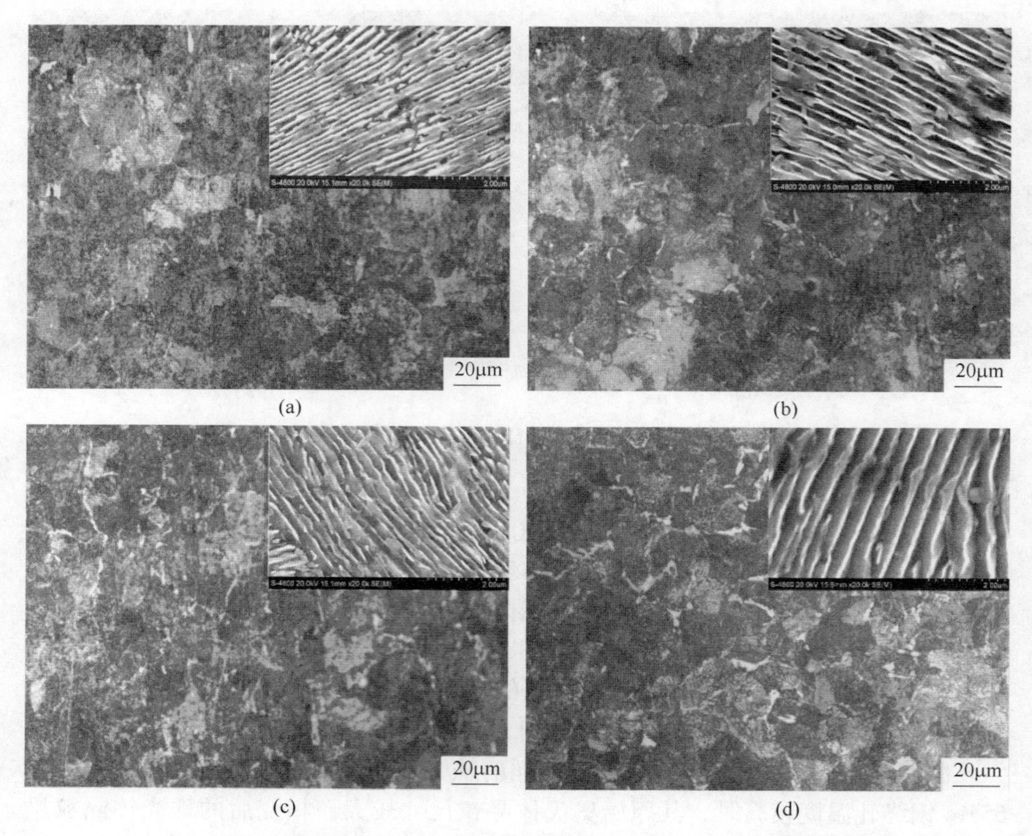

图 16-2 不同终轧后冷速下各试样的显微组织及珠光体片层形貌
(a) 7.67℃/s；(b) 6.83℃/s；(c) 5.58℃/s；(d) 4.83℃/s

随终轧后冷却速率的提高，实验钢的卷取温度降低，使得轧后奥氏体晶粒长大减缓，珠光体相变前的奥氏体晶粒尺寸相对较小，且使珠光体转变过冷度加大，珠光体开始转变温度降低，过冷奥氏体向珠光体转变是典型的扩散性相变，受温度和冷却速度影响较为明显，过冷度增大，温度较低，有利于铁素体或渗碳体的形核，不利于珠光体球团和片层间距的长大；另外过冷度增大，珠光体相变的时间缩短，珠光体片层长大的时间较短，珠光体相转变的时间大大减少，其片层变薄。即65Mn热轧窄带钢在卷取前发生珠光体相变，相变后得到的珠光体球团平均尺寸较为细小、片层间距较薄，且其显微组织中晶粒逐渐细化，细化的晶粒提高了其抗拉强度。

当终轧后冷速较慢时，卷取温度较高，65Mn热轧带钢冷速减缓，珠光体开始转变温度相对升高，珠光体转变过冷度减小，相变的速度相对缓慢，使珠光体片层有时间充分生长。因此，随着终轧后冷却速率的减缓、卷取温度的升高，卷取时开始发生珠光体相变，带钢卷取后冷速大大降低，相变的速度相对缓慢，有利于珠光体球团的长大，使珠光体片层有时间充分长大，致使片层间距不断增大。由表16-2可知，随着终轧后冷却速率的升高，65Mn钢的抗拉强度及硬度均逐渐增大，且当终轧后冷却速率≤5.58℃/s时，其抗拉强度小于900MPa。

表16-2　不同终轧后冷速下各试样的珠光体球团平均尺寸、平均片层间距和力学性能

试样编号	终轧温度/℃	卷取温度/℃	终轧后各阶段冷速/℃·s^{-1}		珠光体球团平均尺寸/μm	珠光体平均片层间距/nm	抗拉强度/MPa	硬度（HRC）
			终轧至卷取	卷取后至室温				
5	960	500	7.67	0.04	20.6	236	955	25.9
6	960	550	6.83	0.04	21.5	303	935	24.4
7	960	625	5.58	0.04	23.7	381	890	22.3
8	960	670	4.83	0.04	25.1	446	860	20.5

16.4　卷取后冷速对组织和力学性能影响

在终轧温度和终轧后冷速均相同的情况下，卷取后冷却速率为0.04℃/s、0.1℃/s、0.3℃/s的试样编号分别为9、10、11。不同卷取后冷却速率下的热轧窄带65Mn钢的珠光体球团平均尺寸、平均片层间距和力学性能如表16-3所示。图16-3是不同卷取后冷却速率时得到的热轧窄带65Mn钢显微组织和珠光体片层SEM形貌。

表16-3　卷取后不同冷速下各试样的珠光体球团平均尺寸、平均片层间距和力学性能

试样编号	终轧温度/℃	卷取温度/℃	终轧后各阶段冷速/℃·s^{-1}		珠光体球团平均尺寸/μm	珠光体平均片层间距/nm	抗拉强度/MPa	硬度（HRC）
			终轧至卷取	卷取后至室温				
9	960	670	4.83	0.04	25.1	446	860	20.5
10	960	670	4.83	0.1	24.2	395	882	21.5
11	960	670	4.83	0.3	22.4	338	930	24.1

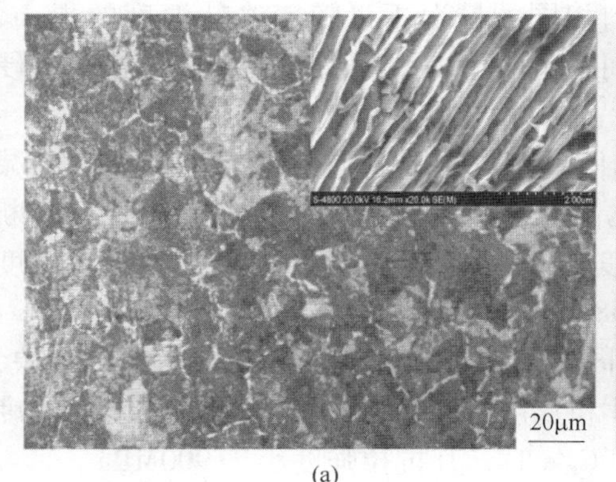

(a)

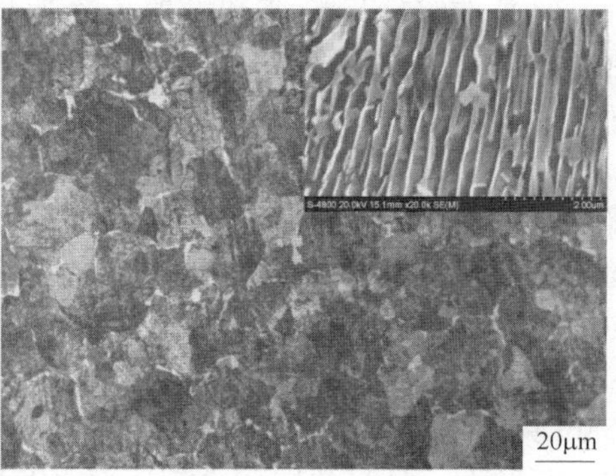

(b)

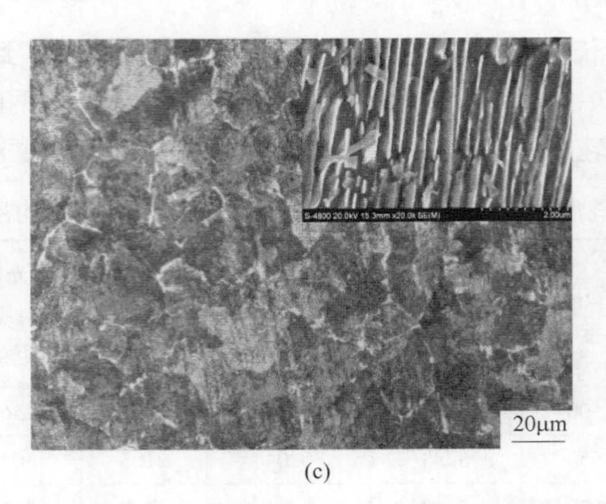

(c)

图 16-3　卷取后不同冷速下 65Mn 钢的显微组织

(a) 0.04℃/s；(b) 0.1℃/s；(c) 0.3℃/s

由表 16-3 和图 16-3 可知，不同卷取后冷却速率下热轧窄带 65Mn 钢的显微组织均由珠光体及先共析铁素体组成。随卷取后冷却速率的加快，组织得到细化，珠光体球团平均尺寸和片层间距不断减小。快速冷却作用对高温回复过程中晶粒的长大起到了抑制作用，减少了珠光体晶粒的长大时间，对组织的细化起到了一定作用。卷取时开始发生珠光体相变，卷取后一段时间，珠光体相变结束。当卷取后冷速加快时，过冷度增大，珠光体相变时间会相对减少，使珠光体片层来不及充分生长。卷取后冷速越大，珠光体片层间距越小，片层间距的减少使得基体难以发生塑性变形，主要与较小片层间距下相界面增多有关，因而其抗拉强度和硬度都相对偏高。当卷取后冷却速率较小时，减小了过冷度，形核驱动力变小，由此减少了形核点，增大了珠光体相转变的时间，有利于缓冷过程中组织晶粒长大，从而使珠光体球团变大。由表 16-3 可知，随着卷取后冷却速率的升高，65Mn 钢的抗拉强度及硬度均逐渐增大，且当卷取后冷却速率≤0.1℃/s 时，其抗拉强度小于 900MPa。

16.5　结论

（1）在终轧后冷速和卷取后冷速均相同的情况下，随着终轧温度的提高，热轧窄带 65Mn 钢珠光体球团尺寸和片间距不断增大、片层变厚，抗拉强度及硬度均逐渐降低，且当终轧温度≥960℃时，其抗拉强度小于 900MPa。

（2）在终轧温度和卷取后冷速均相同的情况下，随着终轧后冷却速率的减缓，卷取温度不断升高，65Mn 钢珠光体晶界趋于明显，先共析铁素体尺寸不断增加，珠光体球团尺寸逐渐粗化，晶粒度降低，片层间距增大，抗拉强度及硬度均逐渐增大，且当终轧后冷却速率≤5.58℃/s 时，其抗拉强度小于 900MPa。

（3）在终轧温度和终轧后冷速均相同的情况下，随卷取后冷却速率的加快，65Mn 钢组织得到细化，珠光体球团尺寸和片层间距不断减小，抗拉强度及硬度均逐渐增大，且当卷取后冷却速率≤0.1℃/s 时，其抗拉强度小于 900MPa。

参考文献

[1] Esa Ervasti, Ulf Stahlberg. Transversal Cracks and Their Behaviour in the Hot Rolling of Steel Slabs [J] . Journal of Materials Processing Technology, 2000, 101: 312.

[2] Lachmund H, Schwinn V, Jungblut H A. Heavy Plate Production Demand on Hydrogen Control [J] . Ironmaking and Steelmaking, 2000, 27 (5): 381.

[3] 焦国华，吴光亮，孙彦辉，等．CSP 热轧板卷边部裂纹成因及控制 [J]．钢铁，2006，41 (6)：27.

[4] 宋进英，董双鹏，陈业雄，等．钢板边裂缺陷原因分析及整改措施研究 [J]．钢铁钒钛，2012，33 (2)：87~92.

[5] 赵琼．热轧钢带边裂原因分析及改善 [D]．长春：吉林大学，2011.

[6] 田俊．冷轧板夹杂类表面缺陷研究 [D]．武汉：武汉科技大学，2009.

[7] 陈家祥．连续铸钢手册 [M]．北京：冶金工业出版社，1971.

[8] 田亚强，李然，宋进英，等．冷轧板起皮成因及影响因素分析 [J]．金属热处理，2016，41 (09)：174~178.

[9] 姜锡山．钢中非金属夹杂物 [M]．北京：冶金工业出版社，2011.

[10] 彭凯，刘雅政，谢彬，等．热轧板结疤缺陷成因分析 [J]．钢铁，2007，42 (3)：44.

[11] Raihle C M. On the Formation of Pipes and Centerline Segregates in Continuously Cast Billets . Met Trans, 1994, 25B: 123.

[12] Gabathuler J P. Fluid Flow into a Dendritic Array Under Forced Convection . Met Trans, 1983, 14B: 773.

[13] Sivesson P. Improvement of Inner Quality of Continuously Cast Billets Through Thermal Soft Reduction and Use of Multivariate Analysis of Saved Process Variables. Ironmaking and Steelmaking, 1996, 23 (6): 504.

[14] 韩郁文，李建新．连铸中间包钢液清洁度的研究 [J]．钢铁，1994，29 (7)：32~35.

[15] 冷艳红，宋进英，田亚强．钢板结疤缺陷的种类及形成原因 [J]．钢铁钒钛，2013，34 (1)：93~98.

[16] 滕涛，陈银莉，赵爱民，等．304 不锈钢冷轧薄板表面线缺陷的形貌 [J]．钢铁钒钛，2007，28 (3)：28~32.

[17] 伍康勉，朱远志，周春泉．冷轧板夹杂与氧化铁皮压入的原因与形貌辨析 [J]．钢铁．2009，44 (2)：93~97.

[18] 魏天斌．热轧氧化铁皮的成因及去除方法 [J]．钢铁研究，2003，31 (4)：54~58.

[19] R Y Chen, W Y D Yuen. Examination of oxide scales of hot rolled steel products [J] . ISIJ International, 2005, 45 (1): 52~59.

[20] 黄先球，卢鹰，杨大可，等．冷轧酸洗钢板表面黑斑缺陷分析 [J]．钢铁，2005，40 (5)：73~74.

[21] Xia Xianping , Sun Yezhong. Formation causes of surface scale of hot rolled strip in finishing stands and its prevention measures [J] . Steel rolling, 2002, 19 (3): 9~12.

[22] 夏先平，何晓明，孙业中，等．三次氧化铁皮缺陷的成因分析 [J]．宝钢技术，2002

(4): 33~36.

[23] 李华明. 宝钢2050热轧带钢表面氧化铁皮缺陷控制 [J]. 宝钢技术, 2007 (3).

[24] 陈连生, 卢珺玮, 宋进英, 等. 钢板表面氧化铁皮缺陷形貌及产生原因分析 [J]. 钢铁钒钛, 2013, 34 (1): 86~92.

[25] 高玉明, 隋晓红. 冷轧低碳钢薄板边裂原因分析 [J]. 机械工程材料, 2011, 35 (5): 83~86.

[26] 匡毅, 沈仁坤, 郭立辉, 等. ZG0Cr13Ni4Mo铸造导叶孔洞缺陷的研究 [J]. 热加工工艺, 2011, 40 (17): 192~194.

[27] 雷家柳. 过共析帘线钢中钛夹杂的析出机理及其控制 [D]. 武汉: 武汉科技大学, 2016.

[28] 吴炳新. 高品质GCr15轴承钢精炼过程中非金属夹杂物演变规律及控制措施研究 [D]. 武汉: 武汉科技大学, 2015.

[29] 卢盛意. 冷轧薄钢板的表面缺陷 [J]. 连铸, 2004 (4): 37~38.

[30] Weisgerber B, Hecht M, Harste K. Improvement of surface quality on peritectic steel slabs [J]. Steel Research, 2002, 54 (12): 15~19.

[31] 彭其春, 田俊, 张学辉, 等. 冷轧板夹杂类表面缺陷研究的进展 [J]. 炼钢, 2009, 25 (1): 73~77.

[32] 方淑芳, 邱涛, 曾庆江, 等. 低碳铝镇静钢冷轧板中孔洞缺陷特征分析 [J]. 钢铁钒钛, 2001, 22 (1): 40~47.

[33] 乌力平, 李建中, 汤寅波, 等. 保护渣对连铸异型坯表面质量的影响 [J]. 炼钢, 2004, 20 (6): 40~44.

[34] 田俊. 冷轧板夹杂类表面缺陷研究 [D]. 武汉: 武汉科技大学, 2009.

[35] 钟声. 冷轧薄板"孔洞"缺陷研究 [D]. 昆明: 昆明理工大学, 2006.

[36] 车彦民, 朱涛, 章华明, 等. CSP板卷及冷轧镀锌板表面缺陷分析 [J]. 钢铁, 2006, 41 (2): 63~66.

[37] 陈连生, 杨栋, 宋进英, 等. 冷轧板孔洞类缺陷成因分析及研究 [J]. 钢铁钒钛, 2014, 35 (2): 118~124.

[38] 齐海峰. 冷轧电工钢的产品质量控制 [D]. 鞍山: 辽宁科技大学, 2012.

[39] 张彦文, 王继军, 等. 冷轧薄板表面线状缺陷分析 [J]. 中国冶金, 2009, 19 (11): 27~31.

[40] 彭其春. 冷轧板表面线状缺陷成因分析与探讨 [J]. 武汉科技大学学报, 2009, 32 (1): 15~17.

[41] 荆涛. 本钢热连轧钢带"亮带"控制策略研究 [J]. 钢铁, 2002 (37): 653~655.

[42] Kimura H. Advance in high-purity IF steel manu-facturing technology [J]. Nippon Steel Technical Report, 1994, 61: 65~69.

[43] 高文芳, 颜正国, 宋平. 荫罩宽架钢冷轧板边部线缺陷研究 [J]. 炼钢, 2003, 19 (1): 31~36.

[44] 詹铁兵. ϕ650轧机ϕ50圆钢孔型工艺优化及隐性折叠缺陷研究 [D]. 重庆: 重庆大学, 2008.

[45] 田亚强，张明山，宋进英，等．常见钢板分层缺陷的成因及整改措施［J］．钢铁钒钛，2016，37（2）：154~158.
[46] 吴开兵．船用钢板分层缺陷的研究［D］．武汉：武汉科技大学，2010.
[47] Pozuelo M，Carreno F，Ruano O A. Innovative ultrahigh carbon steel laminates with outstanding mechanical properties［J］．Materials Science Forum，2003，426：83~88.
[48] 李为缪．钢中非金属夹杂物［M］．北京：冶金工业出版社，1988.
[49] 陈家祥．钢铁冶金学［M］．北京：冶金工业出版社，2005.
[50] 宋进英，赵远，陈连生，等．冷轧板线状缺陷分析及成因研究［J］．钢铁钒钛，2013，34（3）：107~112.
[51] 杨浩，唐萍，孙维，等．优化保护渣改善冷镦钢铸坯表面质量［J］．钢铁钒钛，2010，31（2）：88~92.
[52] 霍向东，柳得橹，王元立，等．CSP工艺生产的低碳钢中纳米尺寸硫化物［J］．钢铁，2005（8）：60~64.
[53] Alaoua D，Lartigue S，Larere A，et al. Precipitation and surface segregation in low carbon steels［J］．Materials Science Engineering A. 1994，189（12）：155~163.
[54] 刘祖表．大断面方坯轧制折叠缺陷的产生原因及控制［J］．宝钢技术，2013（6）：37~41.
[55] 唐立峰．大口径直缝焊管成型应力分析［D］．天津：天津大学，2006.
[56] 王友彬，曾建民．钢板表面热浸镀锌层的拉伸断裂机理［J］．机械工程材料，2015，39（2）：13~17.
[57] 陈菡．镀锌防腐工艺研究［J］．钢铁，2007，42（7）：38~42.
[58] 陆宇衡，黄彩敏，肖罡，等．热浸镀Al-43%Zn-1.6%Si合金新工艺及其镀层的组织性能［J］．机械工程材料，2010，34（12）：25~28.
[59] 李智，苏旭平，尹付成，等．钢基热浸镀锌的研究［J］．材料导报，2003，17（12）：12~14.
[60] 李风，李殿凯，李明喜，等．低碳钢表面热浸镀锌层的组织［J］．热处理，2011，26（1）：45~49.
[61] 许乔瑜，曾秋红．热浸镀锌合金镀层的研究进展［J］．材料导报，2008，22（12）：52~53.
[62] 袁训华，何明奕，王胜民，等．热镀锌渣的形成原因及回收工艺［J］．云南冶金，2007，36（1）：32~35.
[63] 邵大伟，贺志荣，张永红，等．热浸镀锌技术的研究进展［J］．热加工工艺，2012，41（6）：100~103.
[64] 宋进英，张宏军，赵定国，等．焊接钢管热浸镀锌表面凸起缺陷成因分析及改进措施［J］．铸造技术，2016，37（4）：692~694.
[65] 陈连生，胡宝佳，宋进英，等．镀锌板表面胞状凸起缺陷［J］．钢铁，2016，51（4）：59~63.
[66] Azimi A，Ashrafizadeh F，Toroghinejad M R，et al. Metallurgical assessment of critical defects in continuous hot dip galvanized steel sheets［J］．Surface and Coatings Technology，2012

(206)：4376.

[67] 岳崇锋，江社明，刘昕，等．热镀锌钢板成形后镀层脱落原因分析［J］．材料热处理学报，2014（12)：210~215.

[68] 邝霜，齐秀美，尉冬，等．关键退火参数对590MPa级热镀锌双相钢力学性能的影响［J］．钢铁研究学报，2012，24（7)：24~28.

[69] Ravi Shankar A，Kamachi Mudali U，Baldev Raj. Failure analysis of pin prick defects in galvannealed sheet-A case study［J］．Engineering Failure Analysis，2009（16)：2485.

[70] 傅影，腾华湘，李声慈，等．合金化热镀锌带钢漏镀缺陷分析［J］．金属热处理，2014，39（3)：148~151.

[71] 张理扬，李俊，左良．新型带钢连续热镀锌机组的发展［J］．钢铁研究学报，2005，17（4)：9~13.

[72] 李研，崔阳，徐海卫，等．双相钢热镀锌表面漏镀缺陷分析及对策［J］．电镀与涂饰，2013，32（5)：32~34.

[73] 李亚东，江社明，袁训华，等．热镀锌钢板镀层表面麻点缺陷的产生原因及预防措施［J］．腐蚀与防护，2009，30（12)：917~920.

[74] 刘李斌，蒋光锐，马兵智，等．连续退火热镀锌板镀层表面黑点缺陷研究［J］．金属热处理，2014（9)：137~140.

[75] 吴维双，刘建华，王敏，等．Ti-IF钢冷轧缺陷的形成分析［J］．钢铁钒钛，2010，31（4)：39~45.

[76] 董蓓，杨成志，蔡捷，等．电镀锌钢板表面白色线状缺陷的形成机理［J］．钢铁研究学报，2015，27（7)：56~61.

[77] 胡宽辉，田德新，王立辉．武钢冷轧链条用钢的开发与应用［J］．钢铁，2009，44（11)：83~86.

[78] 朱伏先，刘彦春，李艳梅，等．赛车链条用带钢的研究开发［J］．钢铁研究学报，2002，14（1)：47~50.

[79] 陈连生，沈永革，宋进英，等．40Mn钢链片断裂原因分析及改进措施［J］．金属热处理，2013，38（4)：115~119.

[80] 张彩军，董建君，孙学玉，等．40Mn方坯夹杂物行为研究［J］．钢铁钒钛，2013，34（4)：57~61.

[81] 孔祥华，孙瑞虹，唐晋，等．两相区冷速对齿轮钢20CrMnTi带状组织的影响［J］．材料热处理学报，2012，33（4)：91~95.

[82] 刘宗昌．钢件淬火开裂机理［J］．金属热处理，1990，15（8)：3~9.

[83] 匡利华，付建华．40Mn2钢的热处理工艺研究［J］．机械工程与自动化，2010，(1)：123~130.

[84] 宋进英，齐祥羽，陈连生，等．40Mn钢链片断裂原因分析及改进措施［J］．金属热处理，2015，40（9)：209~214.

[85] 肖广耀，宋进英，田亚强，等．硫化物夹杂及成分偏析对610L钢冷弯开裂的影响［J］．河北联合大学学报（自然科学版)，2012，34（03)：71~74，143.

[86] Yi H L，Du L X，Wang G D，et al. Development of a hot rolled low carbon steel with high yield

strength [J] . ISIJ International, 2006, 46 (5): 754~758.

[87] Vega M I, Medina S F, Chapa Metal. Determination of critical temperatures Trn, $A_{r3,}A_{r1}$ in hot rolling of structural steels with different Ti and N contents [J] . ISIJ International, 1999, 39 (12): 1304~1310.

[88] 李存杰. 一种大型齿轮组织缺陷及其开裂失效分析 [D] . 大连: 大连海事大学, 2010.

[89] Herman J C, Donnay B, Leroy V. Precipit at ion kinetics of microalloying additions during hot rolling of HSLA steels [J] . ISIJ International, 1992, 32 (6): 779~783.

[90] 康永林, 傅杰, 柳得橹, 等. 薄板坯连铸连轧钢的组织性能控制 [M] . 北京: 冶金工业出版社, 2006.

[91] Laasraoui A, Jonas J J. Predict ion of steel flow stresses at high temperature and strain rates [J] . Metallurgical Transactions A, 1991, 122 (7): 1545~1558.